U0815399

GANSU 10kV DIANLAN XIANLU DIANXING SHEJI

甘肃 10kV 电缆线路

典型设计

国网甘肃省电力公司　组编

中国电力出版社
CHINA ELECTRIC POWER PRESS

图书在版编目（CIP）数据

甘肃10kV电缆线路典型设计/国网甘肃省电力公司组编. —北京：中国电力出版社，2024.1
ISBN 978-7-5198-8574-8

Ⅰ.①甘…　Ⅱ.①国…　Ⅲ.①电力电缆—设计—甘肃　Ⅳ.①TM247

中国国家版本馆CIP数据核字（2023）第252760号

出版发行：中国电力出版社
地　　址：北京市东城区北京站西街19号（邮政编码：100005）
网　　址：http://www.cepp.sgcc.com.cn
责任编辑：周秋慧（010-63412627）
责任校对：黄　蓓　王海南
装帧设计：赵丽媛
责任印制：石　雷

印　　刷：三河市百盛印装有限公司
版　　次：2024年1月第一版
印　　次：2024年1月北京第一次印刷
开　　本：880毫米×1230毫米　横16开本
印　　张：12
字　　数：428千字
定　　价：215.00元

版权专有　侵权必究
本书如有印装质量问题，我社营销中心负责退换

甘肃 10kV 电缆线路典型设计

编　委　会

主　　　编　张祥全

副 主 编　苏少刚　王赟中

编委会委员　朱建军　纪青春　方　勇　王彦彪　周　虎　张　武　穆　宜　陈庆胜　韩建孝　刘宁宁

工　作　组

牵头单位　国网甘肃省电力公司配网管理部

成员单位　国网兰州供电公司配网管理部　兰州倚能电力设计咨询有限公司

成　　员　朱建军　纪青春　方　勇　周　虎　张　武　陈庆胜　王彦彪　穆　宜　韩建孝　刘宁宁
陈　超　王炳文　王小宁　赵　军　任志强　何　峰　曹海冬　张家玮　李文明　铁　源
刘　春　杨　健　韩　沛　苟　军　曹新燕　石　伟　陆　婧

第一篇　总论

审　　　　核： 朱建军　王彦彪　陈庆胜

设计总工程师： 韩建孝

校　　　　核： 周　虎　张家玮　王柏淇

编　　　　写： 石　伟　王彦龙　赵　琦

第二篇　技术原则

审　　　　核： 朱建军　周　虎　陈庆胜

设计总工程师： 韩建孝

校　　　　核： 张　武　张家玮　王柏淇　吴海谦

编　　　　写： 石　伟　陆　婧　王彦龙　李文涛

第三篇　典型设计方案及设计图纸

审　　　　核： 陈庆胜

设计总工程师： 韩建孝

校　　　　核： 赵　军　张家玮　王柏淇　吴海谦

编　　　　写： 石　伟　冯彦明　冉兴荣　王彦龙　张家玮（线路）

序

甘肃省位于中国西部地区，地处黄土高原、青藏高原和内蒙古高原三大高原的交汇地带，地域辽阔，风光资源丰富。整体地形呈南北扁平、东西狭长状，境内地形复杂，山脉纵横交错，海拔相差悬殊，高山、河谷、沙漠、盆地、平川和戈壁兼而有之，各地地形、气象等工程建设条件相差明显，配电网建设现状存在差异。

为了应对电力发展新形势新任务，国网甘肃省电力公司聚焦高质量发展这一主题，以“十四五”发展规划为指引，围绕一体四翼发展总体布局，落实现代设备管理体系建设要求，全面推行配电网标准化建设，实现配网安全、服务、智能化“三个提升”，推动“1135”新时代配电管理思路在省内深化落地，打造符合甘肃特色的高品质数字化配电网，推动配电网从传统电网向能源互联网转型升级。这是全面落实习近平新时代中国特色社会主义思想，实施“碳达峰、碳中和”战略，大力提高集成创新能力的重要体现；是国网甘肃省电力公司实施集团化运作、集约化发展、精细化管理的重要手段；是全面建设具有高度弹性、全量感知、安全可靠、坚固耐用、结构合理、技术先进、经济高效现代智慧配电网的重要举措。

《甘肃 10kV 电缆线路典型设计》为强化配电电缆精益化管理，全面提高配电电缆及通道本质安全水平，按照“立足长远、适度超前、科学规划、注重效益”的原则，为打造结构强简有序、分类科学合理、接线标准规范、设备先进适用的标准化目标网架，加快建成坚强抵御冲击、灵活应对风险、快速恢复故障的安全可靠配电网。通过数字技术赋能赋智，提高配电网调控数智化水平，实现配电网全域可观、可测、可控、可调，提升设备状态管控力和运维管理穿透力。实现以可靠性为中心，全面打造设备稳定可靠、网架坚强合理、供给能力充裕、故障主动自愈的示范配电网，建立互援互备应急管理机制，显著提升电网防灾抗损能力。全面提升供电能力裕度、增强网架弹性，提升城市配电网对自然灾害的抵御力和恢复力。建成坚强抵御冲击、从容应对风险、故障快速自愈、运行灵活调控的配电网。

在国网甘肃省电力公司配网管理部的统一安排下，兰州倚能电力设计咨询有限公司牵头，全省 14 家市州供电公司积极配合，对省内各地配电网发展建设情况采用实地考察、咨询交流、印发调研函、召开视频会等方式进行充分调研，精心遴选多年设计成果及各市州供电公司先进经验，完成编制了《甘肃 10kV 电缆线路典型设计》。该典型设计以工程应用为重点、以工程设计为核心，采用模块化设计手段，因地制宜、紧密联系甘肃配电网建设实际，为全省系统内配电网工程统一建设标准、统一设备规范、提高装备水平；提高设计和建设质量；方便运行维护、方便设备招标、提高工作效率，降低建设和运行成本提供坚强的技术基础。

《甘肃10kV电缆线路典型设计》凝聚了国网甘肃省电力公司广大工程技术人员、建设管理人员的集体智慧，对强化配电网工程精细化管理水平、提高配电网工程质量、提高配电网供电可靠性、树立良好的企业形象、履行央企“大国重器”作用、全面落实配电电缆精益化管理的建设理念都具有重要意义。

2024年1月

前　　言

按照发展提升型城市配电网建设目标，高质量建设适应新型电力系统发展方向、具有“清洁低碳、安全可靠、柔性互动、透明高效”特征的城市配电网，在国网甘肃省电力公司配网管理部的统一安排下，由兰州倚能电力设计咨询有限公司牵头，依托国网兰州供电公司等14家市州供电公司的先进建设经验，开展了《甘肃10kV电缆线路典型设计》的相关研究和设计工作。

《甘肃10kV电缆线路典型设计》是在《国家电网公司配电网工程典型设计（2016年版） 10kV电缆分册》的成果和原则基础上，结合甘肃省10kV电缆线路的建设实际和特点及配电网建设改造标准物料目录，重点开展了国网甘肃省电力公司10kV电缆线路设计标准、配电网建设改造标准物料选取的典型设计工作。

《甘肃10kV电缆线路典型设计》的主要特点有：

（1）适合甘肃省配电网的建设实际，总结了全省各地市设计、建设工作的先进经验，具有安全可靠、统一规划、技术先进、经济合理、节能环保、方便施工和运行的特点。

（2）以实用和方便生产为原则，以数据、表格、技术规范书的表现形式，内容简明、通俗易懂。本书适用于公司管辖的所有10kV及以下电缆线路，作为前期设计的统一标准。旧有电缆线路的大修、改造，可根据原有电缆线路的运行经验，在确保工程质量和安全供电的原则下，参考本典设执行。

（3）重点对10kV电缆线路设计流程、电缆线路设计原则、各设计阶段深度做了明确要求，以便设计人员掌握全部工程设计程序及应编制的内容，建立工程设计整体概念，并以此来对照所编制的设计文件内容是否齐全，是否满足设计深度要求。

（4）达到施工图深度，在满足典型设计及标准物料目录的条件下，施工图纸可直接采用，统一了设计标准，降低了设计难度。

（5）基于甘肃配电网建设实际，对常用的电缆排管，电缆井、电缆沟道重点深化设计，增加了预制电缆沟设计，电缆桥架设计，电缆引下设计。

（6）针对电缆线路建设标准，提出了相应的物料选择、标准物料编码及详细的物料描述。

由于编者水平有限，不足和遗漏在所难免，敬请各位读者批评指正。

编　者

2024年1月

目　　录

第三篇　典型设计方案及设计图纸

第一篇

总　　论

第1章　概　　述

国网甘肃省电力公司以国家电网有限公司战略目标为统领，推动配电网向能源互联网全面升级，积极服务“碳达峰、碳中和”目标实现，紧扣“一体四翼”发展布局，落实“十四五”电网规划及现代设备管理体系建设要求，充分考虑能源转型发展、智慧城市建设、高效互动服务需求，是实施集团化运作、集约化发展、精细化管理的重要手段；是全面发展提升型城市配电网建设目标，高质量建设适应新型电力系统发展方向、具有“清洁低碳、安全可靠、柔性互动、透明高效”特征的城市配电网的重要举措。

1.1　典型设计的背景

随着甘肃经济建设的大力发展，城市化进程的步伐加快，电缆线路的建设规模也快速增长，而10kV电缆线路装备水平整体不高，设备规格型号多样且各地市标准不一，与电网高可靠性运行、高可靠性供电要求不适应，为与此相适应，并统领技术、标准通用，国网甘肃省电力公司在整合、总结已有10kV电缆线路设计、施工、运行经验的基础上，参考甘肃省内14家地市公司意见及建议系统地开展了10kV电缆线路设计全过程典型设计的研究，并最终形成本典型设计成果。

1.2　典型设计的内容

《甘肃10kV电缆线路典型设计》是国网甘肃省电力公司配电网标准化建设工作主要成果之一，全篇共为三篇15章。

第一篇为总论，包含概述、典型设计工作过程、设计依据、术语4章。

第二篇为技术原则，包含电缆路径及通道选型、电缆选型及技术原则、电缆线路接地、电缆线路标志标牌、电缆线路防火技术、土建部分设计技术原则6章。

第三篇为典型设计方案及设计图纸，包含电缆排管方案、电缆井方案、电缆沟道方案、电缆桥架方案、电缆引下方案5章。

1.3　典型设计的必要性

《甘肃10kV电缆线路典型设计》是推进配电网标准化建设、助力配电网数字化升级最重要手段之一。推广应用典型设计对强化配电网工程精细化管理水平、提高配电网工程质量、提高配电网供电可靠性、建设清“清洁低碳、安全可靠、柔性互动、透明高效”特征的城市配电网具有非常重要的意义。

1.4　典型设计的目的

编制典型设计的目的是：统一建设标准，统一设备规范；提高配电线路的抗灾能力；提高设计水平和建设质量；方便运行维护，方便设备招标；提高工作效率，降低建设和运行成本；发挥规模优势，提高整体效益。

配电网具有建设规模大、点多、面广、设备种类繁多、分布范围广、地域差异大、形式多样等特点。《甘肃10kV电缆线路典型设计》是针对甘肃配电线路建设特点，对提高甘肃配电网避灾、抗灾能力具有重要意义。为进一步提高10kV电缆线路工程建设能力，提高电网整体效能。配电网需遵循“先进性、安全性、专业化、标准化、系列化”的要求，深入推广标准化设计的建设模式，推进电缆线路建设方式转变，加强电缆线路设计、设施的整体标准化水平和技术原则的统一。对提升工程建设标准化水平，提高系统化程度，对电缆线路设计技术的推广应用，对电网标准化建设、降低全寿命周期成本，以及对国网甘肃省电力公司认真履行社会责任，全面落实电缆精益化管理的建设理念都具有重要意义。

1.5 典型设计的原则

电缆典型设计的总体设计原则是：统一规划，技术先进，安全可靠，经济合理，节能环保，方便施工、运行；做到统一性、适应性、先进性、可靠性、经济性和灵活性的协调统一。

(1) 统一性：设计标准统一，建设标准统一，体现企业文化特征。

(2) 适应性：编制研究期间，经过了充分调研和分析，综合考虑不同地区的实际情况，在国网甘肃省电力公司系统中具有广泛的适应性，并能在一定时间内，满足不同规模、不同形式、不同外部条件的工程使用。

(3) 先进性：通用设计方案紧密结合电缆线路新技术，积极推广应用新材料、新工艺，代表国内先进设计水平和电网技术发展趋势。

(4) 可靠性：各个模块以及模块拼接得到的技术方案均满足有关标准及规范要求，确保各设计模块安全可靠。

(5) 经济性：按照企业利益最大化原则，综合考虑工程初期投资与长期投资，追求全寿命周期内的最优经济效益。

(6) 灵活性：典型设计模块划分合理，接口灵活，组合方案多样，增减方便。

1.6 典型设计的组织形式

成立《甘肃 10kV 电缆线路典型设计》编委会，牵头单位为国网甘肃省电力公司配网管理部，主要负责制订工作计划，督导《甘肃 10kV 电缆线路典型设计》编制工作进度，审查工作成果。

成立《甘肃 10kV 电缆线路典型设计》工作组，由国网甘肃省电力公司配网管理部组织国网兰州供电公司、兰州倚能电力设计咨询有限公司相关技术人员参与《甘肃 10kV 电缆线路典型设计》的研究和编制工作。

1.7 典型设计的工作方式

1.7.1 统一组织、分工负责、充分调研、择优集成

(1) 统一组织：由国网甘肃省电力公司配网管理部统一组织编制典型设计，提出统一的配电网工程典型设计指导性意见，统一协调进度安排，统一组织推广应用，统一组织滚动修订。

(2) 分工负责：工作组在国网甘肃省电力公司配网管理部的领导下，开展调研，编制 10kV 电缆线路典型设计。典型设计包含主要设计原则、主要设备的选取、技术方案组合和主要技术指标。

(3) 充分调研：工作组在起草典型设计时，结合甘肃省电网发展实际状况，采用实地考察、咨询各属地单位、印发调研函、召开视频会等方式，有效组织开展调研工作，充分调研本地区配电工程建设的实际需要。

(4) 择优集成：根据各有关单位编制的典型设计，工作组对其进行审查，择优选择典型设计方案，择优选择设计单位。通过归并整理，集成为配电网工程典型设计技术原则和具体的典型设计方案，并确定设计单位，编制《甘肃 10kV 电缆线路典型设计》。

1.7.2 加强协调、团结合作、控制进度、按期完成

典型设计编制工作涉及的部门较多，有关单位和部门加强协调、团结合作，发挥各自优势，按计划完成相应的阶段性成果，严格控制进度，按期完成典型设计编制工作，并确保最终成果在国网甘肃省电力公司系统内的覆盖面和适应性。

1.7.3 以工程应用为重点、以工程设计为核心

典型设计编制工作的重点是实现集约化、精细化管理，指导国网甘肃省电力公司系统配电网工程的设计和建设。对于具体的典型设计方案，要满足公司系统各地区工程应用的需要，并能方便使用。

典型设计编制工作的核心是规范、统一配电网工程的设计，形成推广应用新技术、新材料、新设备的平台，并引导今后配电网工程的建设发展方向。

1.7.4 采用模块化设计手段，推进标准化设计

《甘肃 10kV 电缆线路典型设计》设立电缆排管方案模块、电缆井方案模块、电缆沟方案模块、电缆桥架方案模块、电缆引下方案模块。

各种不同情况的实际工程要能应用典型设计方案，通过拼接和调整得到合理、适用的设计方案，以保证典型设计成果的适应性和灵活性。对于具体的模块要贯彻标准化设计，保证典型设计的统一性，实现集约化管理的目的。

1.8 典型设计的设计深度和成果

重点对 10kV 电缆线路设计流程、电缆线路设计原则、各设计阶段深度做了明确要求，以便设计人员掌握全部工程设计程序及应编制的内容，建立工程

设计整体概念，并以此来对照所编制的设计文件内容是否齐全，是否满足设计深度要求。

基于甘肃配电网建设实际，针对电缆线路建设标准，对常用的电缆排管，电缆井、电缆沟道重点深化设计，增加了预制电缆沟设计、电缆桥架设计、电缆引下设计，达到施工图深度，提出了相应的物料选择、标准物料编码及详细的物料描述。在满足典型设计及标准物料目录的条件下，施工图纸可直接采用，统一了设计标准，降低了设计难度。

第 2 章　典型设计工作过程

2.1　前期阶段

2022 年 8 月 5 日，国网甘肃省电力公司配网管理部启动配电网标准化典型设计编制工作。

2022 年 8 月 8～12 日，国网甘肃省电力公司配网管理部组织国网兰州、白银、天水、金昌、嘉酒、武威、张掖等 14 家市州公司以及兰州倚能电力设计咨询有限公司在兰州召开配电网工程典型设计修编研讨会，研讨 10kV 配电站（所）及电缆线路工程典型设计的编制，同时委托兰州倚能电力设计咨询有限公司组织成立 10kV 配电站（所）及电缆线路分册编制组，并明确任务分工。此次会议标志着《甘肃 10kV 电缆线路典型设计》修编工作正式启动。

2.2　启动阶段

按照工作计划，为深入了解国网甘肃省电力公司系统内各地市公司配电网工程设计、建设现状、典型设计需求情况，工作组通过多种形式进行了收资和调研。调研工作中，充分考虑了国网甘肃省电力公司系统供电服务地区覆盖面。

2022 年 8 月 15～19 日，收集整理甘肃省内各市州供电公司设计资料，梳理设计方案。

2.3　调研阶段

2022 年 9 月 12～17 日，国网甘肃省电力公司配网管理部编制典型设计技术原则大纲并下发，具体技术原则由兰州倚能电力设计咨询有限公司编制。

2022 年 9 月 19～23 日，兰州倚能电力设计咨询有限公司组织技术人员编制配电站（所）、电缆线路技术原则初稿。

2022 年 9 月 26～30 日，国网甘肃省电力公司配网管理部组织，全省 14 家市州公司研讨和完善典型设计技术原则并研讨确定典型设计技术方案。

2.4　技术原则编制阶段

2022 年 10 月中旬～11 月下旬，各编制组组织召开多次修编工作会议及专家研讨会，完成典型设计征求意见稿。

2022 年 12 月 10～17 日，国网甘肃省电力公司配网管理部面向省内 14 家市州供电公司印发《甘肃 10kV 配电站（所）典型设计（修订）》及《甘肃 10kV 电缆线路典型设计（修订）》，征求各单位意见。

2022 年 12 月 18～24 日，编制组根据反馈意见进一步修改完善典型设计，完成修订稿。

2.5　设计成果编制阶段

2023 年 1 月 2 日～4 月 28 日，国网甘肃省电力公司配网管理部组织，兰州倚能电力设计咨询有限公司在兰州集中开展 10kV 配电站（所）、10kV 电缆线路典型设计的编制工作，完成初稿。

2023 年 6 月 15 日，由国网甘肃省电力公司配网管理部组织，对《甘肃 10kV 配电站（所）典型设计》及《甘肃 10kV 电缆线路典型设计》的成果进行编制组最后一次审查。

2023 年 11 月 3 日，由国网甘肃省电力公司配网管理部组织，对《甘肃 10kV 配电站（所）典型设计》和《甘肃 10kV 电缆线路典型设计》的编制成果进行验收，通过了《甘肃 10kV 配电站（所）典型设计》及《甘肃 10kV 电缆线路典型设计》的编制成果。

第3章　设计依据

3.1　设计依据性文件

《国家电网有限公司高质量推进城市配电网建设工作方案》（国家电网设备〔2022〕150号）

《国网设备部关于强化配电电缆精益化管理的通知》（国家电网配电〔2021〕86号）

《国家电网有限公司关于印发十八项电网重大反事故措施（修订版）的通知》（国家电网设备〔2018〕979号）

《国网甘肃省电力公司关于印发高质量推进城市配电网建设实施方案的通知》（甘电司配网〔2022〕365号）

3.2　国家、行业主要设计标准、规程规范

GB 2952	电缆外护层
GB 6995	电线电缆识别标志
GB 11032	交流无间隙金属氧化物避雷器
GB 12666	电线电缆燃烧试验方法
GB 29415	耐火电缆槽盒
GB 50003	砌体结构设计规范
GB 50009	建筑结构荷载规范
GB 50010	混凝土结构设计规范
GB 50016	建筑设计防火规范
GB/T 50064	交流电气装置的过电压保护和绝缘配合
GB/T 50065	交流电气装置的接地设计规范
GB 50168	电气装置安装工程电缆工程施工及验收规范
GB 50217	电力工程电缆设计规范
GB 50330	建筑边坡工程技术规范
DL/T 401	高压电缆选用导则
DL/T 802.1～802.10	电力电缆用导管技术条件
DL/T 1253	电力电缆线路运行规程
DL/T 5221	城市电力电缆线路设计技术规定
DL/T 5514	城市电力电缆线路施工图设计文件内容深度规定电力标准
DL/T 5570	电力工程电缆勘测技术规程
DL/T 5707	电力工程电缆防火封堵施工工艺导则
DL/T 5776	水平定向钻敷设电力管线技术规定
CJJ 37	城市道路工程设计规范
JGJ 118	冻土地区建筑地基基础设计规范

3.3　国家电网公司相关的管理要求

Q/GDW 512—2014　电力电缆及通道运维规程

Q/GDW 10738—2020　配电网规划设计技术导则

Q/GDW 10784.2—2017　配电网工程初步设计内容深度规定　第2部分：配网电缆线路

Q/GDW 10785.2—2017　配电网工程施工图设计内容深度规定　第2部分：配网电缆线路

Q/GDW 10799.8—2023　国家电网有限公司电力安全工作规程　第8部分：配电部分

Q/GDW 11262—2014　电力电缆及通道检修规程

Q/GDW 11790—2017　电力电缆及通道标志技术规范

Q/GDW 12067—2020　高压电缆及通道防火技术规范

3.4　参考资料

《国家电网公司配电网工程典型设计　10kV电缆分册（2016年版）》

《国家电网公司输变电工程通用设计　电缆线路分册（2017年版）》

《国家电网有限公司输变电工程标准工艺（电缆工程分册）（2022版）》

《电力工程设计手册　电缆线路设计》

第4章 术　语

本章主要将本典型设计所涉及的基本技术用语，给以统一定义和词解，或对在其他标准、规范中尚未明确定义的专用术语，而在甘肃省供用电领域中已成熟的惯用技术用语加以纳入，以利于对本典型设计的正确理解和使用。

1. 电缆线路 power cable line

指由电缆、附件、附属设备及附属设施所组成的整个系统。其中附属设备包括接地系统、监控系统等；附属设施主要包括电缆隧道、电缆竖井、排管、工井、电缆沟道、电缆桥、电缆终端等。

2. 电缆本体 cable body

指除去电缆接头和终端等附件以外的电缆线段部分。

3. 电缆附件 cable accessories

电缆终端、电缆接头等电缆线路组成部件的统称。

4. 附属设施 auxiliary facilities

电缆支架、标识标牌、防火设施、防水设施、电缆终端站等电缆线路附属部件的统称。

5. 电缆通道 cable channels

电缆隧道、电缆沟道、排管、直埋、电缆桥、电缆竖井等电缆线路的土建设施。

6. 电缆终端 cable termination

安装在电缆末端，以使电缆与其他电气设备或架空输配电线路相连接，并维持绝缘直至连接点的装置。

7. 电缆接头 cable joint

连接电缆与电缆的导体、绝缘、屏蔽层和保护层，以使电缆线路连续的装置。

8. 电缆支架 cable bearer

用于支持和固定电力电缆的装置。

9. 桥梁敷设 cable lay on bridge

利用市政桥梁或新建架空构筑物建设电缆通道，用于敷设电缆。

10. 非开挖定向钻技术 trenchless directional drilling technology

安装于地表的钻孔设备以相对于地面较小的入射角钻入地层形成先导孔，然后再把先导孔径度扩大到所需要的大小来铺设管道或排线的一种技术。

注：非开挖定向钻技术是通过定向钻技术敷设的电力电缆管道。

11. 电力电缆及通道标志 signs of power cable and channel

使用文字、符号、颜色、图像等描述电力电缆及通道的相关信息，或起指示、提醒、警告等作用的标志。

12. 电缆排管 cable duct bank

整齐排列并固定在一起的许多导管，电缆从管内通过。

13. 电缆隧道 cable tunnel

用于容纳大量敷设在电缆支架上的电缆的走廊，或隧道式构筑物。

14. 直埋敷设 direct burying

把电缆放入开挖好的壕沟内，沿线在电缆上下铺设一定厚度的砂土或细土后盖上预制钢筋混凝土保护板，最后回填土，夯实与地面齐平的敷设方式。

15. 电缆沟道 cable trough

封闭式不通行、盖板可开启的电缆构筑物，盖板与地坪相齐或稍有上下。

16. 工作井（工井）manhole

供作业人员安装接头或牵引电缆用的构筑物。

17. 电缆弯曲半径 bending radius of cable

电缆弯曲部分，电缆中心线上圆周至圆心的距离。

18. 户内终端 indoor termination

在既不受阳光直接照射又不暴露在气候环境下使用的终端。

19. 户外终端 outdoor termination

在受阳光直接照射或暴露在气候环境下或二者都存在的情况下使用的终端。

第二篇

技　术　原　则

国家电网有限公司 STATE GRID CORPORATION OF CHINA

第5章　电缆路径及通道选型

5.1　电缆路径的选择

结合甘肃配电网工程设计管理要求及实际情况，10kV 电缆路径选择通常分为图上预选、初勘选线、终勘选线阶段，各阶段应根据设计深度要求收集必要的输入资料，并取得政府有关部门对拟定电缆路径的书面意见。

5.1.1　图上预选及收资方案的确定

电缆线路建设环境复杂，不仅要满足电力系统和城乡规划要求，还应与通信、交通、市政等已建及拟建的设施协调，在城镇区域还应考虑与其他市政设施统一规划。线路路径的确定，必须搜集翔实的约束资料，并取得相关管理机构和利益相关方的书面意见，作为路径选择的边界条件。为此，应首先开展室内图上选线工作，确定收资的范围。

图上选线的方法和步骤如下：

（1）根据系统规划资料，明确 10kV 电缆线路起止点及中途必经点的位置、建设规模、回路数等设计条件。

（2）查阅附近区域的既往工程资料，地方政府发布的城乡规划、交通网络、市政设施等信息，结合地形图及卫星图片，初步了解电缆路径的制约因素。

（3）图上选线宜以 1∶500～1∶2000 地形图为基础，在图上标示出线路起讫点、必经点位置，以及预先了解到的有关城市规划、市政设施、军事设施、地下埋藏资源范围等制约因素，然后按起讫点间路径最短的原则，避开上述障碍物影响范围，选择 1～3 个方案作为收资方案。

收资单位及内容概况详见表 5-1。

表 5-1　　收资单位及内容概况

序号	收资单位	主要收资内容
1	自然资源部门 *	收集国土空间开发、城乡建设、市政设施规划，了解城市规划管理技术规定，收集涉及区域总体规划，必要时协调调整电力走廊规划
2	住房和城乡建设部门 *	收集市政设施现状资料，了解城市设施管理技术规定，工程项目实施中的相关要求
3	市政管理部门 *	收集市政管网及绿化带情况
4	油、气管线管理部门	收集线路附近的油气管线的走向、建设规划，了解相关技术要求
5	水网管理部门	收集邻近的供水管网分布情况，了解相关技术要求
6	旅游管理部门	了解所辖范围内风景名胜区、旅游区范围、规划情况及避让要求
7	环境保护部门	了解生态红线划定范围，水源保护地，自然保护区级别及分布情况，了解保护范围及相关的建设管理规定
8	交通管理部门	收集了解沿线各等级公路的路网现状、航道现状及规划，了解相关的技术要求
9	铁路管理部门	收集邻近的铁路走向和铁路网规划情况，了解线路附近电气化铁路的供电制式，了解铁路部门相关技术要求
10	通信管理部门	收集邻近的埋地光缆、通信设施分布，了解相关技术要求
11	军事管理部门	了解线路附近军事设施相关及相关技术要求
12	水利管理部门	了解当地的河流、水库分布，河道及行洪要求
13	地震局	收集地震台、地磁台位置，了解地震设防烈度

注　* 所示为必须收资的单位，其余部门根据工程实际选择收集。

5.1.2　初堪选线

初勘选线是根据图上选线及资料收集成果，在工程现场具体落实的环节，在继承图上选线成果的基础上，按实际的地形、地物修正选线成果，确定电缆线路最终的走向。

初勘选线的技术勘察工作一般包括：

（1）对电缆路径附近的村镇分布、土地利用、冲淤特征、地面及地下开发活动等进行调查，选择符合地方规划、与其他开发活动交叉少、有利于电缆管道施工和维护的电缆路径。

（2）掌握电缆路径附近的地形地貌、地质、地震、水文、气象、绿化、主要河流、铁路、地铁、城市快速路、城镇规划、特殊障碍物等建设环境特点。路径应尽可能避免灾害地质地区。

（3）根据电缆的电压等级、转弯半径、进出线规划、通道分支情况，综合比较确定电缆通道形式。

（4）根据现场勘查情况，结合市政综合管线规划的要求，确定电缆通道平面位置，明确通道的覆土厚度和坡度；重要交叉、高落差等特殊地形处，绘制纵断面图。

（5）明确走廊清理情况并取得相关协议，余土清理情况办理。

1）明确拆除或迁移“三线”（电力线、通信线、广播线）的情况。

2）明确拟拆除或迁移、改造地线管线的所属单位、类型、等级、数量、费用。

3）明确林木砍伐数量，园林、绿地等恢复补偿数量。

4）当走廊清理规模较大时，应编制相应的专题报告或由建设单位委托第三方完成相应的评估报告。

（6）明确重要交叉穿越的处理方案。

1）应提出穿越地铁、高速、城市快速路、河流等设施的处理方案。

2）与其他重要市政管线有交叉穿越时，说明与市政管线的交叉穿越处理方案。

5.1.3　终勘选线

终勘选线一般于编制施工图之前，主要是对初步设计方案进行复核，重点核查路径障碍设施的变化情况，必要时对路径做适当优化和调整，对调整后超出初步设计协议范围的路径补充协议文件。在完成复核和调整后，完成线路定测工作。

5.2　电缆路径的技术要求

电缆线路应根据相应工程条件、环境特点和电缆类型、数量等因素选择运行可靠、便于维护、经济合理的电缆敷设方式。电缆路径的选择应充分考虑不同敷设方式下的通道形式、尺寸和空间需求。

5.2.1　电缆最小弯曲半径

电缆在任何敷设方式及全部路径条件下，其水平、垂直转向部位、电缆热伸缩部位及蛇形弧部位的弯曲半径，应符合电缆绝缘及其构造特性的要求，满足弯曲半径要求。本典型设计中，10kV 及以下电缆其允许弯曲半径按电缆外径的 15 倍考虑。

5.2.2　电缆与电缆或管道、道路、构筑物等相互间距

电缆与其他电缆、管道、道路、构筑物等之间允许的最小距离，应符合表 5-2 和表 5-3 的规定。

表 5-2　　工程管线之间及与建（构）筑物之间的最小水平净距

<table>
<tr><th>序号</th><th colspan="4">管线及建（构）筑物名称</th><th>直埋敷设（m）</th><th>排管敷设（m）</th></tr>
<tr><td>1</td><td colspan="4">建（构）筑物</td><td colspan="2">0.6</td></tr>
<tr><td rowspan="2">2</td><td colspan="3" rowspan="2">给水管线</td><td>$d \leqslant 200$mm</td><td colspan="2" rowspan="2">0.5</td></tr>
<tr><td>$d > 200$mn</td></tr>
<tr><td>3</td><td colspan="4">污水、雨水管线</td><td colspan="2">0.5</td></tr>
<tr><td>4</td><td colspan="4">再生水管线</td><td colspan="2">0.5</td></tr>
<tr><td rowspan="5">5</td><td rowspan="5">燃气管线</td><td colspan="2">低压</td><td>$P < 0.01$MPa</td><td rowspan="3">0.5</td><td rowspan="3">1</td></tr>
<tr><td rowspan="2">中压</td><td>B</td><td>$0.01\text{MPa} \leqslant P \leqslant 0.2$MPa</td></tr>
<tr><td>A</td><td>$0.2\text{MPa} \leqslant P \leqslant 0.4$MPa</td></tr>
<tr><td rowspan="2">次高压</td><td>B</td><td>$0.4\text{MPa} \leqslant P \leqslant 0.8$MPa</td><td colspan="2">1</td></tr>
<tr><td>A</td><td>$0.8\text{MPa} \leqslant P \leqslant 1.6$MPa</td><td colspan="2">1.5</td></tr>
<tr><td>6</td><td colspan="4">直埋热力管线</td><td colspan="2">2</td></tr>
<tr><td rowspan="2">7</td><td colspan="3" rowspan="2">电力管线</td><td>直埋</td><td>0.25</td><td>0.1</td></tr>
<tr><td>电缆排管</td><td>0.1</td><td>0.1</td></tr>
<tr><td rowspan="2">8</td><td colspan="3" rowspan="2">通信管线</td><td colspan="2">直埋</td><td><35kV：0.5</td></tr>
<tr><td colspan="2">管道、通道</td><td>≥35kV：2.0</td></tr>
<tr><td>9</td><td colspan="5">管沟</td><td>1</td></tr>
<tr><td>10</td><td colspan="5">乔木</td><td rowspan="2">0.7</td></tr>
<tr><td>11</td><td colspan="5">灌木</td></tr>
<tr><td rowspan="3">12</td><td rowspan="3">地上杆柱</td><td colspan="4">通信照明，小于 10kV</td><td>1</td></tr>
<tr><td rowspan="2">高压塔基础边</td><td colspan="3"><35kV</td><td rowspan="2">2</td></tr>
<tr><td colspan="3">≥35kV</td></tr>
</table>

续表

序号	管线及建（构）筑物名称	直埋敷设（m）	排管敷设（m）
13	道路侧石边缘		1.5
14	有轨电车钢轨		2
15	铁路钢轨（或坡脚）		10.0（非电气化 3.0）

表 5-3　　工程管线交叉时的最小垂直净距

序号	管线名称		直埋敷设（m）	排管敷设（m）
1	电力	直埋	0.5*	0.25
	管线	电缆排管	0.25	0.25
2	热力管沟		0.5*	0.25
3	油管或易（可）燃气管道		0.5*	0.25
4	其他管道		0.5*	0.25
5	涵洞（基底）		0.5*	0.25
6	电车（轨底）		1	1
7	铁路（轨底）		1	1

注　* 用隔板分隔时可为 0.25m。

5.3　电缆通道的选型

结合甘肃地区实际 10kV 电缆运行情况，电缆通道的基本类型为电缆排管、电缆沟道、电缆桥架等。

（1）电缆通道应根据规划电缆数量、地质条件、现场环境、施工条件、运行要求和综合造价等因素，合理选择通道类型。

（2）结合甘肃地区实际电缆运行情况，根据电缆的电压等级和数量选择通道类型时，应符合以下规定：

1）容纳 16 根以下的 10kV 电力电缆的通道，或位于城镇区道路域内，应采用电缆排管。

2）在变电站出口、厂区、建筑物内地下电缆数量较多，或电缆需要分期敷设时，宜采用电缆沟道。

3）变电站 10kV 出线侧优先选择电缆沟道，当出线回路集中且电缆大于 16 根时可采用电缆隧道，隧道长度不宜超过 30m，不满足时应开辟第二通道。

4）通过河流、沟渠的电缆，优先选择市政桥梁、堤坝、专用电缆桥，必要时可采用非开挖定向钻技术、小口径水平顶管等通道。

（3）根据环境条件选择通道类型时，应符合以下规定：

1）地面有腐蚀性液体或熔融金属溢流的场所，有机动车等重荷载的地段，不应采用电缆沟道。

2）有可燃粉尘弥漫的区域内，不应采用电缆沟道。

3）容纳电缆数量较多，位于交通繁忙的城区道路或穿越铁路的区域，宜采用电缆排管敷设。

第 6 章　电缆选型及技术原则

6.1　环境条件选择

本典型设计采用的环境条件见表 6-1。

表 6-1　　电缆一般运行环境条件

项目	单位	参数
海拔	m	≤4000
最高环境温度	℃	40
最低环境温度	℃	−30
土壤最高环境温度	℃	35
土壤最低环境温度	℃	−20
月相对湿度平均值	%	80
日照强度	W/cm^2	0.1
雷电日	d/a	40

注　本典型设计以上述环境参数为边界条件，其他环境条件使用前请自行校验。

6.2 运行条件选择

本典型设计采用的运行条件见表 6-2。

表 6-2 运行条件

项目	单位	参数
系统额定电压	kV	10
系统最高运行电压	kV	12
系统频率	Hz	50
系统接地方式		中性点不接地或经消弧线圈接地系统

注 对于经小电阻接地系统应按照相关规程规范进行相应调整。

6.3 电缆型号的选择

电缆截面的选择应考虑设施标准化，结合甘肃各地区配电网规划及现场实际运行情况，并根据《国家电网公司配电网建设改造标准物料目录》，甘肃省10kV 电网工程选取 4 种 10kV 电缆型号，电缆标准物料见表 6-3。

表 6-3 电缆标准物料表

序号	物料类型	物料编码	扩展描述	ID
1	电力电缆	500107623	AC 10kV，YJLV，70，3，22，ZC，无阻水	9995-500107623-00001
2	电力电缆	500108651	AC 10kV，YJV，150，3，22，ZC，无阻水	A171-500115156-00001
3	电力电缆	500108302	AC 10kV，YJV，240，3，22，ZC，无阻水	A171-500115156-00001
4	电力电缆	500108108	AC 10kV，YJV，400，3，22，ZC，无阻水	A171-500115156-00001

6.4 电缆参数

6.4.1 电缆型号及使用范围

10kV 电力电缆线路一般选用三芯电缆，电缆型号、名称及其适用范围见表 6-4。

表 6-4 10kV 电缆型号、名称及其适用范围

型号		名称	适用范围
铜芯	铝芯		
YJV_{22}	$YJLV_{22}$	交联聚乙烯绝缘聚氯乙烯护套电力电缆	可在土壤直埋敷设，能承受机械外力作用，但不能承受大的拉力

6.4.2 电缆导体材质及电缆绝缘屏蔽或金属护套选择

甘肃 10kV 电缆 70mm^2 截面导体选择铝芯，常用于箱式变电站电源回路，150mm^2 截面、240mm^2 截面、400mm^2 截面导体选择铜芯。电缆绝缘屏蔽或金属护套选择软铜线或铜带。加强层选择铠装。外护套选择聚氯乙烯或聚乙烯。

6.4.3 电缆截面及载流量

（1）导体最高允许温度按表 6-5 选择。

表 6-5 导体最高允许温度

绝缘类型	最高允许温度（℃）	
	持续工作	短路状态
交联聚乙烯	90	250

（2）电缆导体最小截面的选择，应同时满足规划载流量和通过可能的最大短路电流时热稳定的要求。

（3）连接回路在最大工作电流作用下的电压降，不得超过该回路允许值。

（4）电缆导体截面的选择应结合敷设环境来考虑，10kV 常用电缆可根据表 6-6 中 10kV 交联电缆载流量，结合不同环境温度、不同管材热阻系数、不同土壤热阻系数及多根电缆并行敷设等各种载流量校正系数来综合计算，分别见表 6-7～表 6-10。

（5）多根电缆并联时，各电缆应等长，并采用相同材质、相同截面的导体。

（6）电缆截面的选择应考虑设施标准化，根据甘肃 10kV 运行及建设标准，各供电区域中压电缆截面一般可参考表 6-11 选择。

表 6-6 10kV 交联电缆载流量

10kV 交联电缆载流量		电缆允许持续载流量（A）			
绝缘类型		交联聚乙烯			
钢铠护套		无		有	
缆芯最高工作温度（℃）		90			
敷设方式		空气中	直埋	空气中	直埋
缆芯截面（mm^2）	70	178	152	173	152
	150	283	223	278	219
	240	378	292	373	292
	400	506	378	501	374

续表

10kV 交联电缆载流量	电缆允许持续载流量（A）			
环境温度（℃）	40	25	40	25
土壤热阻系数［(℃·m)/W］	—	2.0	—	2.0

注 1. 适用于铝芯电缆，铜芯电缆的允许载流量值可乘以 1.29。
2. 缆芯工作温度大于 90℃时，计算持续允许载流量时，应符合下列规定：
（1）数量较多的该类电缆敷设于未安装机械通风的隧道、竖井时，应计入对环境温升的影响。
（2）电缆直埋敷设在干燥或潮湿土壤中，除实施换土处理能避免水分迁移外，土壤热阻系数取值不小于 2.0℃·m/W。
3. 对于 1000m＜海拔≤4000m 的高海拔地区，每增高 100m，气压降低 0.8～1kPa，应充分考虑海拔对电缆允许载流量的影响，建议结合实际条件进行相应折算。

表 6-7　　10kV 电缆在不同环境温度时的载流量校正系数

缆芯最高工作温度（℃）	环境温度（℃）							
	空气中				土壤中			
	30	35	40	45	20	25	30	35
60	1.22	1.11	1.0	0.86	1.07	1.0	0.93	0.85
65	1.18	1.09	1.0	0.89	1.06	1.0	0.94	0.87
70	1.15	1.08	1.0	0.91	1.05	1.0	0.94	0.88
80	1.11	1.06	1.0	0.93	1.04	1.0	0.95	0.90
90	1.09	1.05	1.0	0.94	1.04	1.0	0.96	0.92

表 6-8　　不同土壤热阻系数时 10kV 电缆载流量的校正系数

土壤热阻系数［(℃·m)/W］	分类特征（土壤特性和雨量）	校正系数
0.8	土壤很潮湿，经常下雨。如湿度大于 9%的沙土；湿度大于 10%的沙—泥土等	1.05
1.2	土壤潮湿，规律性下雨。如湿度大于 7%但小于 9%的沙土；湿度为 12%～14%的沙—泥土等	1.0
1.5	土壤较干燥，雨量不大。如湿度为 8%～12%的沙—泥土等	0.93
2.0	土壤干燥，少雨。如湿度大于 4%但小于 7%的沙土；湿度为 4%～8%的沙—泥土等	0.87
3.0	多石地层，非常干燥。如湿度小于 4%的沙土等	0.75

表 6-9　　土中直埋多根并行敷设时电缆载流量的校正系数

根数		1	2	3	4	5	6
电缆之间净距（mm）	100	1	0.9	0.85	0.80	0.78	0.75
	200	1	0.92	0.87	0.84	0.82	0.81
	300	1	0.93	0.90	0.87	0.86	0.85

表 6-10　　空气中单层多根并行敷设时电缆载流量的校正系数

并列根数		1	2	3	4	5	6
电缆中心距	$s=d$	1.00	0.90	0.85	0.82	0.81	0.80
	$s=2d$	1.00	1.00	0.98	0.95	0.93	0.90
	$s=3d$	1.00	1.00	1.00	0.98	0.97	0.96

注 1. s 为电缆中心间距离，d 为电缆外径。
2. 本表按全部电缆具有相同外径条件制订，当并列敷设的电缆外径不同时，d 值可近似地取电缆外径的平均值。

表 6-11　　10kV 电缆与架空绝缘线路导线截面配合表

主干线截面（mm^2）		分支线截面（mm^2）	
架空	电缆	架空	电缆
240	400	150	240
150	240	95	150

注　表中电缆指铜芯电缆。

6.5　电缆附件选择

（1）电缆附件的绝缘屏蔽层或金属护套之间的额定工频电压 U_0、任何两相线之间的额定工频电压 U、任何两相线之间的运行最高电压 U_m，以及每一导体与绝缘屏蔽层或金属护套之间的基准绝缘水平 BIL，应满足表 6-12 要求。

表 6-12　　电缆绝缘水平表

系统中性点	非有效接地	有效接地
	10kV	
U_0/U（kV）	8.7/15	6/10
U_m（kV）	11.5	11.5
BIL（kV）	95	75
外护套冲击耐压（kV）	20	20

（2）敞开式电缆终端的外绝缘必须满足所设置环境条件的要求，并有一个合适的泄漏比距。在一般环境条件下，外绝缘的爬距在污秽等级最高情况下户外采用 400mm，户内采用 300mm，并不低于架空线绝缘子的爬距。

（3）外露于空气中的电缆终端装置类型应按下列条件选择：

1）不受阳光直接照射和雨淋的室内环境应选用户内终端。

2）受阳光直接照射和雨淋的室外环境应选用户外终端。对电缆终端有特殊要求的，选用专用的电缆终端。目前最常用的终端类型有热缩型、冷缩型、预制型，在使用上根据安装位置、现场环境等因素进行相应选择。

（4）电缆中间接头的选择。三芯电缆中间接头应选用直通接头。目前最常用的有热缩型、冷缩型。考虑电缆敷设环境及施工工艺等因素进行相应选择。

电缆附件标准物料表见表 6-13。

表 6-13　电缆附件标准物料表

序号	物料名称	物料编码	物料描述	固化 ID
1	电缆中间头	500021374	10kV 电缆中间头，3×70，直通接头，冷缩，铝	9995-500021374-00001
2	电缆中间头	500021410	10kV 电缆中间头，3×150，直通接头，冷缩，铜	9995-500021410-00001
3	电缆中间头	500021404	10kV 电缆中间头，3×240，直通接头，冷缩，铜	9995-500021404-00001
4	电缆中间头	500021383	10kV 电缆中间头，3×400，直通接头，冷缩，铜	9995-500021383-00001
5	电缆终端	500031974	10kV 电缆终端，3×70，户内终端，冷缩，铝	9995-500031974-00001
6	电缆终端	500021058	10kV 电缆终端，3×150，户内终端，冷缩，铜	9995-500021058-00001
7	电缆终端	500021060	10kV 电缆终端，3×240，户内终端，冷缩，铜	9995-500021060-00001
8	电缆终端	500021117	10kV 电缆终端，3×400，户内终端，冷缩，铜	9995-500021117-00001
9	电缆终端	500032072	10kV 电缆终端，3×70，户外终端，冷缩，铝	9995-500032072-00001
10	电缆终端	500021035	10kV 电缆终端，3×150，户外终端，冷缩，铜	9995-500021035-00001
11	电缆终端	500021021	10kV 电缆终端，3×240，户外终端，冷缩，铜	9995-500021021-00001
12	电缆终端	500021119	10kV 电缆终端，3×400，户外终端，冷缩，铜	9995-500021119-00001
13	电缆接线端子	500021956	电缆接线端子，铜镀锡，70mm²，单孔	A171-500050546-00001
14	电缆接线端子	500021972	电缆接线端子，铜镀锡，150mm²，双孔	A171-500050546-00001
15	电缆接线端子	500021973	电缆接线端子，铜镀锡，240mm²，双孔	A171-500050546-00001
16	电缆接线端子	500081599	电缆接线端子，铜镀锡，400mm²，双孔	A171-500050546-00001

6.6　避雷器的特性参数选择

避雷器的主要特性参数应符合下列规定：

（1）冲击放电电压应低于被保护的电缆线路的绝缘水平，并留有一定裕度。

（2）冲击电流通过避雷器时，两端子间的残压值应小于电缆线路的绝缘水平。

（3）当雷电过电压侵袭电缆时，电缆上承受的电压为冲击放电电压和残压，两者之间数值较大者称为保护水平 U_p，$BIL=$（120%～130%）U_p。

（4）10kV 避雷器的持续运行电压，对于中性点不接地和经消弧线圈接地的接地系统，应分别不低于最大工作线电压的 110%和 100%；对于经小电阻接地的接地系统，应不低于最大工作线电压的 80%。

（5）一般采用无间隙复合外套金属氧化物避雷器。

避雷器标准物料表见表 6-14。

表 6-14　避雷器标准物料表

序号	物料类型	物料编码	扩展描述	ID
1	交流避雷器	500127027	AC 10kV，13kV，硅橡胶，40kV，带间隙，标准化，标称放电电流 10kA，外串联固定间隙	A171-500127027-00002
2	交流避雷器	500004650	AC 10kV，17kV，硅橡胶，45kV，不带间隙，标准化，标称放电电流 10kA，带脱离器	A171-500004650-00005

6.7 电缆长度

6.7.1 电缆的长度计算

根据 GB 50217《电力工程电缆设计规范》的规定，电缆的长度计算应包括实际路径长度与附加长度，实际路径长度宜计入下列因素：

（1）电缆敷设路径地形等高差变化，伸缩节或迂回备用裕量。

（2）终端或接头制作所剥截电缆的预留段、电缆印制设备或装置所需的长度。

（3）长距离的电缆宜采用计算长度作为订货长度。

（4）对非长距离的电缆宜计及整盘电缆中截取后不能利用其剩余段的因素，按计算长度计入 5%～10%的裕量，作为同型号规格电缆的订货长度。

（5）鉴于 10kV 电缆线路故障多发于电缆接头处，10kV 电缆线路终端杆引下处、电缆中接头处宜预留余缆，便于电缆线路故障抢修及电缆试验。

6.7.2 电缆的附加长度

根据 GB 50217《电力工程电缆设计规范》的规定，电缆的长度计算应包括实际路径长度与附加长度，附加长度宜计入表 6-15 所列的因素。

表 6-15　电缆敷设度量时的附加长度

项目名称		附加长度（m）
电缆终端的制作		2.0
电缆接头的制作		2.0
由地坪引至各设备的终端处	电机动（按接线盒对地坪的实际高度）	0.5～1.0
	配电屏	1.0
	车间动力箱	1.5
	控制屏或保护屏	2.0
	厂用变压器	3.0
	主变压器	5.0
	磁力启动器或事故按钮	1.5

注　对厂区引入建筑物，电缆因地形及埋设的要求，电缆沟、隧道、吊架的上下引接，电缆终端、接头等所需的电缆余留量，可取图纸量出的电缆敷设路径长度的 5%。

第 7 章　电缆线路接地

7.1 电缆线路系统的接地

电缆的金属屏蔽和铠装、电缆支架和电缆附件的支架必须可靠接地，接地电阻不大于 10Ω。冻土地区接地应考虑高土壤电阻率和冻胀灾害。高原冻土的平均土壤电阻率为 3000～5000Ω·m，根据当地运行情况进行处理。采取降阻措施时，可采用换土填充等物理性降阻剂进行，禁止使用化学类降阻剂。

7.2 电缆金属护层的接地方式

电力电缆金属屏蔽层必须直接接地。交流系统中三芯电缆的金属屏蔽层，应在电缆线路两终端和接头等部位实施接地。当三芯电缆具有塑料内衬层或隔离套时，金属屏蔽层和铠装层宜分别引出接地线，且两者之间宜采取绝缘措施。

7.3 排管工作井接地

安装在工作井内的金属构件皆应用镀锌扁钢与接地装置连接。每座工作井应设接地装置，接地电阻不应大于 10Ω。

7.4 电缆沟道接地

电缆沟道应合理设置接地装置，接地电阻不宜大于 5Ω。

7.5 电缆桥架接地

（1）桥架金属构件均应可靠接地。钢桥架接地由两端引出与两端接地装置连接；其他类型桥架接地通过接地干线与两端接地装置连接。

（2）沿电缆桥架敷设铜绞线、镀锌扁钢作为接地干线，或利用沿桥架构成电气通路的金属构件作为接地干线时，电缆桥架接地应符合下列规定：电缆桥架全长不大于 30m 时，不应少于 2 处与接地干线相连；全长大于 30m 时，应每隔 20～30m 增加与接地干线的连接点；电缆桥架的起始端和终点端应与接地网可靠连接。

第8章 电缆线路标志标牌

8.1 标志分类

（1）电缆及通道标志分为电缆设备标志与电缆通道标志，统称“电缆标志”。

（2）电缆设备标志包括本体标志、附件标志、附属设备标志及附属设施标志。

（3）电缆通道标志包括信息指示标志、电缆路径标志与禁止、警示等安全标志。

8.2 电缆标志的通用要求

（1）电缆标志配置应规范统一、正确、固定牢固，适应使用环境的要求，标志设置应醒目便于生产运维，不应构成对人身伤害、危及设备安全的潜在风险，或存在妨碍正常工作的情况。

（2）电缆设备标志要与电网系统图、电缆走向图和电缆资料的名称一致。

（3）通道标志配置应因地制宜，满足电缆运行工作的实际需求，如市区、郊区实施差异化，市区电缆通道路径标志宜采用标桩、地贴，郊区或绿化带内，也可采用标志牌的形式安装。

（4）电缆标志应作为日常巡检项目，每半年至少专项检查一次，保持标志牌完整无破损、整洁、字迹图形清晰，如不满足应及时更换或修缮。

（5）电缆标志的规格、尺寸、安装位置应统一，并兼顾使用场合与环境。

8.3 电缆设备标志要求

8.3.1 一般要求

（1）电缆标志应设置在头尾处、拐弯处、线路交叉处与必要处。

（2）电压等级应为阿拉伯数字接“kV”字样，如“10kV”，编号统一用阿拉伯数字表示。

（3）电缆标志字迹、标志图形应清楚、无毛刺、孔洞和影响使用的任何瑕疵。

（4）电缆安全标志需正确使用安全色传达禁止、警告、指令、提示等信息。红色传递禁止、停止、危险或提示消防防备、设施的信息；蓝色传递必须遵守规定的指令性信息；黄色传递注意、警告的信息；绿色传递安全的提示性信息。

（5）电缆标志应采用坚固耐用的材料制成，不宜使用遇水变形、变质或易燃的材料。有触电风险的场合应使用绝缘材质。

（6）电缆标志应有耐燃烧、耐湿热、耐摩擦等性能，并满足GB/T 26443《安全色和安全标志　安全标志的分类、性能和耐久性》的性能和耐久性要求。

（7）户外电缆标志宜选用复合等不可回收的非金属材料。

（8）少数民族地区电缆标志可结合实际，采取汉语和民族文字共同表达的方式。

8.3.2 电缆本体

（1）同通道内多回路电缆本体标志牌应设置在同一部位。

（2）电缆本体标志牌应含电压等级、线路名称、相序、投运日期、生产厂家等基本信息。

（3）直埋敷设的电缆接头两端处、转弯处、应设置电缆本体标志牌。

（4）排管敷设中工井内距离排管口处30cm范围内应设置相应的电缆本体标志牌。

（5）在电缆沟道两端处、拐弯处、直线段每隔50m以内设置相应的电缆本体标志牌。

（6）隧道敷设内工井两端、拐弯处、直线段每隔50m以内设置相应的电缆本体标志牌。

（7）桥梁敷设的电缆上下桥缆处、拐弯处、直线段每隔50m以内设置相应的电缆本体标志牌。

（8）其他敷设电缆。站内地下层、竖井等敷设时，应在每个防火隔断两端设置相应的电缆本体标志牌；上杆敷设时，应在醒目部位设置相应的电缆本体标志。

8.3.3 电缆附件

（1）电缆终端上应有明显的相色标志，距地2.5m左右应有电缆附件标志牌。

（2）在电缆中间接头两端 0.5m 范围内应有电缆附件标志牌。

（3）电缆附件标志牌应含电压等级、线路名称、相别，型号规格及厂家等基本信息，宜含有投运时间、安装人员等相关信息。

8.4　电缆通道标志要求

8.4.1　一般要求

（1）电缆路径警示标志应在通道两侧对称设置，标志形式可根据环境按需设置，直线段间距一般不大于 50m，在转弯处、工作井、接头井等处应增设标志。

（2）电缆通道标志安装位置应面向巡线侧或易于巡线人员巡视观察。

（3）电缆通道附近有人为外力破坏风险的区域，应在适当位置配置相应的禁止标志。如：“禁止开挖”“禁止堆放杂物”“禁止倾倒酸碱腐蚀物”“禁止取土”等禁止标志。

（4）户外禁止、警示类标志宜具有夜间反光功能。

（5）电缆标识桩、标识砖（块）、标识贴。标识桩应设置在绿化带、城市郊区、农村等电缆通道上方，且露出地面不少于 400mm。标识砖（块）设置在铺设人行通道、车行通道的电缆路径正上方，铺设应平整。标识贴应设置在硬化路面的电缆通道上方，在路面醒目的位置铺设。

（6）电缆施工区域应用有遮栏隔离并有明显警示标志，夜间施工地点应加挂警示灯。

8.4.2　电缆沟道敷设

直线段每隔 50m 以内、拐弯处、头尾处、中间接头工井处应设置电缆路径标牌。

8.4.3　排管敷设

（1）电缆上方沿线土层内应铺设带有电力标志的警示带。

（2）直线段每隔 50m 以内、拐弯处、头尾处、中间接头工井处设置电缆路径标牌。

8.4.4　桥梁敷设

（1）桥架两端醒目位置应设置“高压危险、禁止攀登”等警示标志。

（2）跨河（沟）通航桥架两侧醒目位置应设置“航道安全警示”等标志。

8.5　电缆设备标志

电缆设备标志见表 8-1。

表 8-1　　电缆设备标志

<table>
<tr><th>编号</th><th>标志</th><th>名称</th><th>说明</th></tr>
<tr><td>1</td><td>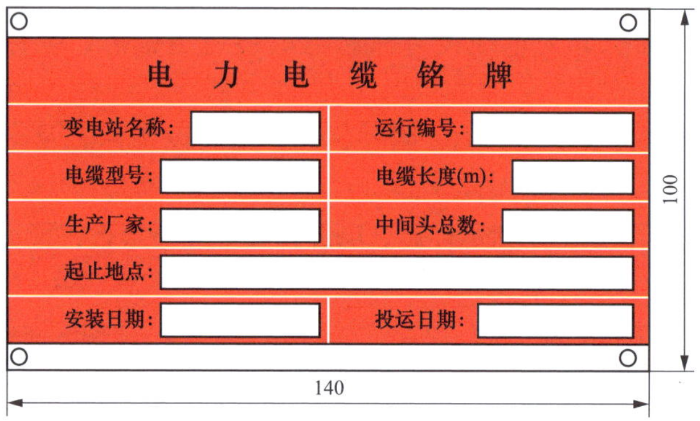
</td><td>电缆线路标志牌</td><td>一般为红底、黑色宋字体铝制材质，字凹陷铝牌内，绑扎于电缆本体</td></tr>
<tr><td>2</td><td>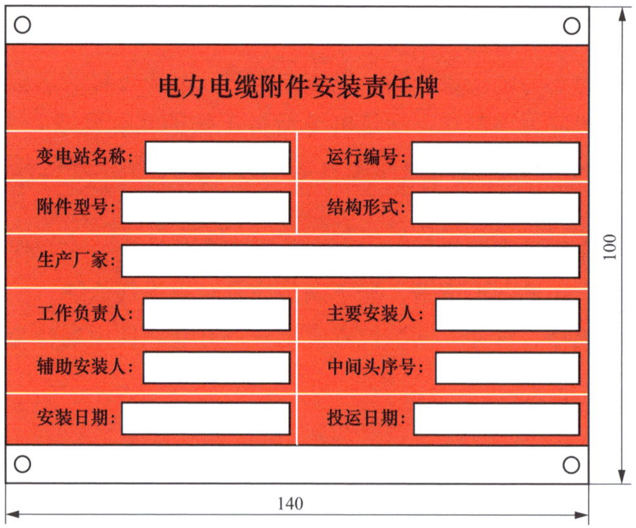
</td><td>电缆附件标志牌</td><td>一般为红底、黑色宋字体铝制材质，字凹陷铝牌内，绑扎于电缆附件端头。附件类型填写：绝缘接头、终端等</td></tr>
</table>

8.6 电缆通道标志

电缆通道标志见表 8-2。

表 8-2　　电缆通道标志

编号	标志	名称	说明
1		地埋式电缆路径标志牌	宜采用复合或金属材质，具有防滑性能，圆形或方形。标有“电缆通道、请勿开挖”“下有电缆，禁止开挖”“高压危险，禁止开挖”等警示标语。尺寸：参考边长不小于100mm，厚度不小于 2mm
2	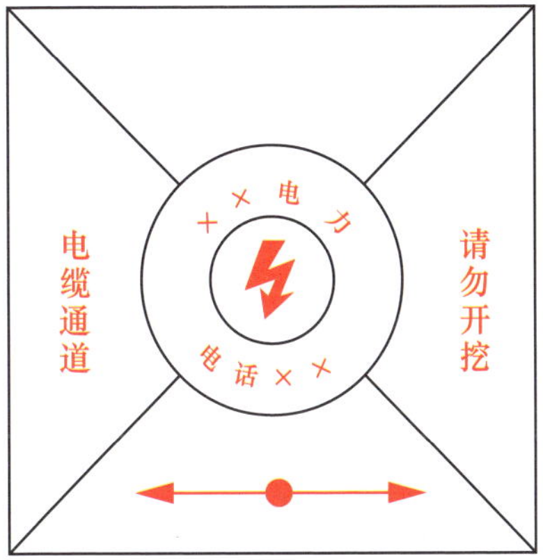	电缆路径标牌	宜采用复合或金属材质，具有防滑性能，圆形或方形。标有“电缆通道、请勿开挖”“下有电缆，禁止开挖”“高压危险，禁止开挖”等警示标语。尺寸：参考边长：150mm，厚度 1mm 左右

续表

编号	标志	名称	说明
3	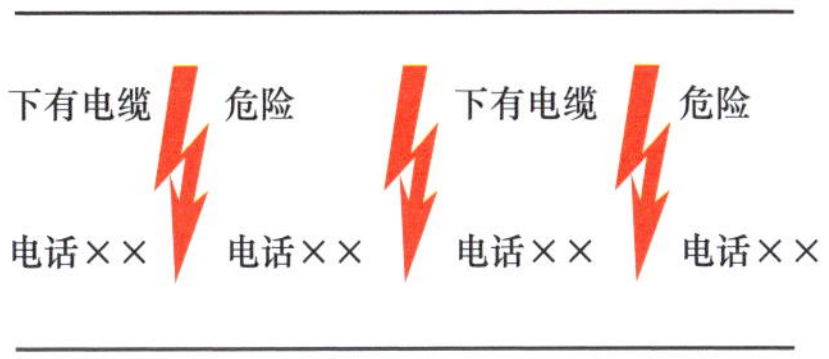	电缆路径警示带	电缆路径警示带，主要用于直埋敷设电缆、排管敷设电缆、电缆沟道敷设电缆和隧道敷设电缆的覆土层中。应沿全线在电缆通道宽度范围内两侧均设置，如电缆线路通道宽度大于 2m 宜增加警示带数量。覆土时，注意保持警示带平整
4	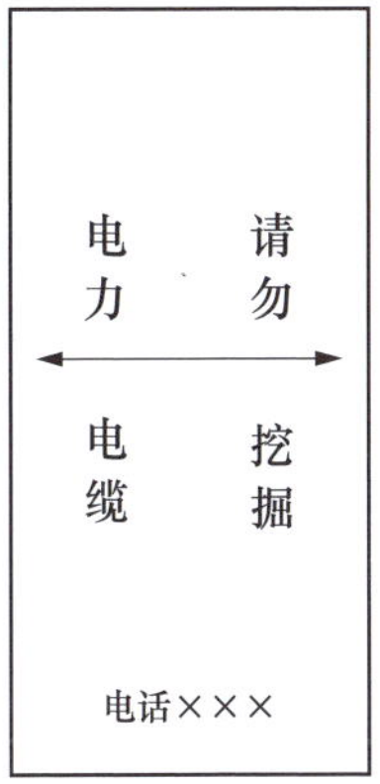	地埋式警示砖	宜采用复合材质，具有防滑性能。标有“电缆通道、请勿开挖”“下有电缆，禁止开挖”“高压危险，禁止开挖”等警示标语。尺寸：可参考当地人行道设置，一般边长为 200mm×100mm×30mm

第9章 电缆线路防火技术

电力电缆防火的本质就是防止电缆本体起火、电缆起火导致临近电缆起火，或电缆本体起火导致大范围及其他区域的电缆发生火灾。

9.1 电缆本体防火技术原则

（1）电力电缆在隧道、电缆沟道、变电站内、桥梁内应选用阻燃电缆，其成束阻燃性能应不低于C级。隧道、沟道、竖井、桥架、桥梁、夹层内的非阻燃电缆应采取绕包防火带、涂防火涂料等防火措施。

（2）电力电缆可能着火蔓延导致严重事故的回路、易受外部影响波及火灾的电力电缆密集场所，应按工程重要性、火灾概率及其特点和经济合理等因素，选用具有阻燃性的电力电缆、实施耐火防护或选用具有耐火性的电力电缆。

（3）电缆隧道内采用电缆防火槽盒、防火隔板或防火涂料隔离；变电站电缆夹层内采用防火槽盒或防火涂料隔离；电缆穿越孔洞处采用防火堵料封堵。

（4）电力电缆线路的防火设施必须与主体工程同时设计、同时施工、同时验收，防火设施未验收合格的电力电缆线路不得投入运行。所有电力电缆线路工程均应有电力电缆防火设计专门章节。

（5）同一通道内不同电压等级的电力电缆，应按照电压等级的高低从下向上排列，分层敷设在电缆支架上。

9.2 电缆附件及附属设施防火技术原则

（1）直埋的电缆接头最外层应采用阻燃材料包覆，对防火防爆有特殊要求的电缆接头应采用填砂、加装防爆接头盒或防火毯等防火隔离措施。

（2）与中压电力电缆同通道敷设的低压电缆、非阻燃通信光缆等应放置在耐火槽盒中。对于一些特别重要的电力电缆及回路，也应敷设在防火槽盒内保护。

（3）隧道内敷设的通信光缆和低压电源线，应采取放入阻燃管或防火槽盒等防火隔离措施。

（4）非直埋电缆接头应采用耐火防爆槽盒，密集通道（6回及以上）电缆接头应选用防火槽盒、防火隔板、防火毯等防火隔离措施。电缆接头两侧及相邻电缆2～3m长的区段应采取涂刷防火涂料、缠绕防火包带等措施。

（5）对电力电缆易着火的接头部位，电力电缆通过高温、易爆、易燃、危险品仓库、油箱、油管道、热力管道以及其他等易引发电力电缆火灾的区域，应采用自粘性防火包带、防火涂料或难燃电缆排管保护。

（6）电缆接头应采用防火涂覆材料进行表面阻燃处理，即在接头及其两侧2～3m和相邻电力电缆上绕包氯丁橡胶为基的阻燃带或涂刷防火涂料，涂料总厚度应为0.9～1.0mm。

（7）电缆接头不应布置于变电站夹层内，变电站夹层内在役接头应移出。

9.3 电缆通道防火技术原则

（1）对电力电缆着火易导致严重事故的回路、易受外部影响波及火灾的电缆密集场所，应有适当的阻火分隔。阻火分隔包括设置防火门、防火墙、耐火隔板与封闭式耐火槽盒。防火门、防火墙用于电缆隧道、电缆沟道、电缆桥架以及上述通道分支处及出入口。

（2）应封闭缆沟盖板缝隙，避免易燃物进入电缆沟道。运维部门应保持电缆通道、夹层整洁、畅通，消除各类火灾隐患，通道沿线及其内部、隧道通风口（亭）外部不得积存易燃、易爆物。电力电缆贯穿隔墙、竖井的孔洞处、电力电缆引至控制设施处等均应实施具有足够机械强度的防火封堵。

（3）电缆夹层宜设置火情监测报警系统、排烟通风设施和灭火装置。

（4）防火重点部位的出入口，应设计设置防火门或防火卷帘。

（5）电缆通道接近加油站类构筑物时，通道（含工作井）与加油站地下直埋式油罐的安全距离应满足GB 50156《汽车加油加气加氢站技术标准》的要求，且加油站建筑红线内不应设工作井。

（6）在隧道、沟、浅槽、竖井、夹层等封闭式电缆通道中，不得布置热力管道，严禁有易燃气体或易燃液体的管道穿越。

（7）通道路径应避开火灾爆炸危险区。电缆通道临近易燃管线时，应采取合理措施，加强监视，防止电力电缆损伤或导致火灾。

（8）电缆沟道内通信光缆与电力电缆、输电电力电缆与配电电力电缆同沟敷设时，应采取有效的防火隔离措施。

（9）电缆通道防火管理，消防设施与主体设备或项目同时设计、同时施工、同时投产管理。

（10）改、扩建工程施工中，对于贯穿已运行的电缆孔洞、阻火墙，应及时恢复封堵。

（11）电缆排管、电缆沟道隔断和孔洞的封堵应使用防火泥或电缆管道封堵器。电力电缆周围、电缆穿管口及其他小型孔隙的阻火封堵应使用有机堵料；竖井及其他井内无积水环境的封堵应使用无机堵料；电缆贯穿孔洞的封堵可使用无机或有机堵料。

（12）隧道内每隔100～200m应设置一道防火间隔，发生火灾时通过烟感传感器控制防火门关闭，使该段间隔内氧气隔离，防止火灾蔓延。人员在防火间隔内可以打开防火门，以便逃生。

（13）建设电缆隧道时，应同步设置通风、防火基本设施。重要电缆隧道内应同步建设综合监控系统，包括电缆温度监测、局部放电在线监测、接地环流监测、隧道有害气体监测、火情监测报警、视频监测等，并应定期传动、检测，确保动作可靠、信号准确。

第10章　土建部分设计技术原则

10.1　甘肃省城区典型地质条件

甘肃省地处黄河上游，位于黄土高原、内蒙古高原、青藏高原的交汇处，地域辽阔，大部分位于我国地势二级阶梯上。省内地质条件复杂多样，电缆井及电缆沟坐落的地层主要类型有普通土、坚土、松砂石、岩石。由于电缆井、电缆沟基坑开挖深度一般在5m范围内，甘肃省内大部分地层在5m范围内未见地下水，因此本典型设计不再考虑地下水的影响，工程中如遇地下水，可按照相应规范进行差异化设计。

甘肃省内地层具体的分布情况概述如下：

（1）陇东黄土高原：包含庆阳市、平凉市以及六盘山以东各市县。位于六盘山以东泾河流域，地表黄土堆积厚度达100m以上，以Ⅱ、Ⅲ级湿陷性黄土为主。

（2）陇西黄土高原：包含兰州市、白银市、定西市、临夏回族自治州、天水市及平凉市六盘山以西的静宁、庄浪两县。本区域是我国黄土高原的最西部，被黄土层覆盖，厚度几米至数十米不等，局部地区的黄土覆盖厚度超过200m，以Ⅲ、Ⅳ级湿陷性黄土为主。

（3）陇南山地：包含陇南地区全部及天水、甘南地区一小部分，地理范围为渭河以南，临潭、迭部一线以东的区域。区域内地质条件多样，广泛分布普通土、坚土、松砂石、岩石。

（4）甘南高原：位于本省黄河以西，陇南山地以西，太子山、白石山以南，是青藏高原东缘的一隅。地势西高东低，广泛分布坚土、松砂石、岩石。

（5）河西走廊：位于黄河以西，地势平坦而狭长。走廊东部和西部的地形有明显的差异，张掖以东尚有黄土分布，张掖以西，沙漠、戈壁面积增大。北部的民勤、金塔两县被腾格里沙漠和巴丹吉林沙漠南延部分包围；古浪、武威、永昌、临泽、高台北部皆濒临沙漠、戈壁；西部的酒泉、玉门、安西、敦煌、肃北境内皆有大面积沙漠、戈壁。

10.2　电缆构筑物地基处理设计岩土参数

在对甘肃地区典型土质进行统计、分析的基础上，按照“标准化设计、适当保留设计裕度”的原则，本次地基处理修订工作选择黄土、碎石土两种土质，选择原因如下：

（1）黄土在甘肃地区具有代表性，在兰州、定西、白银、天水、平凉、庆阳、甘南、陇南广泛分布，是甘肃省内主要的土质之一。与其相似的土质有粉土和黏土，在工程建设中也较为常见。其地质参数，尤其是重力密度、承载力特征值等相近。陇东、陇西黄土具有不同等级的湿陷性。

（2）碎石土和黄土的区别是土中含有20%～50%的砾石或卵石。在河西地区，尤其是张掖以西地区广泛分布，是河西地区的典型土质。与其相近的土质为砾石、卵石。由于碎石土中有一定比例的砾石或卵石存在，使其地质参数较黄土有明显的提高。

（3）设计推荐岩土参数见表10-1。

表10-1　　设计推荐岩土参数

岩土名称	重力密度（kN/m^3）	黏聚力C（kPa）	内摩擦角ϕ	承载力特征值F_{ak}（kPa）
黄土	14	11	20°	100
碎石（卵石）土	18	10	40°	180

10.3　边坡允许值

当工程条件允许时，应优先采用坡率法放坡施工，若工程条件不允许放坡时可采用坡率法和锚杆、锚喷支护等联合应用的方法施工。

电缆井基坑开挖深度一般在5m范围内，甘肃省内大部分5m范围内的地层为杂填土、黄土、粉土、碎石土等，遇到岩石的可能性较小，因此给出了土质边坡坡率的允许值。

土质边坡的坡率允许值应根据经验，按工程类比的原则并结合已有稳定边坡的坡率值分析确定。当无经验且土质均匀良好、地下水位低、无不良地质现象和地质环境条件简单时，可按表10-2确定。

表10-2　　土质边坡坡率允许值

边坡土体类别	岩性状态	坡率允许值（高宽比）	
		坡高小于5m	坡高5～10m
杂填土	中密—密实	1∶0.75～1∶1.00	—
黄土	黄土状土 马兰黄土 离石黄土 午城黄土	1∶0.50～1∶0.75 1∶0.30～1∶0.50 1∶0.20～1∶0.30 1∶0.10～1∶0.20	1∶0.75～1∶1.00 1∶0.50～1∶0.75 1∶0.30～1∶0.50 1∶0.20～1∶0.30
粉土	稍湿	1∶1.00～1∶1.25	1∶1.25～1∶1.50
黏性土	坚硬 硬塑 可塑	1∶0.75～1∶1.00 1∶1.00～1∶1.25 1∶1.25～1∶1.50	1∶1.00～1∶1.25 1∶1.25～1∶1.50 1∶1.50～1∶1.75
碎石土	密实 中密 稍密	1∶0.35～1∶0.50 1∶0.50～1∶0.75 1∶0.75～1∶1.00	1∶0.50～1∶0.75 1∶0.75～1∶1.00 1∶1.00～1∶1.25

注　1. 标准碎石土的填充物坚硬或硬塑状态的黏性土。
　　2. 对于砂土或填充物为砂土的碎石土，其边坡坡率允许值应按自然休止角确定。

10.4　作用荷载条件

（1）荷载分类（见表10-3）。

表10-3　　荷载分类表

序号	荷载类别	简称	含义	实例
1	永久荷载	恒荷载 G_k	在构件使用期间，其值不随时间变化或其变化值可忽略不计的荷载	结构自重、土重、土侧压力
2	可变荷载	活荷载 Q_k	其值随时间变化，且其变化值与平均值相比不可忽略的荷载	地面活荷载、地面堆积活荷载、车辆荷载、水压力、水浮力
3	偶然荷载		在构件使用期间，不一定出现，而一旦出现，其值很大且持续时间较短的荷载	爆炸力、冲击力等

（2）荷载选定。

1）一般地面活动荷载、堆积荷载取4.0～10kN/m^2。

2）电缆保护管、电缆沟、电缆井等构件以35kN为标准轴载进行结构设计，适用于人行道、绿化带等小型车辆到达区域。其他荷载情况，如城市机动车道、重车道等，使用前请自行校验，进行差异化设计。

3）一般地面活荷载和车辆荷载不考虑同时作用，按地震烈度7度设防，在计算地震作用时，应计算结构等效重力荷载产生的水平地震作用和动土压力作用。

10.5　防腐设计

根据GB/T 50046—2018《工业建筑防腐蚀设计标准》的相关规定，腐蚀性划分为强腐蚀、中腐蚀、弱腐蚀、微腐蚀四个等级。按照已有的设计经验，对甘肃省内地质腐蚀性等级的统计，省内土质的腐蚀性多为弱腐蚀、微腐蚀。电缆井、电缆沟主体结构需根据腐蚀等级做相应的防护措施。具体防护要求可按表10-4确定。

表10-4　　电缆井、电缆沟防腐措施

腐蚀性等级	垫层材料	井壁、沟壁的表面防护
强	耐腐蚀材料	（1）环氧沥青或聚酯沥青涂层，厚度≥500μm。 （2）聚合物水泥砂浆，厚度≥10mm。 （3）树脂玻璃鳞片涂层，厚度≥300μm。 （4）环氧沥青或聚氨酯沥青贴玻璃布，厚度≥1mm
中	耐腐蚀材料	（1）沥青冷底子油两遍，沥青胶泥涂层，厚度≥500μm。 （2）聚合物水泥砂浆，厚度≥10mm。 （3）环氧沥青或聚氨酯沥青涂层，厚度≥300μm
弱	C20混凝土	（1）沥青冷底子油两遍，沥青胶泥涂层，厚度≥300μm。 （2）聚合物水泥浆两遍

注　1. 表中有多种防护措施时，可根据腐蚀性介质的性质和作用程度、基础的重要性等因素选用其中一种。
　　2. 埋入土中的混凝土结构，其表面应按本表进行防护。
　　3. 垫层材料可采用具有相应防腐蚀性能且强度等级≥C20的混凝土（厚150mm）、聚合物水泥混凝土（厚100mm）等。

10.6 电缆构筑物结构设计基本规定

（1）构件环境类别。混凝土构件的环境类别按二 a、二 b 等级设计，其他环境类别使用前按 GB 50010《混凝土结构设计规范》的表 3.5.2 自行校验。

（2）构件材料选择。

1）钢筋采用普通热轧钢筋，其中受力钢筋采用 HRB400，其他钢筋采用 HPB300。普通热轧钢筋强度设计值和弹性模量见表 10-5。

表 10-5　普通热轧钢筋强度设计值和弹性模量

种类	抗拉强度 f_y（N/mm²）	抗拉强度 F'_y（N/mm²）	弹性模量 E_s（N/mm²）	抗剪强度 F_τ（N/mm²）
HPB300	270	270	2.1×10^5	115
HRB400	360	360	2.0×10^5	180

2）结构构件混凝土强度等级不低于 C25，垫层混凝土强度等级不低于 C15。混凝土强度标准值见表 10-6，混凝土强度设计值见表 10-7，混凝土的弹性模量见表 10-8。

表 10-6　混凝土强度标准值

强度种类	符号	混凝土强度等级（N/mm²）			
		C25	C30	C35	C40
轴心抗压	f_{ck}	16.7	20.1	23.4	26.8
轴心抗拉	f_{tk}	1.78	2.01	2.20	2.39

表 10-7　混凝土强度设计值

强度种类	符号	混凝土强度等级（N/mm²）			
		C25	C30	C35	C40
轴心抗压	f_c	11.9	14.3	16.7	19.1
轴心抗拉	f_t	1.27	1.43	1.57	1.71

表 10-8　混凝土的弹性模量

混凝土强度等级	C25	C30	C35	C40
弹性模量 E_C（N/mm²）	2.80	3.00	3.15	3.25

10.7 施工的一般要求

考虑到目前电缆配电线路施工水平现状，提出相关土建施工的一般要求，便于设计、监理、施工等相关人员学习和借鉴。

（1）土建施工的相关标准。

GB 50164—2011　混凝土质量控制标准

GB 50202—2018　建筑地基基础工程施工质量验收标准

GB 50204—2015　混凝土结构工程施工质量验收规范

GB 50661—2011　钢结构焊接规范

22G101-1　混凝土结构施工图平面整体表示方法制图规则和构造详图

（2）基坑开挖时，如发现基底土质与设计不符，出现基坑松软、溶洞等现象，应及时通知设计、地勘人员现场勘察并处理。

（3）基坑边沿 1.5m 范围严禁堆放土、设备或材料等，1.5m 以外的堆载高度不应大于 1m。

（4）电缆井、沟道混凝土浇筑时，应采用机械振捣，混凝土采用机械搅拌，做到搅拌均匀、捣固密实，构件表面应平整光滑，无蜂窝麻面等。

10.8 余土处理要求

在工程建设管理过程中恰当的余土处理方案是水土保持和生态环境保护的有效措施。电缆井、电缆沟、电缆保护管多敷设于城市绿地或人行通道下。

对城市绿地中的余土堆放场地应将表层 0.1m 厚的熟土剥离，单独堆放；基坑开挖时应将表层的熟土和下部生土分开堆放。基坑回填时应将熟土覆盖在表层，并播撒草籽恢复原始植被。就地无法消纳的余土需外运至市政相关部门指定的弃土场地。

在临时堆土上覆盖一层防水苫布，有效防止水土流失。并严格控制施工范围，降低施工引起的水土流失。

国家电网有限公司 STATE GRID CORPORATION OF CHINA

第三篇

典型设计方案及设计图纸

第11章　电缆排管方案

11.1　概述

电缆排管方案（A模块）根据电缆线路敷设路径的要求及所敷设地段情况不同分为2个子模块，分别为A-1（开挖排管）、A-2（非开挖定向钻技术）。

电缆排管一般适用于城市道路边人行道下、电缆与各种道路交叉处、广场区域及小区内电缆条数较多、敷设距离较长等地段。

11.2　技术要求

电缆排管包括开挖排管、非开挖定向钻技术和小口径水平顶管等类型，选型应符合以下规定：

（1）在绿化带、道路上宜采用开挖排管；穿越河流、地下管线密集区域等不具备开挖条件时，宜采用非开挖定向钻技术或小口径水平顶管；穿越较深或较宽的水域时或电缆转弯半径要求较高时，可采用小口径水平顶管。

（2）电缆排管断面设计应满足规划电缆数量需求并留有裕度，应合理设置通信孔，宜设置抢修备用孔。

（3）根据甘肃地区使用最大型号的电缆外径，电缆排管孔道内径统一选择为175mm管材。

（4）电缆排管顶部覆土深度不宜小于0.5m。与电缆管道（沟）和其他构筑物的交叉距离应满足最小要求的规定。

（5）电缆排管设计除满足电缆敷设外，还应考虑配套的通信要求，适当预留通信通道和备用孔，通信光缆电缆排管采用内径50mm管材。

（6）电缆排管在选择路径时，应尽可能取直线，在转弯和折角处，应增设工作井。在直线部分，两工作井之间的距离不宜大于150m，

（7）电缆排管纵向排水坡度不宜小于0.2%。

（8）电缆上下杆、进出配电设备及电缆井内的所有管孔应配置电缆管道封堵器，起到防水、防火作用。

（9）电缆排管连接处应设立管枕，管枕间距不宜大于2m。

电缆管材标准物料表见表11-1。

表11-1　电缆管材标准物料表

序号	物料名称	物料编码	物料描述	固化ID
1	电缆保护管	500021527	电缆保护管，CPVC，ϕ50 公称壁厚4mm	A171-500021527-00001
2	电缆保护管	500080347	电缆保护管，N-HAP，ϕ175 公称壁厚不小于4.5mm	A171-500080347-00001

11.3　模块适用范围

A模块适用范围是地下管网密集的城市道路或挖掘困难的道路通道；城镇人行道施工不便且电缆分期敷设地段；规划或新建道路地段；易受外力破坏区域；电缆与公路、铁路等交叉处；城市道路狭窄且交通繁忙地段。

一般情况应优先选用A-1子模块开挖排管，按远景规模布设到位，少量无法进行明挖施工的可采用A-2子模块非开挖定向钻技术。

A-1子模块：新改建道路上管位较紧张、与其他管线冲突多的地段。

A-2 子模块：少量无法进行明挖施工的地段。

11.4 模块方案说明

11.4.1 A-1 子模块

开挖电缆排管设计应考虑设置管枕，管枕配置跨距宜按管路底部未均匀夯实时满足抗弯矩条件确定。

A-1 子模块共分为 6 个断面，各断面技术参数见表 11-2。

表 11-2 A-1 子模块技术参数一览表

序号	电缆敷设根数（层数×孔数）	电缆截面（芯数×截面，mm^2）	保护	模块编号
1	1×2	3×70～3×400	混凝土包封	A-1-1
2	2×2	3×70～3×400	混凝土包封	A-1-2
3	2×3	3×70～3×400	混凝土包封	A-1-3
4	3×3	3×70～3×400	混凝土包封	A-1-4
5	3×4	3×70～3×400	混凝土包封	A-1-5
6	4×4	3×70～3×400	混凝土包封	A-1-6

11.4.2 A-2 子模块

非开挖定向钻技术一般采用改性聚丙烯塑料电缆导管，A-2 子模块共分为 6 个断面。各断面技术参数见表 11-3。

表 11-3 A-2 子模块技术参数一览表

序号	电缆敷设根数	电缆截面（芯数×截面，mm^2）	模块编号
1	2	3×70～3×400	A-2-1
2	3	3×70～3×400	A-2-1
3	4	3×70～3×400	A-2-1
4	5	3×70～3×400	A-2-1
5	6	3×70～3×400	A-2-1
6	7	3×70～3×400	A-2-1

注 其中拉管根数为一次性施工，如需增加孔数应更换位置再次拉管。

11.4.3 附属设施

排管敷设中，标识桩在敷设路径起、终点及转弯处，以及直线段每隔 20m 应设置一处，当电缆路径在绿化隔离带、灌木丛等位置时可延至每隔 50m 设置一处。

11.4.4 使用说明

选用排管的内径按不小于 1.5 倍的电缆外径的规定来选择，电缆与管道、地下设施、城市道路、公路平行交叉敷设也需满足有关规程规范的要求。拉管施工前应严格计算整段电缆在排管中的牵引力与侧压力，控制在电缆允许值范围内；穿越完成后应对电缆排管外壁、土体之间进行压密注浆，控制土体沉降，并对排管进行试通及管口封堵。

非开挖定向钻技术采用圆形单孔管材，管材间的连接采用热熔焊，管材内壁应光滑，无凸起的毛刺。拉管数量根据工程情况进行选择，并根据电网远景规划适当预留。施工前应对电缆路径两侧 10m 范围内进行详细地质和障碍物勘探，根据实际情况制订详细施工方案和保护措施。拉管出入土角宜控制在 8°～15°，管材任意点的弧度应不大于 8°。两端电缆井待拉管穿越完成后结合连接的电缆沟道或排管断面尺寸和高差情况确定。

11.5 设计图

A 模块设计图清单见表 11-4，图中标高单位为 m。

表 11-4 A 模块设计图清单

图号	图纸名称	模块编号
图 11-1	排管 1×2 混凝土包封	A-1-1
图 11-2	排管 2×2 混凝土包封	A-1-2
图 11-3	排管 2×3 混凝土包封	A-1-3
图 11-4	排管 3×3 混凝土包封	A-1-4
图 11-5	排管 3×4 混凝土包封	A-1-5
图 11-6	排管 4×4 混凝土包封	A-1-6
图 11-7	非开挖拉管断面图	A-2-1
图 11-8	路面结构图	A-T-1

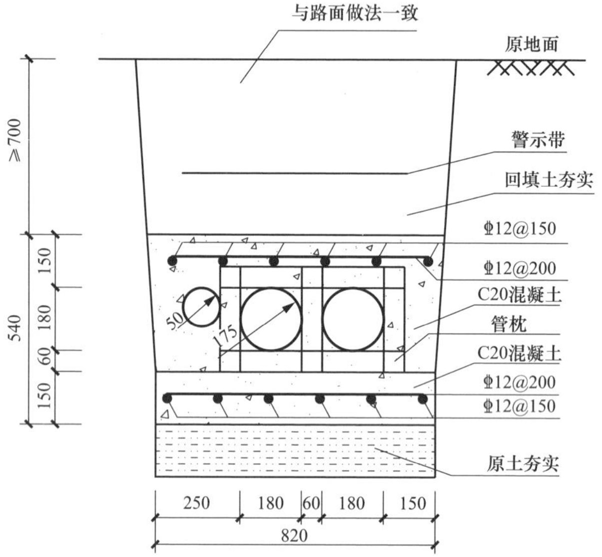

图 11-1　排管 1×2 混凝土包封（A-1-1）

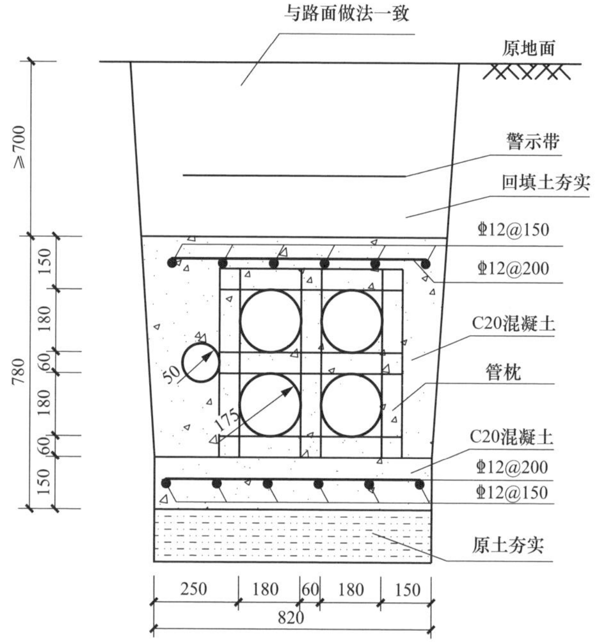

图 11-2　排管 2×2 混凝土包封（A-1-2）

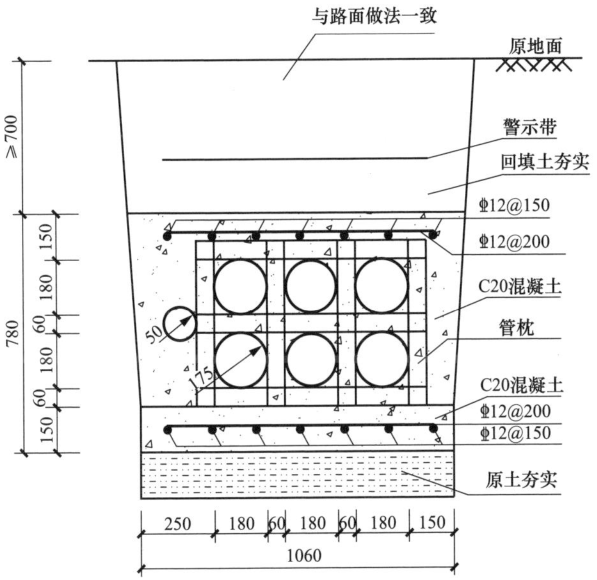

图 11-3　排管 2×3 混凝土包封（A-1-3）

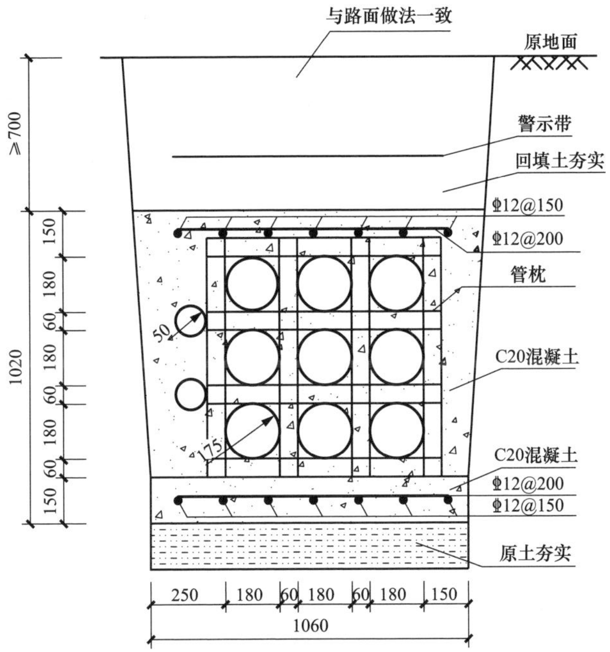

图 11-4　排管 3×3 混凝土包封（A-1-4）

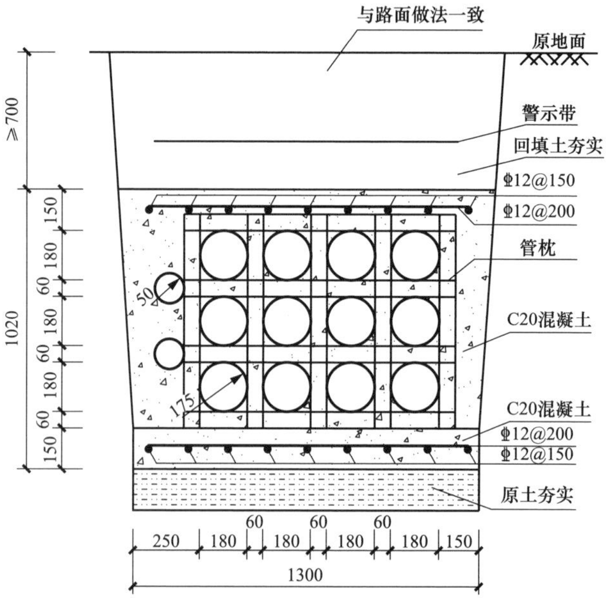

图 11-5　排管 3×4 混凝土包封（A-1-5）

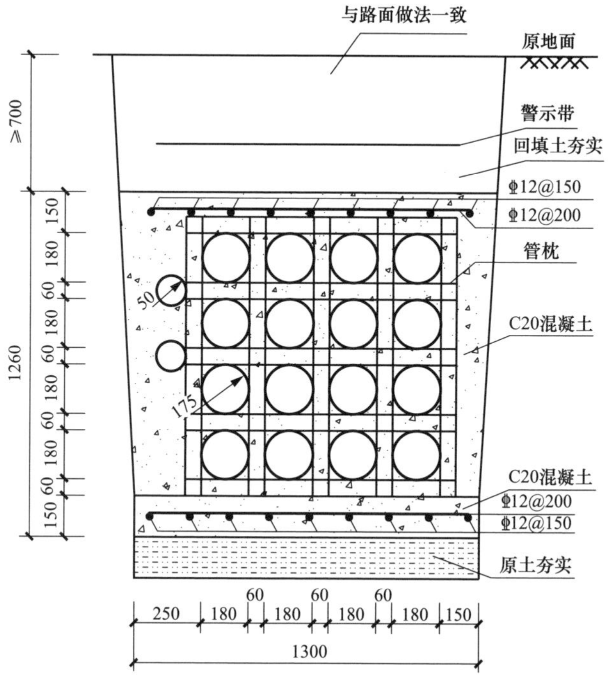

图 11-6　排管 4×4 混凝土包封（A-1-6）

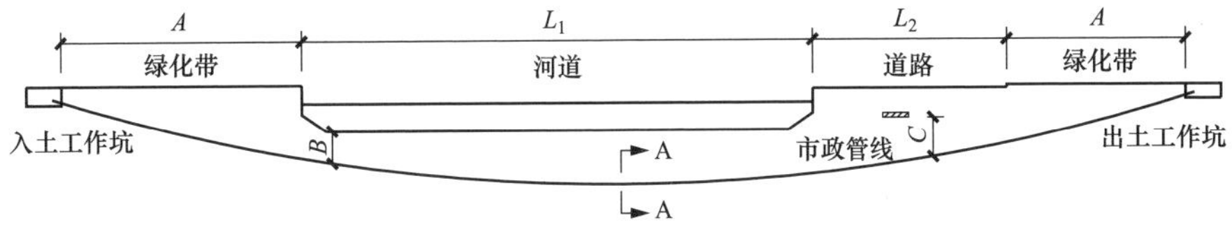

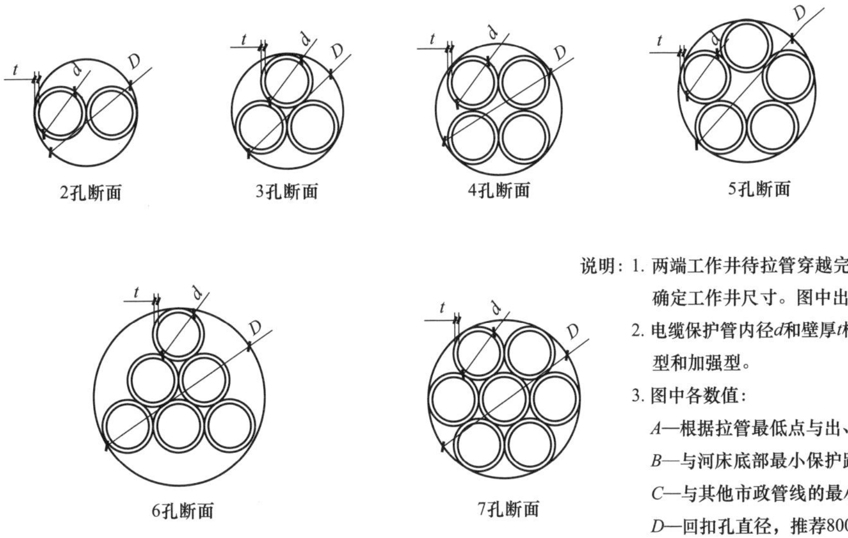

A-A剖面图

说明：1. 两端工作井待拉管穿越完毕后结合连接的电缆沟（电缆排管）尺寸和高差情况，确定工作井尺寸。图中出、入土工作坑可以根据实际情况进行调整。

2. 电缆保护管内径d和壁厚t根据电缆直径和非开挖拉管长度进行选择，可选择普通型和加强型。

3. 图中各数值：

A—根据拉管最低点与出、入土点高差确定的出、入土水平最小距离。

B—与河床底部最小保护距离，一般大于3m，通航河道要求大于5m。

C—与其他市政管线的最小保护距离，根据规范规程确定。

D—回扣孔直径，推荐800～1000mm。

L_1—拉管穿越的河道水平距离。

L_2—拉管穿越的道路水平距离。

$X=2A+L_1+L_2$，非开挖拉管水平距离X推荐不宜超过200m。

图 11-7　非开挖拉管断面图（A-2-1）

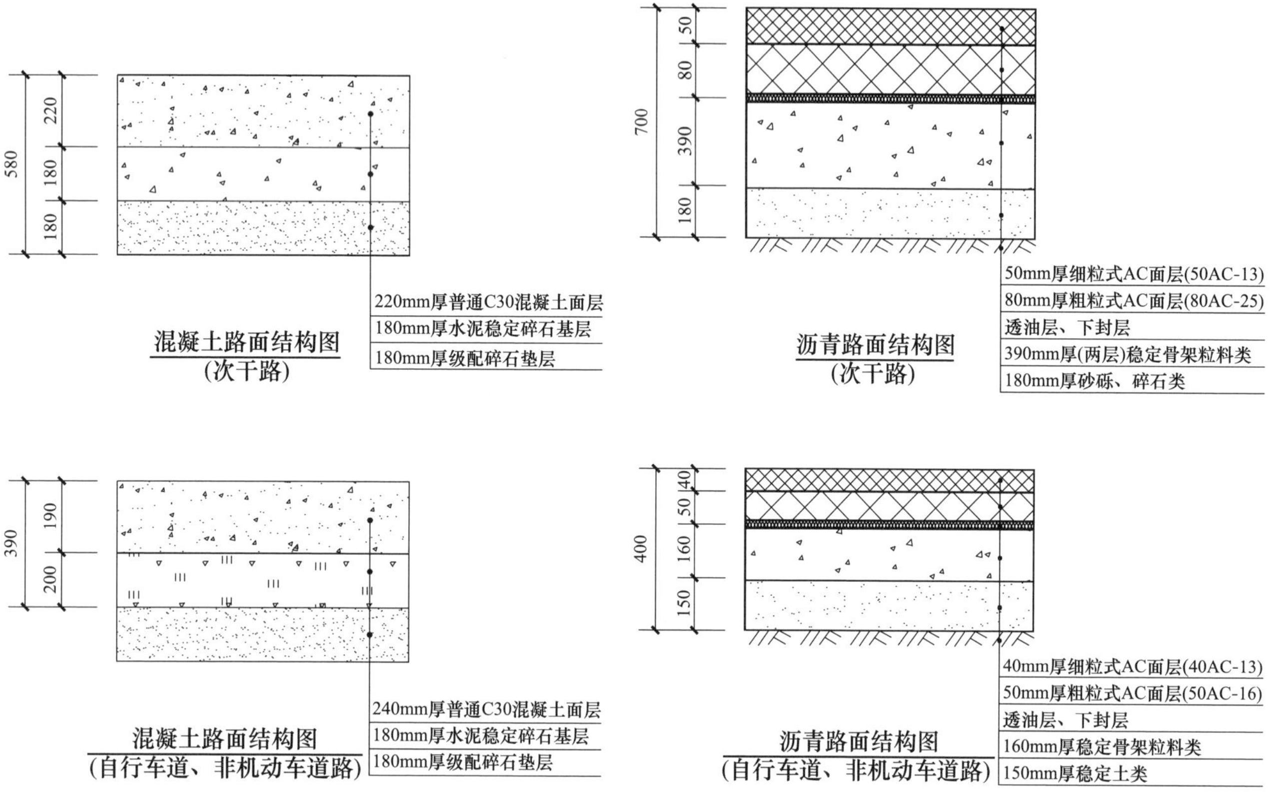

说明：1. 道路分为快速路、主干路、次干路以及非机动车道。交通等级分为轻交通、中交通、重交通、特重交通。

2. 本图仅给出次干路和非机动车道两种常用道的路混凝土路面和沥青路面的四种做法，可用于在道路具体做法未明确时预估路面破除及恢复的工程量。

3. 当明确具体道路结构层做法时，以原有道路结构层做法为准。

4. 当工程中遇到快速路、主干路或特重交通路面时可参考选用《城市道路-沥青路面》15MR201和《城市道路-水泥混泥土路面》15MR202相关道路路面结构做法。

5. 路面构造要求、结构层选择、材料选用要求、新旧道路路面搭接以及道路施工工艺均可参考《城市道路-沥青路面》15MR201和《城市道路-水泥混泥土路面》15MR202相关要求。

图 11-8　路面结构图（A-T-1）

第12章 电缆井方案

12.1 概述

电缆井方案（B模块）分为直线井（B-1子模块）、转角井（B-2子模块）、三通井（B-3子模块）、四通井（B-4子模块）4种方案。根据电缆敷设工艺要求，电缆井采用双人孔和全盖板开启两种方式满足人员上下井。当采用双人孔下井时，井深不小于1.9m，当采用盖板全开启下井时，井深不小于1.5m。

12.2 技术要求

电缆井土建设计应满足电缆敷设要求，遵循结构安全可靠、经济合理、技术先进、坚固耐久、施工简便等原则。电缆井采用钢筋混凝土结构，应满足可能承受的荷载和符合环境耐久性的要求。

（1）电缆井设计地基承载力特征值不宜小于100kPa。

（2）地基处理：

1）地层为原状黄土层（无湿陷性）、砂砾（角砾）层、岩石层等承载力不小于100kPa时，电缆井垫层下无需再做地基处理。

2）地层为素填土、湿陷性黄土等承载力小于100kPa时，电缆井垫层下换填500mm厚3∶7灰土，换填范围外扩垫层每边各300mm。

3）如地基存在软弱下卧层、淤泥、盐渍土、冻土等不良地质现象，应根据具体工程地质条件，按相关规范要求进行处理。

（3）电缆井及盖板混凝土采用C30混凝土，抗渗等级P6，垫层采用C20混凝土。

（4）受力钢筋选用HRB400级钢筋，非受力钢筋可采用HPB300级钢筋，其钢材等级为Q235B，焊条E43型，焊缝高度6mm。

（5）电缆井采用清水模板施工，一次浇筑，不再二次抹面。

（6）电缆井井壁应提前预埋电缆进出线刚性防水套管，避免穿缆时后开洞，破坏主体结构及防水。

（7）电缆井迎水面钢筋的混凝土保护层厚度不应小于50mm，顶板、井壁内侧为25mm，底板内侧为30mm。

（8）电缆井预埋件，所有外露铁件均需镀锌处理，现场施焊后，对焊缝焊后均需刷两道防锈漆，两道银粉漆。

（9）电缆支架采用角钢支架，需采用热镀锌处理。

（10）电缆井内电缆支架等所有铁附件均需可靠接地，其接地电阻不大于10Ω。

（11）若土壤或地下水对混凝土及混凝土中的钢筋有腐蚀时，根据腐蚀等级采用相应的防腐处理。

（12）电缆井底板按0.5%纵向找坡，坡向集水坑，少量集水可定期抽排。

（13）非全开启电缆井设人孔2个，用于采光、通风以及施工和运行人员上下，人孔基座的具体预留尺寸及方式，各地可根据实际运行情况适当调整。

（14）当盖板位于绿化带内，盖板顶面需高出绿化带地面150mm，避免绿化用水灌入井内。

（15）安全孔直径不小于800mm，并在安全孔内设置爬梯，安全孔采用钢筋混凝土盖板覆盖，材质应满足载荷及环境要求，以及防盗、防水、防滑、防位移、防坠落等要求，同一地区的盖板尺寸、外观标识等应保持一致。

（16）电缆井防火措施：井中若有电缆接头或电缆回路数超过6回时，需设置超细干粉灭火器。

（17）电缆井内设置集水坑，集水坑深度不宜小于500，满足抽水泵工作深度。

12.3 模块使用范围

本模块一般与A模块保护管敷设方案一起组合使用。

12.3.1 B-1子模块：钢筋混凝土直线电缆井

钢筋混凝土直线井用于电缆通道的直线段，该模块有8种方案，分别为：3.0m×2.0m×1.9m、3.0m×1.6m×1.9m、6.0m×2.0m×1.9m、6.0m×1.6m×1.9m、3.0m×1.3m×1.5m、3.0m×1.9m×1.5m、6.0m×1.3m×1.5m、6.0m×1.9m×1.5m，其中井深1.5m的4种方案为盖板全开启下人井，电缆井出地面，盖板与地面平齐，适用于人行道、绿化带等非机动车道，需具有良好的排水条件。

12.3.2 B-2子模块：钢筋混凝土转角电缆井

钢筋混凝土转角井用于电缆通道的转角处，该模块有4种方案，分别为：

(6.0～10.0)m×2.0m×1.9m、(6.0～10.0)m×1.6m×1.9m、(6.0～10.0)m×1.9m×1.5m、(6.0～10.0)m×1.3m×1.5m，其中井深1.5m的两种方案为盖板全开启下人方案，电缆井出地面，盖板与地面平齐，适用于人行道、绿化带等非机动车道，需具有良好的排水条件。

12.3.3 B-3子模块：钢筋混凝土三通电缆井

钢筋混凝土三通井用于电缆通道的直线加转角处，该模块有4种方案，分别为：5.0m×2.0m×1.9m、5.0m×1.6m×1.9m、5.0m×1.9m×1.5m、5.0m×1.3m×1.5m，其中井深1.5m的两种方案为盖板全开启下人方案，电缆井出地面，盖板与地面平齐，适用于人行道、绿化带等非机动车道，需具有良好的排水条件。

12.3.4 B-4子模块：钢筋混凝土四通电缆井

钢筋混凝土四通井用于两条电缆通道的交叉处，该模块有3种方案，分别为：5.0m×(2.0/2.0)m×1.9m、5.0m×(1.6/1.6)m×1.9m、5.0m×(1.3/1.3)m×1.5m，其中井深1.5m的一种方案为盖板全开启下人方案，电缆井出地面，盖板与地面平齐，适用于人行道、绿化带等非机动车道，需具有良好的排水条件。

12.4 模块方案说明

电缆井方案（B模块）的适用条件如下，若遇到其他工况，请根据相关规范进行差异化设计。

（1）电缆井覆土深度大于等于0.4m。

（2）电缆井适用于无地下水、无冻土、无盐渍土、微腐蚀的地下环境。

（3）电缆井适用于人行道、绿化带、小型车辆到达区域。

（4）电缆井人孔采用钢筋混凝土盖板方式。

12.4.1 B-1子模块

B-1子模块技术参数一览表见表12-1。

表12-1　B-1子模块技术参数一览表

编号	结构	长（m）×宽（m）×深（m）	盖板模式	断面编号
1	钢筋混凝土	3.0×2.0×1.9	双人孔	B-1-1
2	钢筋混凝土	3.0×1.6×1.9	双人孔	B-1-4
3	钢筋混凝土	6.0×2.0×1.9	双人孔	B-1-7
4	钢筋混凝土	6.0×1.6×1.9	双人孔	B-1-12

续表

编号	结构	长（m）×宽（m）×深（m）	盖板模式	断面编号
5	钢筋混凝土	3.0×1.9×1.5	全开启	B-1-17
6	钢筋混凝土	3.0×1.3×1.5	全开启	B-1-19
7	钢筋混凝土	6.0×1.9×1.5	全开启	B-1-21
8	钢筋混凝土	6.0×1.3×1.5	全开启	B-1-23

12.4.2 B-2子模块

B-2子模块技术参数一览表见表12-2。

表12-2　B-2子模块技术参数一览表

编号	结构	长（m）×宽（m）×深（m）	盖板模式	断面编号
1	钢筋混凝土	(6.0～10.0)×2.0×1.9	双人孔	B-2-1
2	钢筋混凝土	(6.0～10.0)×1.6×1.9	双人孔	B-2-6
3	钢筋混凝土	(6.0～10.0)×1.9×1.5	全开启	B-2-11
4	钢筋混凝土	(6.0～10.0)×1.3×1.5	全开启	B-2-15

12.4.3 B-3子模块

B-3子模块技术参数一览表见表12-3。

表12-3　B-3子模块技术参数一览表

编号	结构	长（m）×宽（m）×深（m）	盖板模式	断面编号
1	钢筋混凝土	5.0×2.0×1.9	双人孔	B-3-1
2	钢筋混凝土	5.0×1.6×1.9	双人孔	B-3-6
3	钢筋混凝土	5.0×1.9×1.5	全开启	B-3-11
4	钢筋混凝土	5.0×1.3×1.5	全开启	B-3-15

12.4.4 B-4子模块

B-4子模块技术参数一览表见表12-4。

表12-4　B-4子模块技术参数一览表

编号	结构	长（m）×宽（m）×深（m）	盖板模式	断面编号
1	钢筋混凝土	5.0×(2.0/2.0)×1.9	双人孔	B-4-1
2	钢筋混凝土	5.0×(1.6/1.6)×1.9	双人孔	B-4-7
3	钢筋混凝土	5.0×(1.3/1.3)×1.5	全开启	B-4-13

12.5 设计图

B模块设计图清单见表 12-5，图中标高单位为 m，图名中数字单位为长（m）×宽（m）×深（m）。

表 12-5 B 模块设计图清单

图号	图纸名称	模块编号
图 12-1	3.0×2.0×1.9 钢筋混凝土直线电缆井（一）	B-1-1
图 12-2	3.0×2.0×1.9 钢筋混凝土直线电缆井（二）	B-1-2
图 12-3	3.0×2.0×1.9 钢筋混凝土直线电缆井（三）	B-1-3
图 12-4	3.0×1.6×1.9 钢筋混凝土直线电缆井（一）	B-1-4
图 12-5	3.0×1.6×1.9 钢筋混凝土直线电缆井（二）	B-1-5
图 12-6	3.0×1.6×1.9 钢筋混凝土直线电缆井（三）	B-1-6
图 12-7	6.0×2.0×1.9 钢筋混凝土直线电缆井（一）	B-1-7
图 12-8	6.0×2.0×1.9 钢筋混凝土直线电缆井（二）	B-1-8
图 12-9	6.0×2.0×1.9 钢筋混凝土直线电缆井（三）	B-1-9
图 12-10	6.0×2.0×1.9 钢筋混凝土直线电缆井（四）	B-1-10
图 12-11	6.0×2.0×1.9 钢筋混凝土直线电缆井（五）	B-1-11
图 12-12	6.0×1.6×1.9 钢筋混凝土直线电缆井（一）	B-1-12
图 12-13	6.0×1.6×1.9 钢筋混凝土直线电缆井（二）	B-1-13
图 12-14	6.0×1.6×1.9 钢筋混凝土直线电缆井（三）	B-1-14
图 12-15	6.0×1.6×1.9 钢筋混凝土直线电缆井（四）	B-1-15
图 12-16	6.0×1.6×1.9 钢筋混凝土直线电缆井（五）	B-1-16
图 12-17	3.0×1.9×1.5 钢筋混凝土直线电缆井（盖板开启式）（一）	B-1-17
图 12-18	3.0×1.9×1.5 钢筋混凝土直线电缆井（盖板开启式）（二）	B-1-18
图 12-19	3.0×1.3×1.5 钢筋混凝土直线电缆井（盖板开启式）（一）	B-1-19
图 12-20	3.0×1.3×1.5 钢筋混凝土直线电缆井（盖板开启式）（二）	B-1-20
图 12-21	6.0×1.9×1.5 钢筋混凝土直线电缆井（盖板开启式）（一）	B-1-21
图 12-22	6.0×1.9×1.5 钢筋混凝土直线电缆井（盖板开启式）（二）	B-1-22

续表

图号	图纸名称	模块编号
图 12-23	6.0×1.3×1.5 钢筋混凝土直线电缆井（盖板开启式）（一）	B-1-23
图 12-24	6.0×1.3×1.5 钢筋混凝土直线电缆井（盖板开启式）（二）	B-1-24
图 12-25	(6.0～10.0)×2.0×1.9 钢筋混凝土转角电缆井（一）	B-2-1
图 12-26	(6.0～10.0)×2.0×1.9 钢筋混凝土转角电缆井（二）	B-2-2
图 12-27	(6.0～10.0)×2.0×1.9 钢筋混凝土转角电缆井（三）	B-2-3
图 12-28	(6.0～10.0)×2.0×1.9 钢筋混凝土转角电缆井（四）	B-2-4
图 12-29	(6.0～10.0)×2.0×1.9 钢筋混凝土转角电缆井（五）	B-2-5
图 12-30	(6.0～10.0)×1.6×1.9 钢筋混凝土转角电缆井（一）	B-2-6
图 12-31	(6.0～10.0)×1.6×1.9 钢筋混凝土转角电缆井（二）	B-2-7
图 12-32	(6.0～10.0)×1.6×1.9 钢筋混凝土转角电缆井（三）	B-2-8
图 12-33	(6.0～10.0)×1.6×1.9 钢筋混凝土转角电缆井（四）	B-2-9
图 12-34	(6.0～10.0)×1.6×1.9 钢筋混凝土转角电缆井（五）	B-2-10
图 12-35	(6.0～10.0)×1.9×1.5 钢筋混凝土转角电缆井（盖板开启式）（一）	B-2-11
图 12-36	(6.0～10.0)×1.9×1.5 钢筋混凝土转角电缆井（盖板开启式）（二）	B-2-12
图 12-37	(6.0～10.0)×1.9×1.5 钢筋混凝土转角电缆井（盖板开启式）（三）	B-2-13
图 12-38	(6.0～10.0)×1.9×1.5 钢筋混凝土转角电缆井（盖板开启式）（四）	B-2-14
图 12-39	(6.0～10.0)×1.3×1.5 钢筋混凝土转角电缆井（盖板开启式）（一）	B-2-15
图 12-40	(6.0～10.0)×1.3×1.5 钢筋混凝土转角电缆井（盖板开启式）（二）	B-2-16
图 12-41	(6.0～10.0)×1.3×1.5 钢筋混凝土转角电缆井（盖板开启式）（三）	B-2-17
图 12-42	(6.0～10.0)×1.3×1.5 钢筋混凝土转角电缆井（盖板开启式）（四）	B-2-18
图 12-43	5.0×2.0×1.9 钢筋混凝土三通电缆井（一）	B-3-1
图 12-44	5.0×2.0×1.9 钢筋混凝土三通电缆井（二）	B-3-2
图 12-45	5.0×2.0×1.9 钢筋混凝土三通电缆井（三）	B-3-3

续表

图号	图纸名称	模块编号
图 12-46	5.0×2.0×1.9 钢筋混凝土三通电缆井（四）	B-3-4
图 12-47	5.0×2.0×1.9 钢筋混凝土三通电缆井（五）	B-3-5
图 12-48	5.0×1.6×1.9 钢筋混凝土三通电缆井（一）	B-3-6
图 12-49	5.0×1.6×1.9 钢筋混凝土三通电缆井（二）	B-3-7
图 12-50	5.0×1.6×1.9 钢筋混凝土三通电缆井（三）	B-3-8
图 12-51	5.0×1.6×1.9 钢筋混凝土三通电缆井（四）	B-3-9
图 12-52	5.0×1.6×1.9 钢筋混凝土三通电缆井（五）	B-3-10
图 12-53	5.0×1.9×1.5 钢筋混凝土三通电缆井（盖板开启式）（一）	B-3-11
图 12-54	5.0×1.9×1.5 钢筋混凝土三通电缆井（盖板开启式）（二）	B-3-12
图 12-55	5.0×1.9×1.5 钢筋混凝土三通电缆井（盖板开启式）（三）	B-3-13
图 12-56	5.0×1.9×1.5 钢筋混凝土三通电缆井（盖板开启式）（四）	B-3-14
图 12-57	5.0×1.3×1.5 钢筋混凝土三通电缆井（盖板开启式）（一）	B-3-15
图 12-58	5.0×1.3×1.5 钢筋混凝土三通电缆井（盖板开启式）（二）	B-3-16
图 12-59	5.0×1.3×1.5 钢筋混凝土三通电缆井（盖板开启式）（三）	B-3-17
图 12-60	5.0×1.3×1.5 钢筋混凝土三通电缆井（盖板开启式）（四）	B-3-18
图 12-61	5.0×(2.0/2.0)×1.9 钢筋混凝土四通电缆井（一）	B-4-1
图 12-62	5.0×(2.0/2.0)×1.9 钢筋混凝土四通电缆井（二）	B-4-2
图 12-63	5.0×(2.0/2.0)×1.9 钢筋混凝土四通电缆井（三）	B-4-3
图 12-64	5.0×(2.0/2.0)×1.9 钢筋混凝土四通电缆井（四）	B-4-4
图 12-65	5.0×(2.0/2.0)×1.9 钢筋混凝土四通电缆井（五）	B-4-5
图 12-66	5.0×(2.0/2.0)×1.9 钢筋混凝土四通电缆井（六）	B-4-6
图 12-67	5.0×(1.6/1.6)×1.9 钢筋混凝土四通电缆井（一）	B-4-7
图 12-68	5.0×(1.6/1.6)×1.9 钢筋混凝土四通电缆井（二）	B-4-8
图 12-69	5.0×(1.6/1.6)×1.9 钢筋混凝土四通电缆井（三）	B-4-9
图 12-70	5.0×(1.6/1.6)×1.9 钢筋混凝土四通电缆井（四）	B-4-10

续表

图号	图纸名称	模块编号
图 12-71	5.0×(1.6/1.6)×1.9 钢筋混凝土四通电缆井（五）	B-4-11
图 12-72	5.0×(1.6/1.6)×1.9 钢筋混凝土四通电缆井（六）	B-4-12
图 12-73	5.0×(1.3/1.3)×1.5 钢筋混凝土四通电缆井（盖板开启式）（一）	B-4-13
图 12-74	5.0×(1.3/1.3)×1.5 钢筋混凝土四通电缆井（盖板开启式）（二）	B-4-14
图 12-75	5.0×(1.3/1.3)×1.5 钢筋混凝土四通电缆井（盖板开启式）（三）	B-4-15
图 12-76	5.0×(1.3/1.3)×1.5 钢筋混凝土四通电缆井（盖板开启式）（四）	B-4-16
图 12-77	GB1105 盖板加工图	B-T-1
图 12-78	GB1505 盖板加工图	B-T-2
图 12-79	GB2105 盖板加工图	B-T-3
图 12-80	YGB1507 盖板加工图	B-T-4
图 12-81	YGB2109 盖板加工图	B-T-5
图 12-82	YGB1517 盖板加工图	B-T-6
图 12-83	YGB1714 盖板加工图	B-T-7
图 12-84	YGB1914 盖板加工图	B-T-8
图 12-85	人孔井详图及防坠落措施图	B-T-9
图 12-86	电缆井支架加工图（一）	B-T-10
图 12-87	电缆井支架加工图（二）	B-T-11
图 12-88	电缆井接地图	B-T-12
图 12-89	四通电缆井电缆交叉示意图（一）	B-T-13
图 12-90	四通电缆井电缆交叉示意图（二）	B-T-14

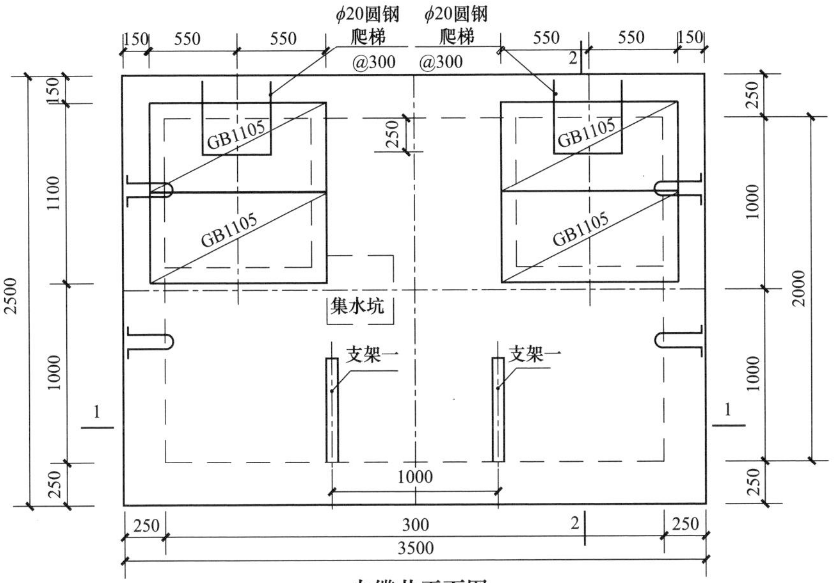

电缆井平面图

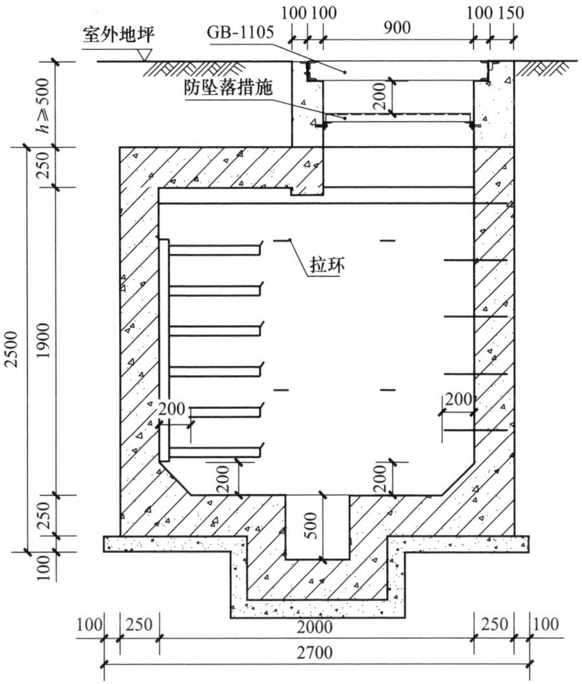

2-2

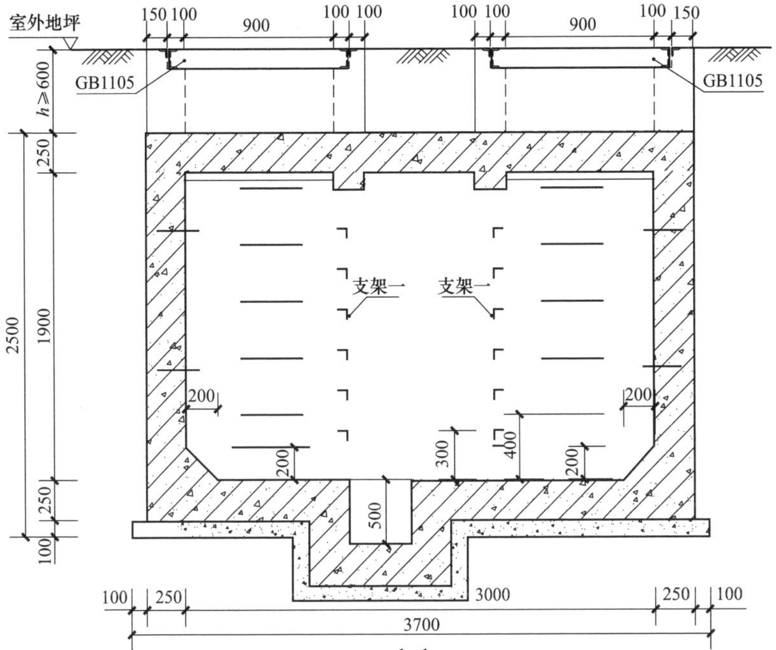

1-1

说明：1. 混凝土强度等级C30；素混凝土垫层C20；主体混凝土抗渗等级P6。

2. 钢筋Φ为HPB300，钢筋Φ为HRB400，型钢采用Q235B，电焊条用E43型，焊缝高度6mm。

3. 受力钢筋的保护层厚度不小于35mm，其余部分均为25mm，未标注的纵筋锚固长度为35*d*，详见图集《22G101-1》。

4. 电缆井预埋件，所有外露铁件均需镀锌处理，现场施焊后，对焊缝焊后均需刷两道防锈漆，两道银粉漆。

5. 电缆井采用清水模板施工，一次浇筑，不再二次抹面。

6. 预埋铁M1面与沟壁抹灰面平，电缆，底板设马凳筋。

7. 地基处理：

(1) 地层为原状黄土层（无湿陷性）、砂砾（角砾）层、岩石层等承载力不小于100kPa时，电缆井垫层下无需再做地基处理。

(2) 地层为素填土、湿陷性黄土等承载力小于100kPa时，电缆井垫层下换填500mm厚3∶7灰土，换填范围外扩垫层每边各300mm，压实系数不小于0.97。

(3) 如地基存在软弱下卧层、淤泥、盐渍土、冻土等不良地质现象，应根据具体工程地质条件，按相关规范要求进行处理。

8. 电缆井井壁应提前预埋电缆进出线套管，避免穿缆时后开洞，破坏主体结构及防水。埋管位置可根据现场实际情况进行预留和调整，电缆穿过埋管后采用沥青油麻丝灌缝等防水做法，具体做法详见《110kV及以下电缆敷设》（12D101-5）标准图集。

9. 电缆井底板按0.5%纵向找坡，坡向集水坑，少量集水可定期抽排。

10. 人孔井位置可根据工程实际情况进行调整。

图 12-1　3.0×2.0×1.9 钢筋混凝土直线电缆井（一）（B-1-1）

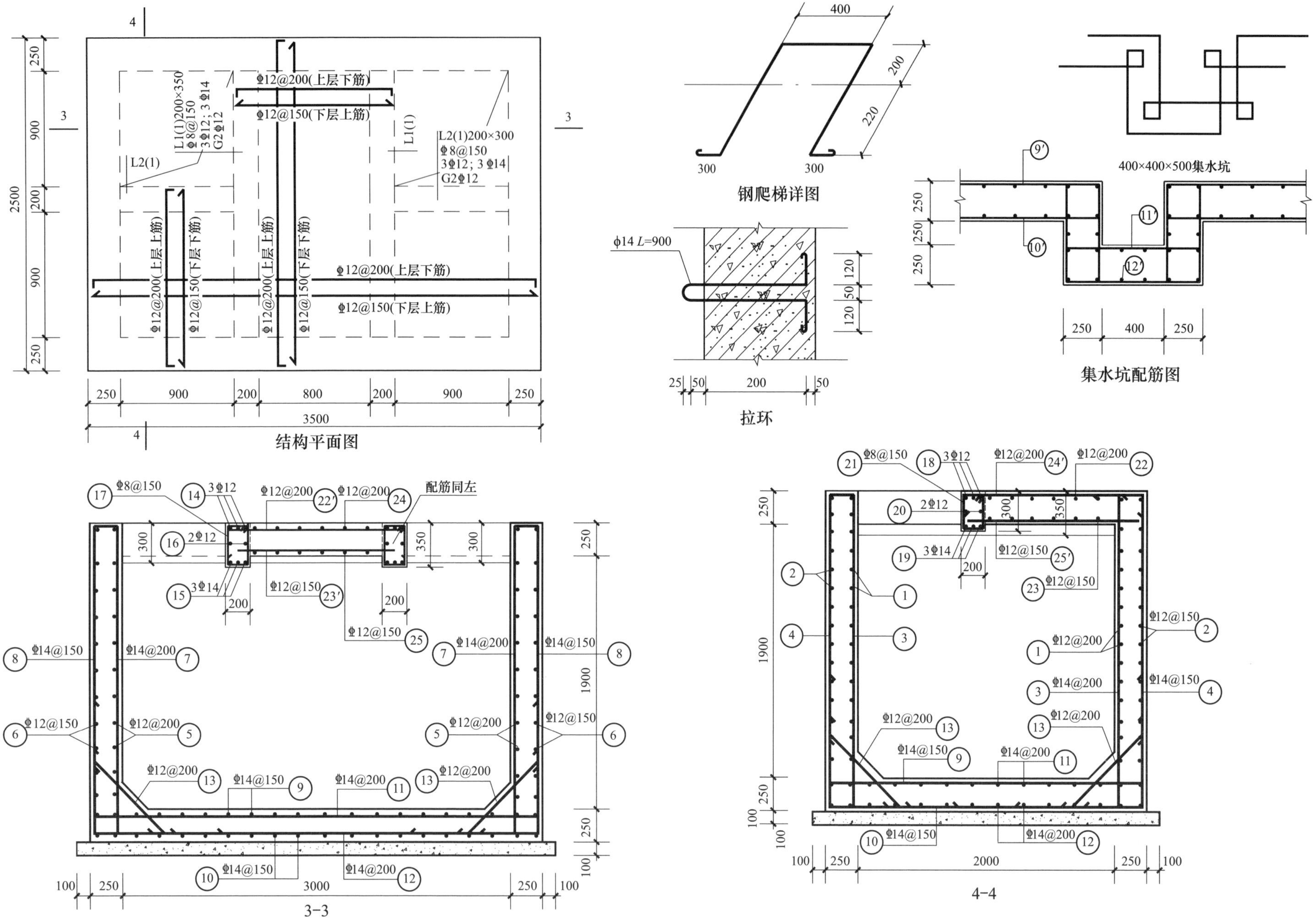

图 12-2　3.0×2.0×1.9 钢筋混凝土直线电缆井（二）（B-1-2）

3.0×2.0×1.9钢筋混凝土直线电缆井钢筋表

编号	简图	型号	长度(mm)
1	450 3450 450	Φ12@200	4350
2	450 3450 450	Φ12@150	4350
3	200 2350 500	Φ14@200	3050
4	200 2350 500	Φ14@150	3050
5	450 2450 450	Φ12@200	3350
6	450 2450 450	Φ12@150	3350
7	200 2350 500	Φ14@200	3050
8	200 2350 500	Φ14@150	3050
9	500 2450 500	Φ14@150	3450
9′	500 5050 500	Φ14@150	6050
10	500 2450 500	Φ14@150	3450
10′	500 5050 500	Φ14@150	6050
11	500 3450 500	Φ14@200	4450
11′	500 6050 500	Φ14@200	7050
12	500 3450 500	Φ14@200	4450
12′	500 6050 500	Φ14@200	7050
13	450 870 450	Φ12@200	1770
14	200 2450 200	Φ12	2850
15	2450	Φ14	2450
16	2450	Φ12	2450
17	150; 300 150 300	Φ8@150	900
18	200 1300 200	Φ12	1700
19	1300	Φ14	1300
20	1300	Φ12	1300
21	150; 250 150 250	Φ8@150	800
22	200 3450 200	Φ12@200	3850
22′	200 1150 200	Φ12@200	1550
23	3250	Φ12@150	3250
23′	1000	Φ12@150	1000
24	200 2450 200	Φ12@200	2850
24′	200 1300 200	Φ12@200	1750
25	2250	Φ12@150	2250
25′	1125	Φ12@150	1125
26	井壁、底板(含集水坑)混凝土量(不含井圈壁)	10.16m³	
27	垫层混凝土量	1.16m³	

说明：每米钢筋用量表中列出的材料为统计工程量时的参考值，准确材料量以施工时的实际用量为准。

图 12-3　3.0×2.0×1.9 钢筋混凝土直线电缆井（三）（B-1-3）

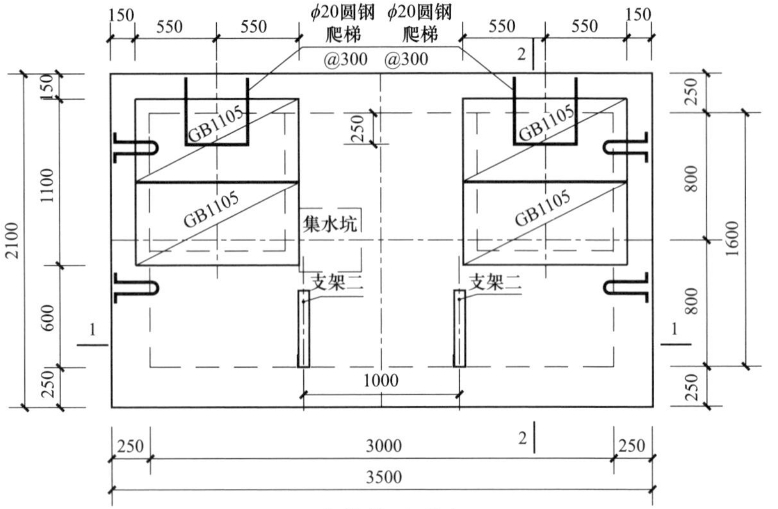

电缆井平面图

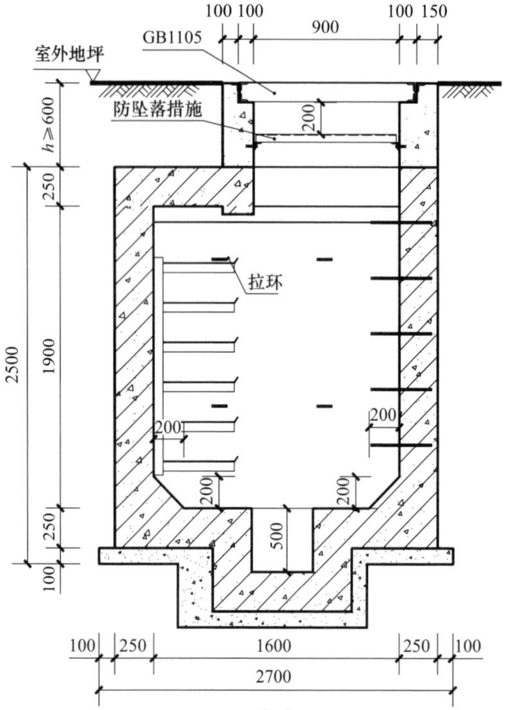

2–2

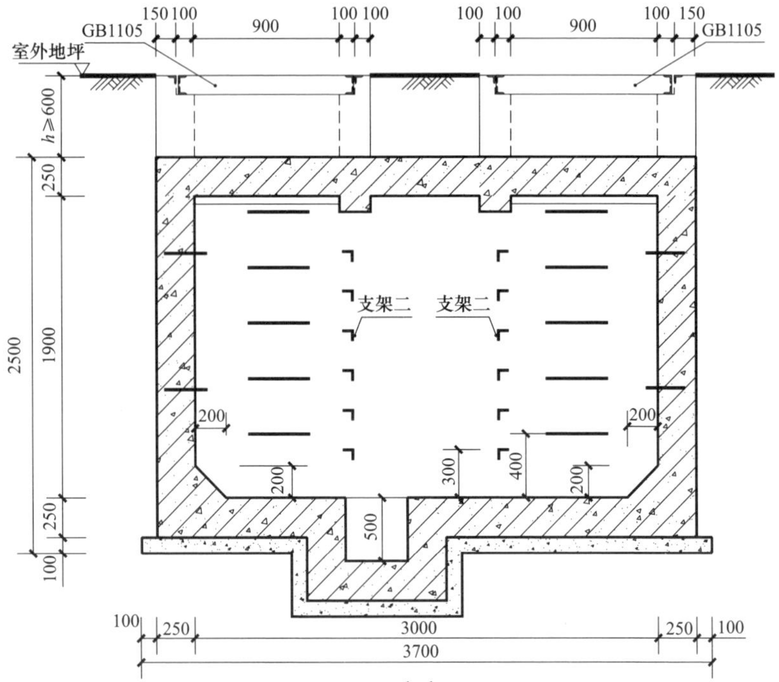

1–1

说明：1. 混凝土强度等级C30；素混凝土垫层C20；主体混凝土抗渗等级P6。

2. 钢筋Φ为HPB300，钢筋Ф为HRB400，型钢采用Q235B，电焊条用E43型，焊缝高度6mm。

3. 受力钢筋的保护层厚度不小于35mm，其余部分均为25mm，未标注的纵筋锚固长度为35*d*，详见图集《22G101-1》。

4. 电缆井预埋件，所有外露铁件均需镀锌处理，现场施焊后，对焊缝焊后均需刷两道防锈漆，两道银粉漆。

5. 电缆井采用清水模板施工，一次浇筑，不再二次抹面。

6. 预埋铁M1面与沟壁抹灰面平，电缆，底板设马凳筋。

7. 地基处理：

(1) 地层为原状黄土层（无湿陷性）、砂砾（角砾）层、岩石层等承载力不小于100kPa时，电缆井垫层下无需再做地基处理。

(2) 地层为素填土、湿陷性黄土等承载力小于100kPa时，电缆井垫层下换填500mm厚3：7灰土，换填范围外扩垫层每边各300mm，压实系数不小于0.97。

(3) 如地基存在软弱下卧层、淤泥、盐渍土、冻土等不良地质现象，应根据具体工程地质条件，按相关规范要求进行处理。

8. 电缆井井壁应提前预埋电缆进出线套管，避免穿缆时后开洞，破坏主体结构及防水。埋管位置可根据现场实际情况进行预留和调整，电缆穿过埋管后采用沥青油麻丝灌缝等防水做法，具体做法详见《110kV及以下电缆敷设》（12D101-5）标准图集。

9. 电缆井底板按0.5%纵向找坡，坡向集水坑，少量集水可定期抽排。

10. 人孔井位置可根据工程实际情况进行调整。

图 12-4　3.0×1.6×1.9 钢筋混凝土直线电缆井（一）（B-1-4）

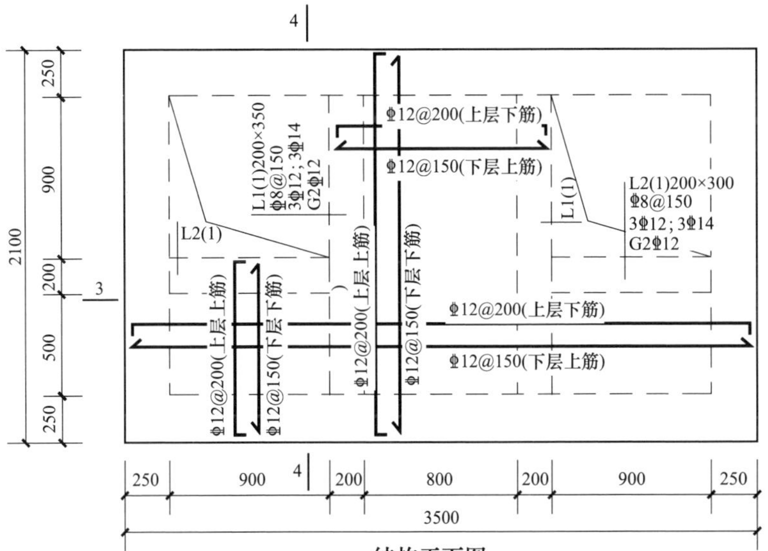

结构平面图

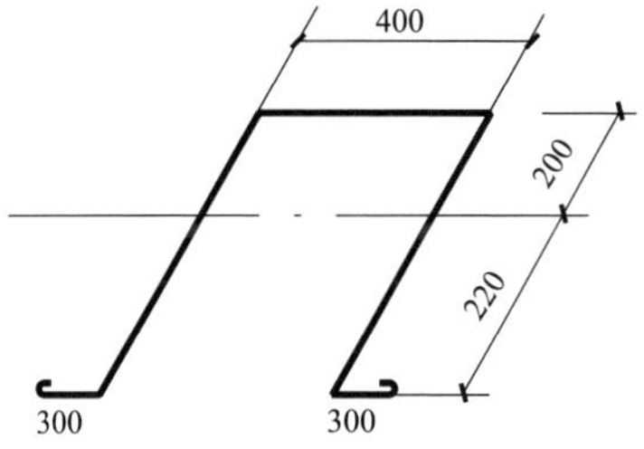

钢爬梯详图

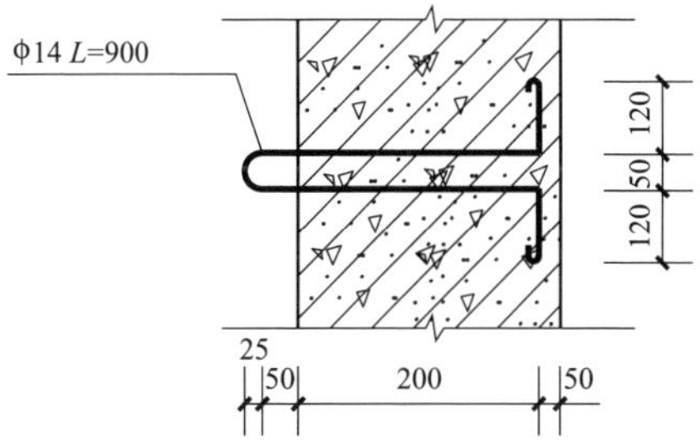

拉环

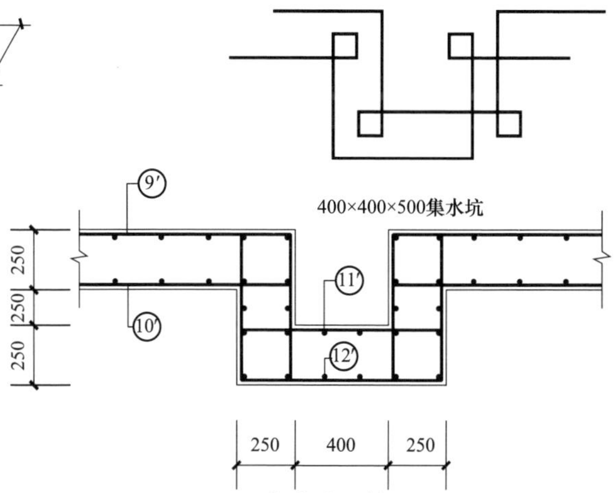

集水坑配筋图

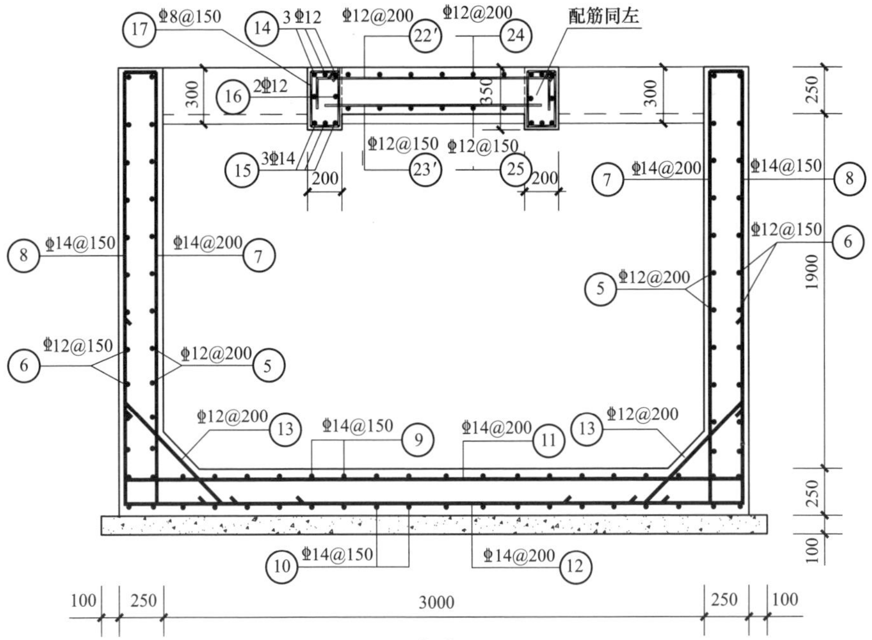

3-3

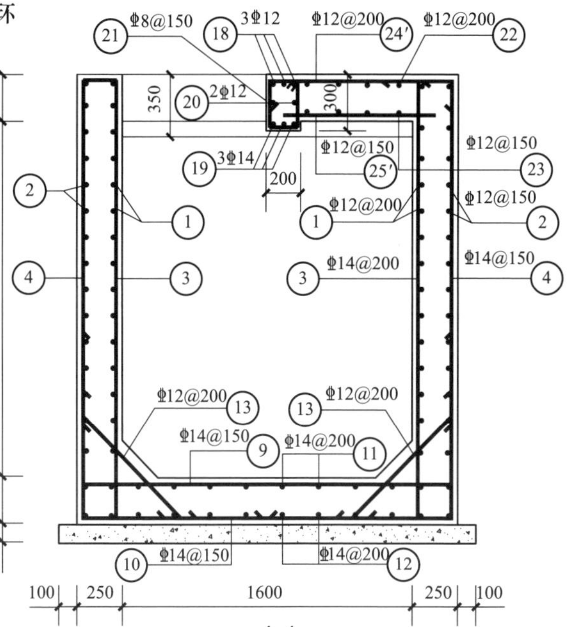

4-4

图 12-5　3.0×1.6×1.9 钢筋混凝土直线电缆井（二）（B-1-5）

3.0×1.6×1.9钢筋混凝土直线电缆井钢筋表

编号	简图	型号	长度(mm)
1	450 3450 450	Φ12@200	4350
2	450 3450 450	Φ12@150	4350
3	200 2350 500	Φ14@200	3050
4	200 2350 500	Φ14@150	3050
5	450 2050 450	Φ12@200	2950
6	450 2050 450	Φ12@150	2950
7	200 2350 500	Φ14@200	3050
8	200 2350 500	Φ14@150	3050
9	500 2050 500	Φ14@150	3050
9′	500 4650 500	Φ14@150	5650
10	500 2050 500	Φ14@150	3050
10′	500 4650 500	Φ14@150	5650
11	500 3450 500	Φ14@200	4450
11′	500 6050 500	Φ14@200	7050
12	500 3450 500	Φ14@200	4450
12′	500 6050 500	Φ14@200	7050
13	450 870 450	Φ12@200	1770
14	200 2050 200	Φ12	2450
15	2050	Φ14	2450
16	2050	Φ12	2450
17	150 300 150 300	Φ8@150	900
18	200 1300 200	Φ12	1700
19	1300	Φ14	1300
20	1300	Φ12	1300
21	150 250 150 250	Φ8@150	800
22	200 3450 200	Φ12@200	3850
22′	200 1150 200	Φ12@200	1550
23	3250	Φ12@150	3250
23′	1000	Φ12@150	1000
24	200 2050 200	Φ12@200	2450
24′	200 900 200	Φ12@200	1300
25	1850	Φ12@150	1850
25′	730	Φ12@150	730
26	井壁、底板(含集水坑)混凝土量(不含井圈壁)	9.06m³	
27	垫层混凝土量	1.02m³	

说明：每米钢筋用量表中列出的材料为统计工程量时的参考值，准确材料量以施工时的实际用量为准。

图 12-6　3.0×1.6×1.9 钢筋混凝土直线电缆井（三）（B-1-6）

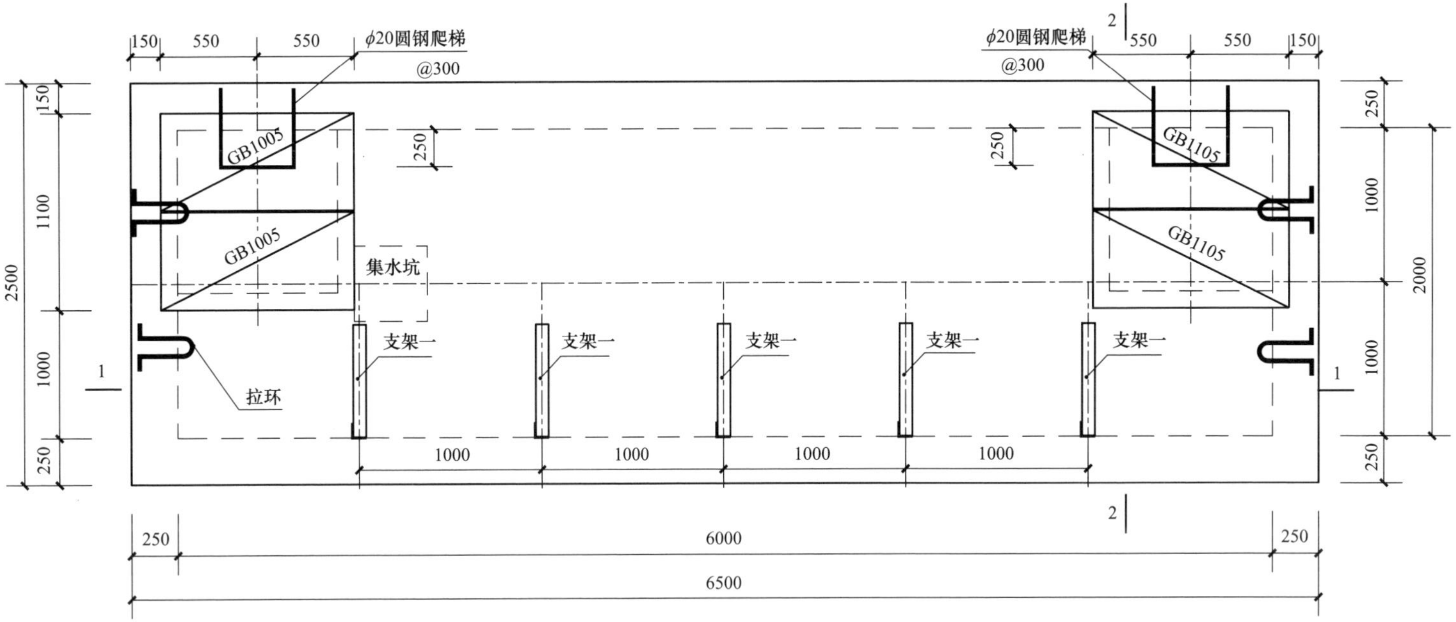

电缆井平面图

说明：1. 混凝土强度等级C30；素混凝土垫层C20；主体混凝土抗渗等级P6。

2. 钢筋Φ为HPB300，钢筋⏀为HRB400，型钢采用Q235B，电焊条用E43型，焊缝高度6mm。

3. 受力钢筋的保护层厚度不小于35mm，其余部分均为25mm，未标注的纵筋锚固长度为35d，详见图集《22G101-1》。

4. 电缆井预埋件，所有外露铁件均需镀锌处理，现场施焊后，对焊缝焊后均需刷两道防锈漆，两道银粉漆。

5. 电缆井采用清水模板施工，一次浇筑，不再二次抹面。

6. 预埋铁M1面与沟壁抹灰面平，电缆支架面应与沟壁贴紧。

7. 侧壁设梅花布置@=500的Φ8拉结筋，底板设马凳筋。

8. 地基处理：

(1) 地层为原状黄土层（无湿陷性）、砂砾（角砾）层、岩石层等承载力不小于100kPa时，电缆井垫层下无需再做地基处理。

(2) 地层为素填土、湿陷性黄土等承载力小于100kPa时，电缆井垫层下换填500mm厚3：7灰土，换填范围外扩垫层每边各300mm，压实系数不小于0.97。

(3) 如地基存在软弱下卧层、淤泥、盐渍土、冻土等不良地质现象，应根据具体工程地质条件，按相关规范要求进行处理。

9. 电缆井井壁应提前预埋电缆进出线套管，避免穿缆时后开洞，破坏主体结构及防水。埋管位置可根据现场实际情况进行预留和调整，电缆穿过埋管后采用沥青油麻丝灌缝等防水做法，具体做法详见《110kV及以下电缆敷设》（12D101-5）标准图集。

10. 电缆井底板按0.5%纵向找坡，坡向集水坑，少量集水可定期抽排。

11. 人孔井位置可根据工程实际情况进行调整。

图 12-7　6.0×2.0×1.9 钢筋混凝土直线电缆井（一）（B-1-7）

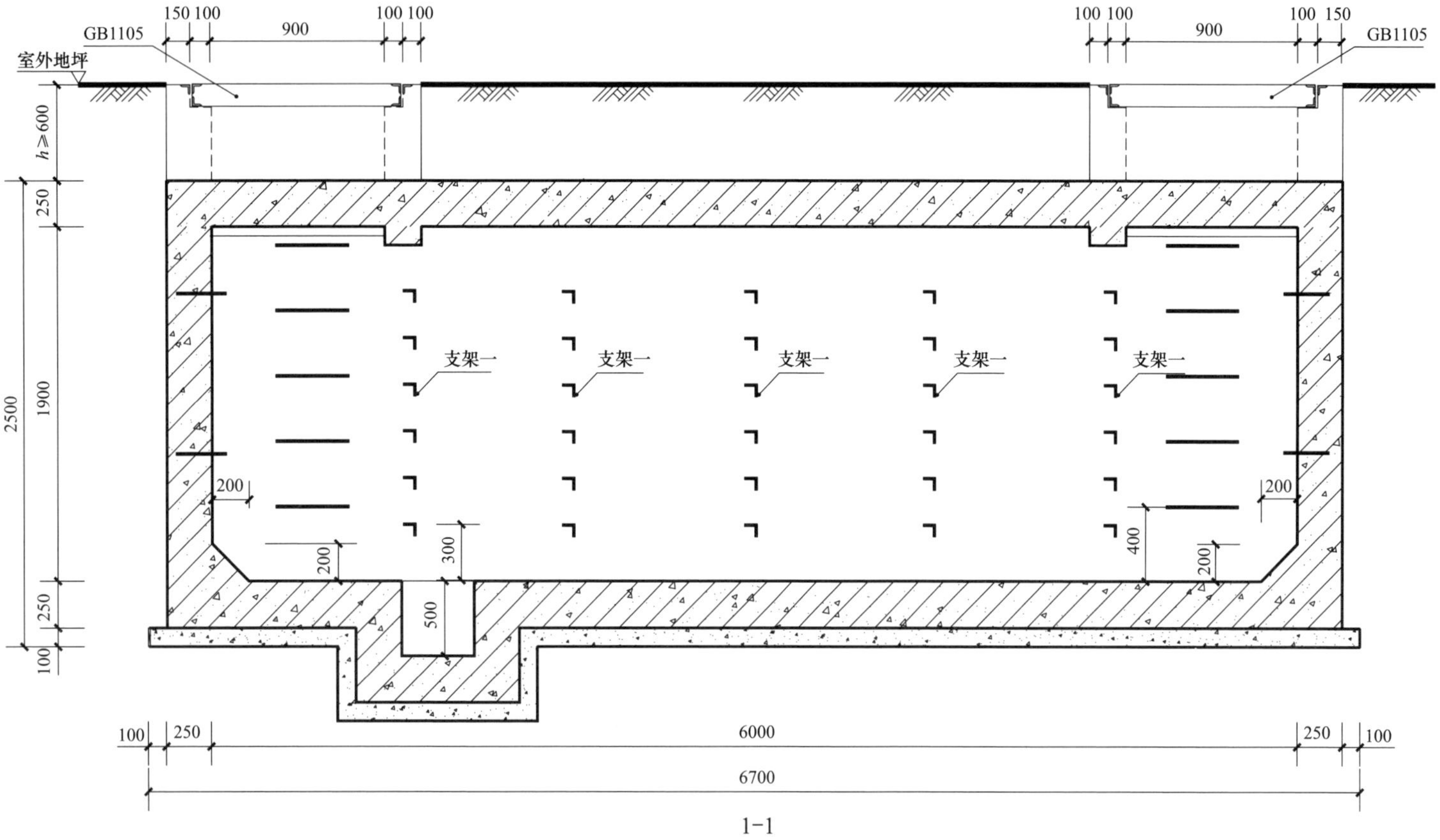

图 12-8 6.0×2.0×1.9 钢筋混凝土直线电缆井（二）（B-1-8）

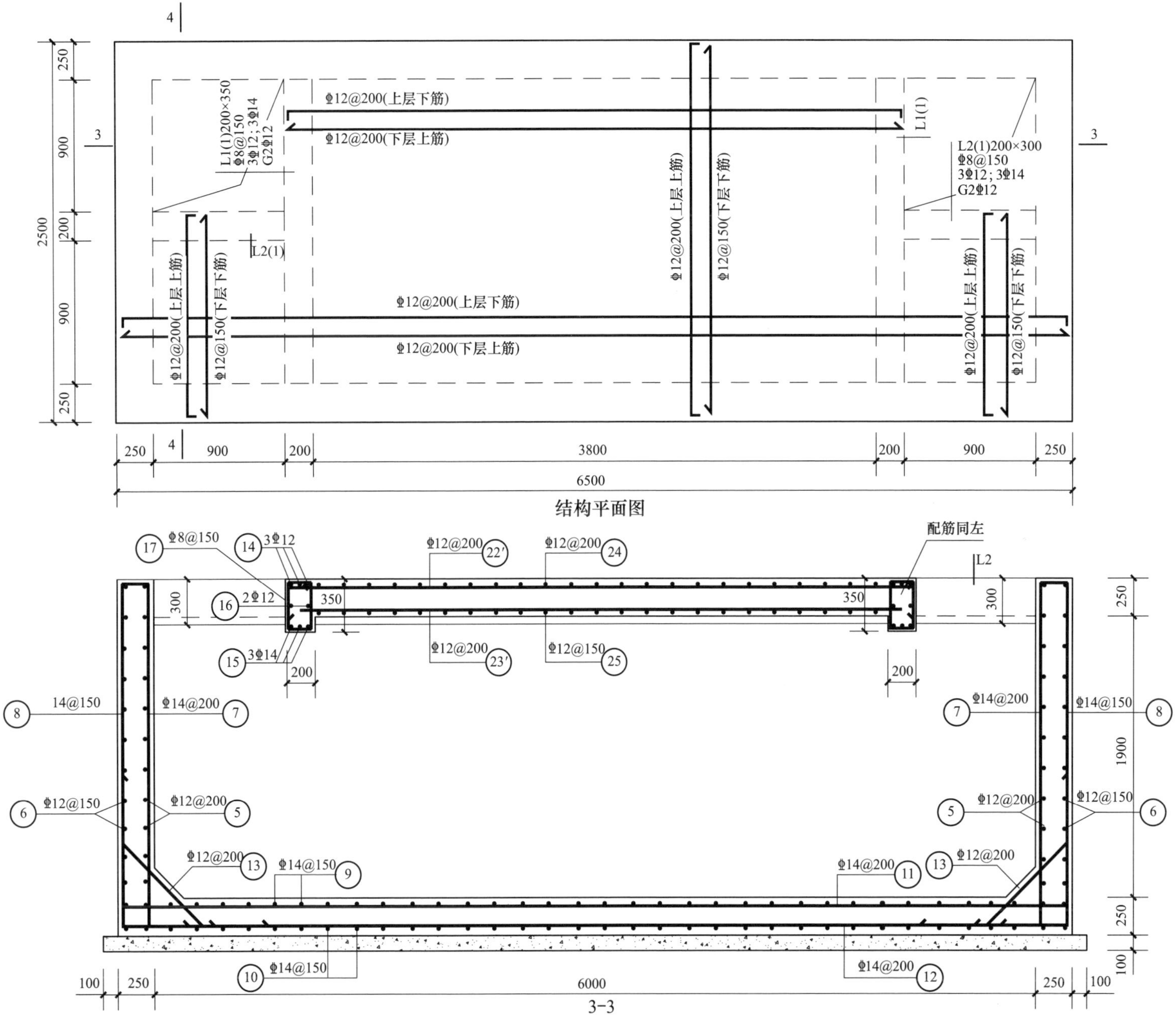

图 12-9 6.0×2.0×1.9 钢筋混凝土直线电缆井（三）（B-1-9）

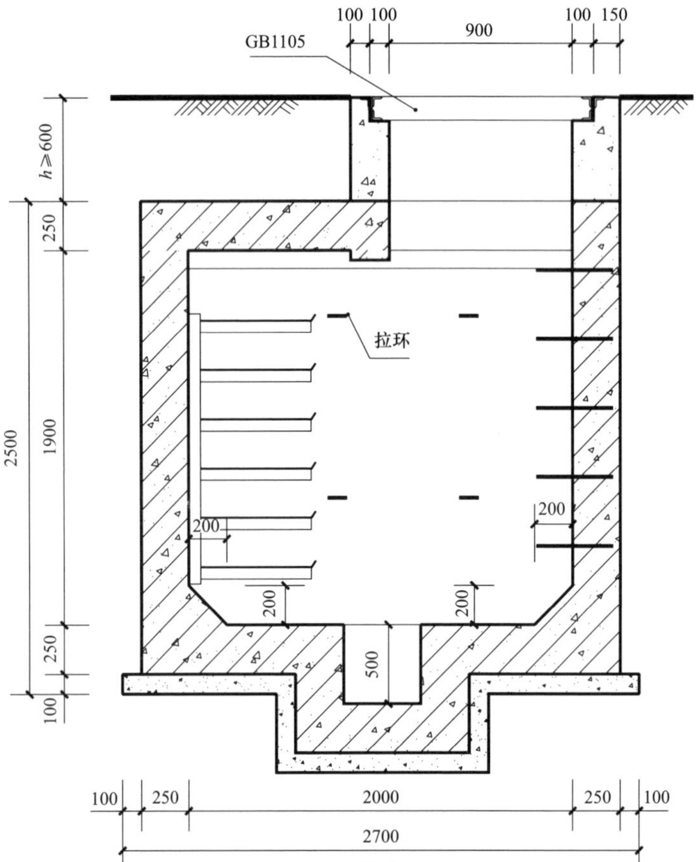

2-2

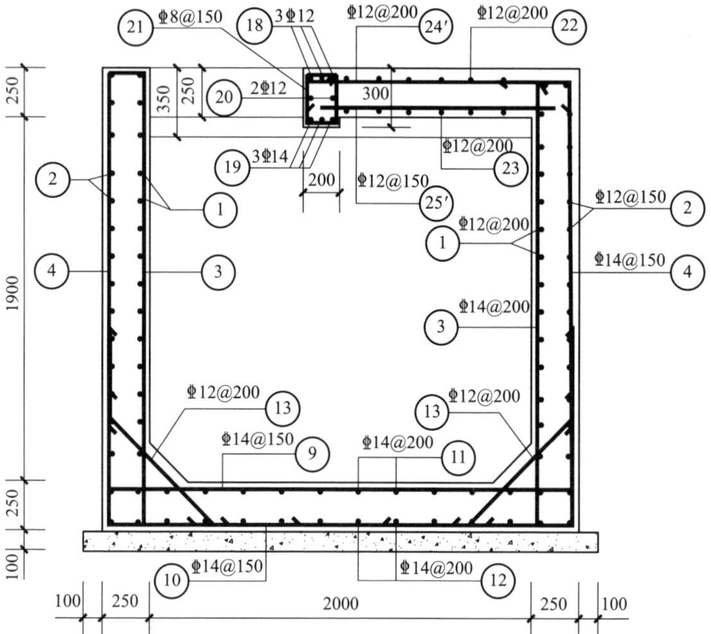

4-4

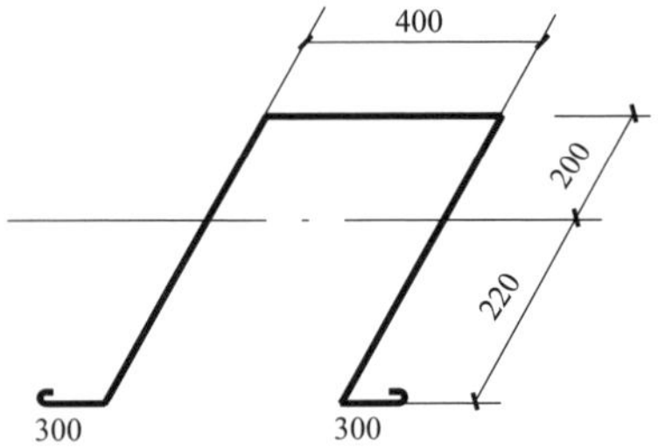

钢爬梯详图

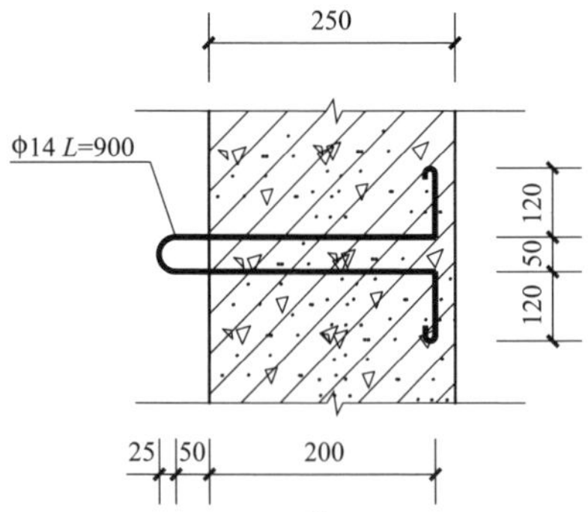

拉环

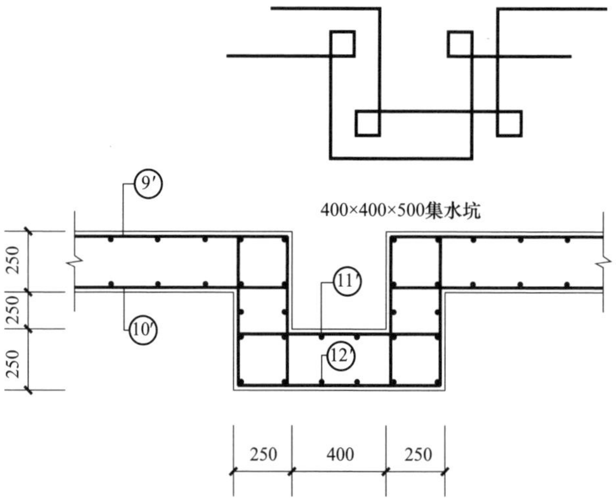

集水坑配筋图

图 12-10　6.0×2.0×1.9 钢筋混凝土直线电缆井（四）（B-1-10）

6.0×2.0×1.9钢筋混凝土直线电缆井钢筋表

编号	简图	型号	长度(mm)
1	6450; 450, 450	Φ12@200	7350
2	6450; 450, 450	Φ12@150	7350
3	2350; 200, 500	Φ14@200	3050
4	2350; 200, 500	Φ14@150	3050
5	2450; 450, 450	Φ12@200	3350
6	2450; 450, 450	Φ12@150	3350
7	2350; 200, 500	Φ14@200	3050
8	2350; 200, 500	Φ14@150	3050
9	2450; 500, 500	Φ14@150	3450
9′	5050; 500, 500	Φ14@150	6050
10	2450; 500, 500	Φ14@150	3450
10′	5050; 500, 500	Φ14@150	6050
11	6450; 500, 500	Φ14@200	7450
11′	9050; 500, 500	Φ14@200	10050
12	6450; 500, 500	Φ14@200	7450
12′	9050; 500, 500	Φ14@200	10050
13	870; 450, 450	Φ12@200	1770
14	2450; 200, 200	Φ12	2850
15	2450	Φ14	2450
16	2450	Φ12	2450
17	150; 300, 300; 150	Φ8@150	900
18	1300; 200, 200	Φ12	1700
19	1300	Φ14	1300
20	1300	Φ12	1300
21	150; 250, 250; 150	Φ8@150	800
22	6450; 200, 200	Φ12@200	6850
22′	4150; 200, 200	Φ12@200	4550
23	6250	Φ12@200	6250
23′	4000	Φ12@200	4000
24	2450; 200, 200	Φ14@200	2850
24′	1300; 200, 200	Φ12@200	1700
25	2250	Φ12@150	2250
25′	1125	Φ12@150	1125
26	井壁、底板(含集水坑)混凝土量(不含井圈壁)	19.13m³	
27	垫层混凝土量	2.07m³	

说明：每米钢筋用量表中列出的材料为统计工程量时的参考值，准确材料量以施工时的实际用量为准。

图 12-11　6.0×2.0×1.9 钢筋混凝土直线电缆井（五）（B-1-11）

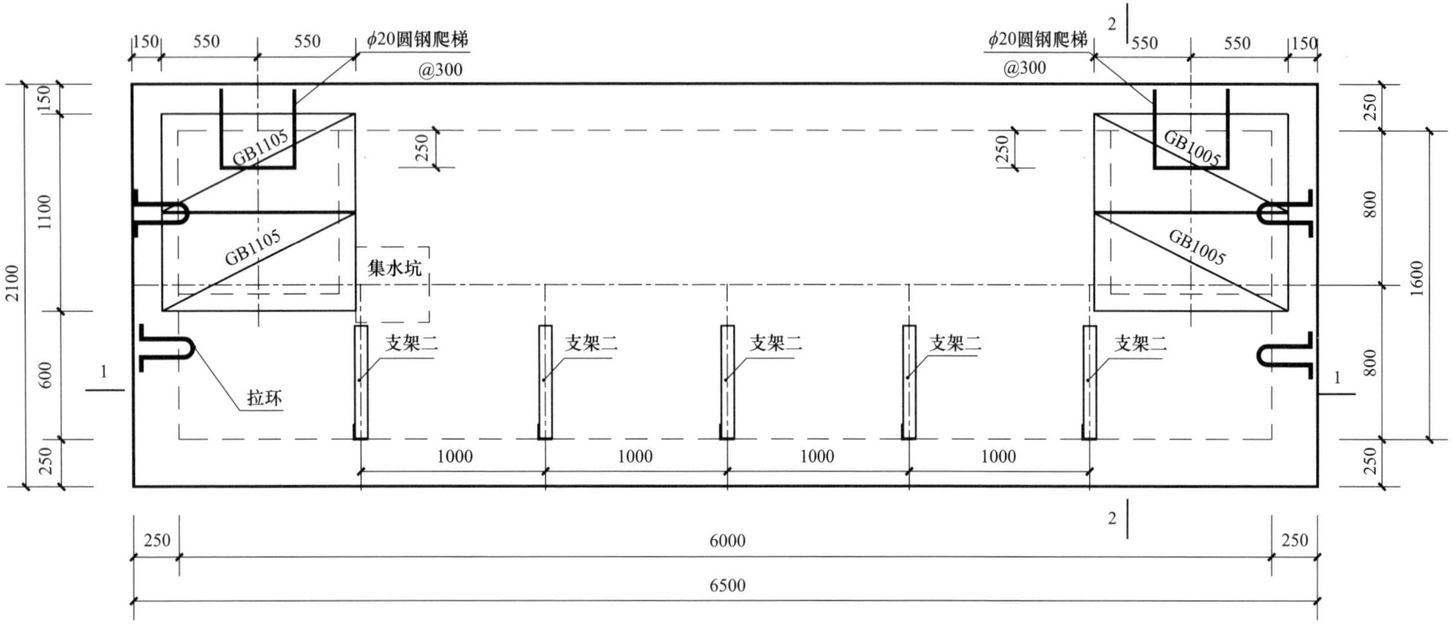

电缆井平面图

说明：1. 混凝土强度等级C30；素混凝土垫层C20；主体混凝土抗渗等级P6。

2. 钢筋Φ为HPB300，钢筋Φ为HRB400，型钢采用Q235B，电焊条用E43型，焊缝高度6mm。

3. 受力钢筋的保护层厚度不小于35mm，其余部分均为25mm，未标注的纵筋锚固长度为35*d*，详见图集《22G101-1》。

4. 电缆井预埋件，所有外露铁件均需镀锌处理，现场施焊后，对焊缝焊后均需刷两道防锈漆，两道银粉漆。

5. 电缆井采用清水模板施工，一次浇筑，不再二次抹面。

6. 预埋铁M1面与沟壁抹灰面平，电缆支架面应与沟壁贴紧。

7. 侧壁设梅花布置@=500的Φ8拉结筋，底板设马凳筋。

8. 地基处理：

(1) 地层为原状黄土层（无湿陷性）、砂砾（角砾）层、岩石层等承载力不小于100kPa时，电缆井垫层下无需再做地基处理。

(2) 地层为素填土、湿陷性黄土等承载力小于100kPa时，电缆井垫层下换填500mm厚3：7灰土，换填范围外扩垫层每边各300mm，压实系数不小于0.97。

(3) 如地基存在软弱下卧层、淤泥、盐渍土、冻土等不良地质现象，应根据具体工程地质条件，按相关规范要求进行处理。

9. 电缆井井壁应提前预埋电缆进出线套管，避免穿缆时后开洞，破坏主体结构及防水。埋管位置可根据现场实际情况进行预留和调整，电缆穿过埋管后采用沥青油麻丝灌缝等防水做法，具体做法详见《110kV及以下电缆敷设》（12D101-5）标准图集。

10. 电缆井底板按0.5%纵向找坡，坡向集水坑，少量集水可定期抽排。

11. 人孔井位置可根据工程实际情况进行调整。

图 12-12　6.0×1.6×1.9钢筋混凝土直线电缆井（一）（B-1-12）

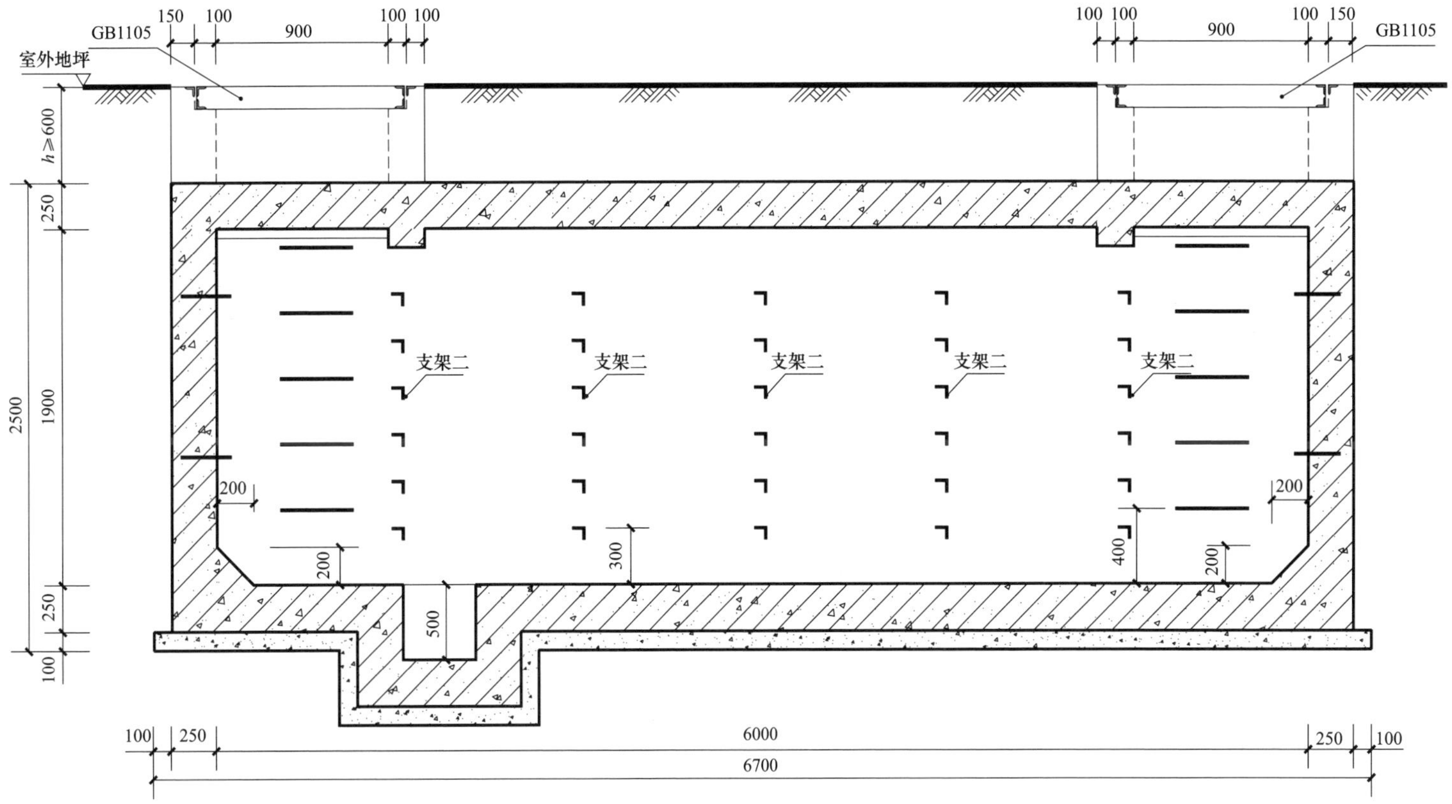

1-1

图 12-13　6.0×1.6×1.9 钢筋混凝土直线电缆井（二）（B-1-13）

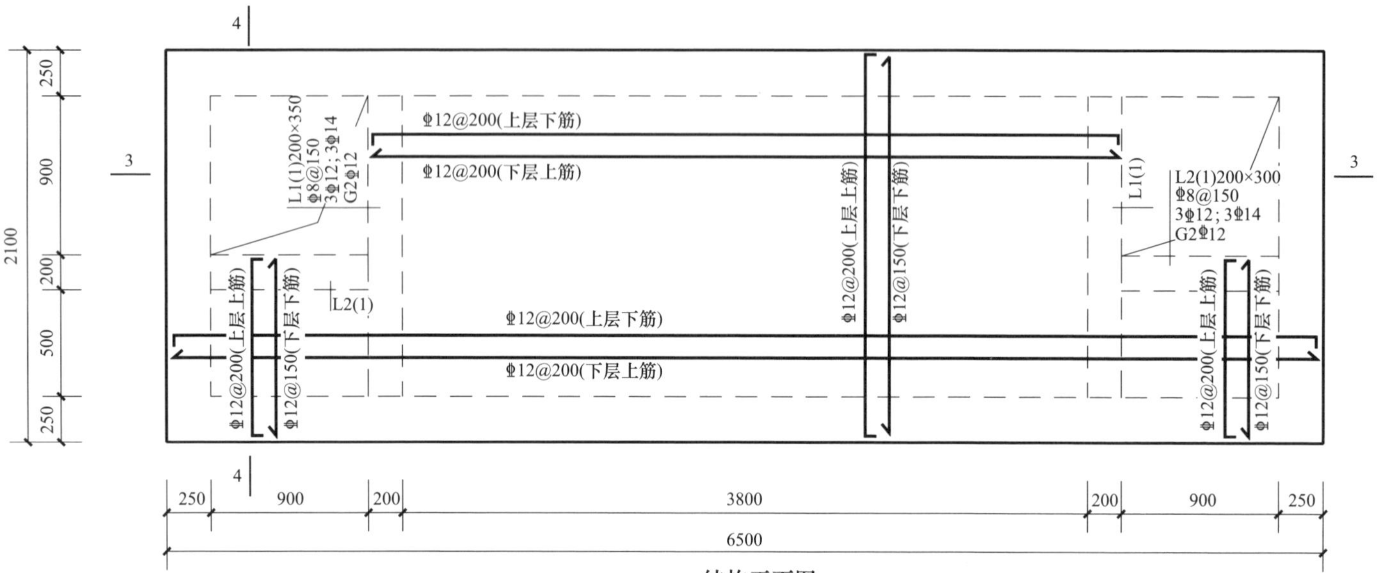

结构平面图

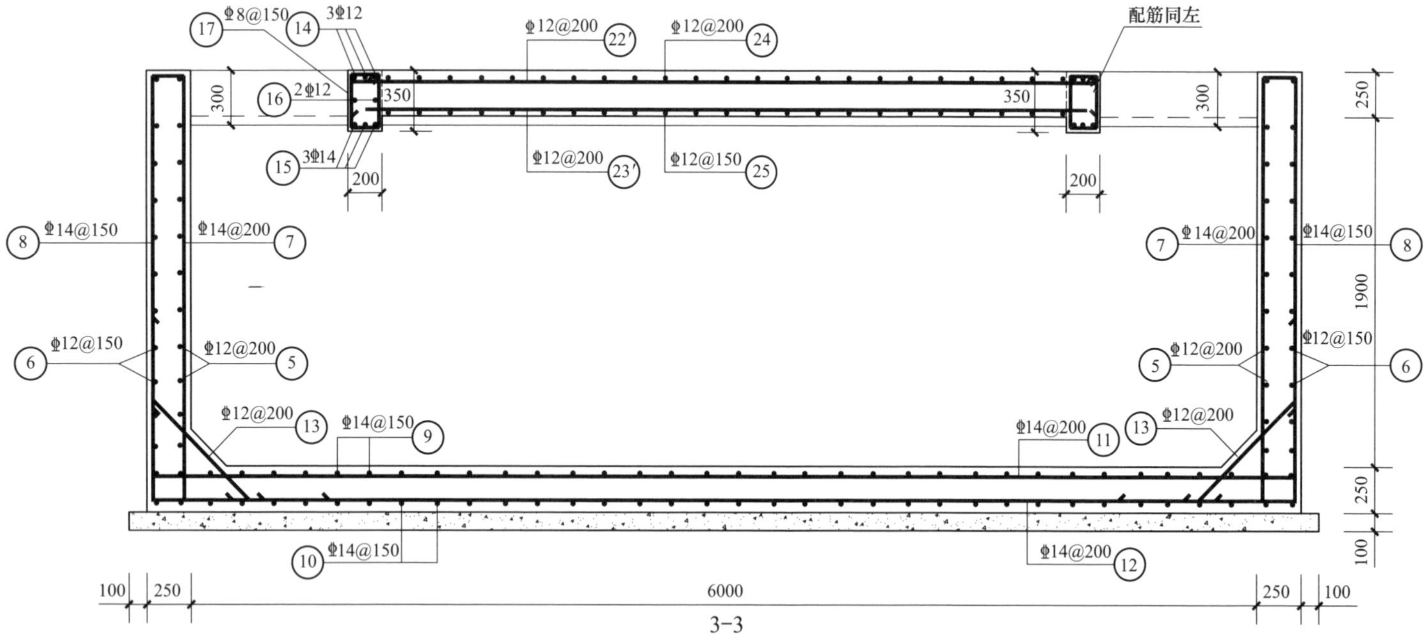

3-3

图 12-14　6.0×1.6×1.9 钢筋混凝土直线电缆井（三）（B-1-14）

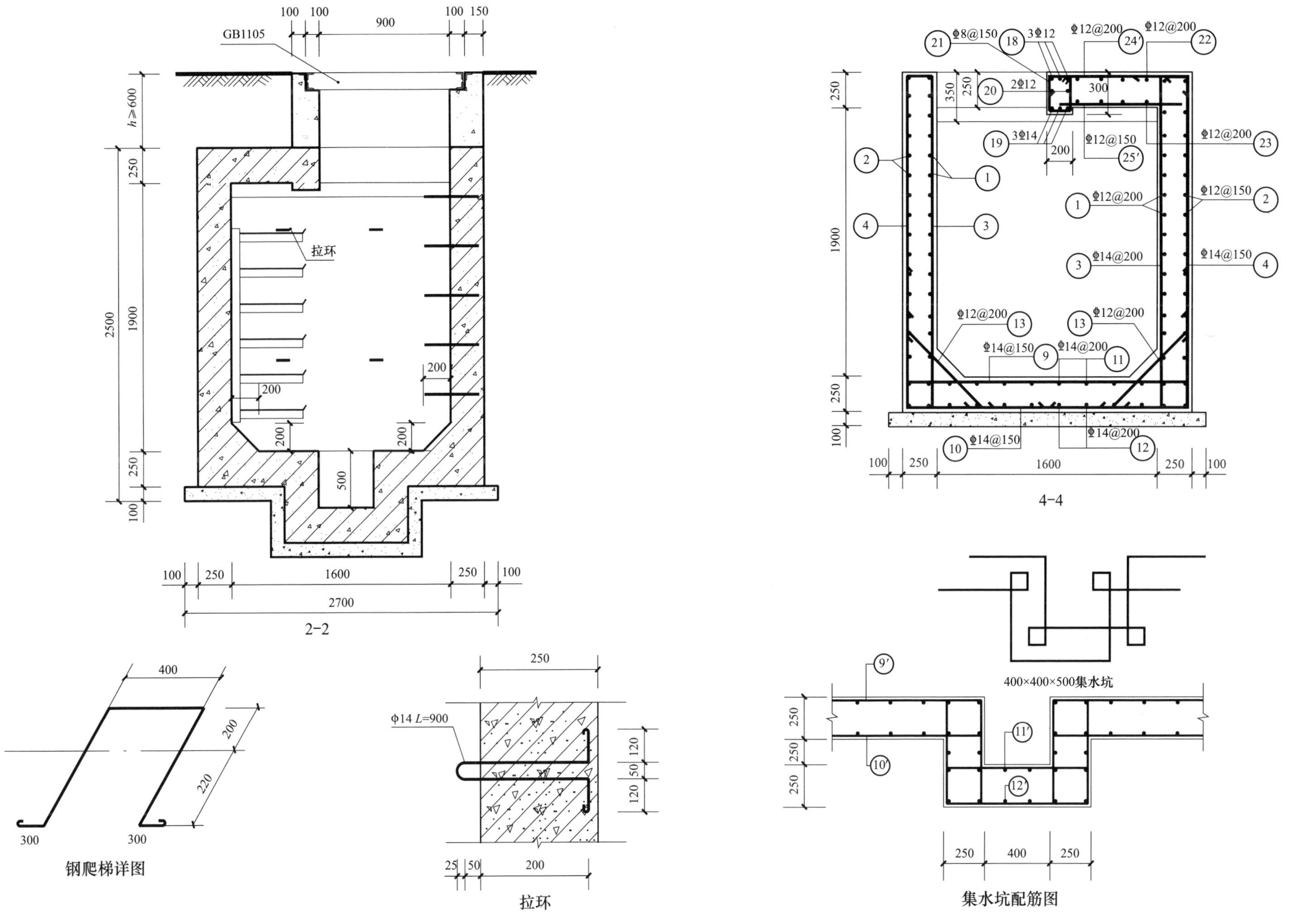

图 12-15　6.0×1.6×1.9 钢筋混凝土直线电缆井（四）（B-1-15）

6.0×1.6×1.9钢筋混凝土直线电缆井钢筋表

编号	简图	型号	长度(mm)
1	450 / 6450 / 450	Φ12@200	7350
2	450 / 6450 / 450	Φ12@150	7350
3	200 / 2350 / 500	Φ14@200	3050
4	200 / 2350 / 500	Φ14@150	3050
5	450 / 2050 / 450	Φ12@200	2950
6	450 / 2050 / 450	Φ12@150	2950
7	200 / 2350 / 500	Φ14@200	3050
8	200 / 2350 / 500	Φ14@150	3050
9	500 / 2050 / 500	Φ14@150	3050
9′	500 / 4650 / 500	Φ14@150	5650
10	500 / 2050 / 500	Φ14@150	3050
10′	500 / 4650 / 500	Φ14@150	5650
11	500 / 6450 / 500	Φ14@200	7450
11′	500 / 9050 / 500	Φ14@200	10050
12	500 / 6450 / 500	Φ14@200	7450
12′	500 / 9050 / 500	Φ14@200	10050
13	450 / 870 / 450	Φ12@200	1770
14	200 / 2050 / 200	Φ12	2450
15	2050	Φ14	2050
16	2050	Φ12	2050
17	150 / 300 / 150 / 300	Φ8@150	900
18	200 / 1300 / 200	Φ12	1700
19	1300	Φ14	1300
20	1300	Φ12	1300
21	150 / 250 / 150 / 250	Φ8@150	800
22	200 / 6450 / 200	Φ12@200	6850
22′	200 / 4150 / 200	Φ12@200	4550
23	6250	Φ12@200	6250
23′	4000	Φ12@200	4000
24	200 / 2050 / 200	Φ14@200	2450
24′	200 / 900 / 200	Φ12@200	1300
25	1850	Φ12@150	1850
25′	730	Φ12@150	730
26	井壁、底板(含集水坑)混凝土量(不含井圈壁)	17.34m³	
27	垫层混凝土量	1.80m³	

说明：每米钢筋用量表中列出的材料为统计工程量时的参考值，准确材料量以施工时的实际用量为准。

图 12-16　6.0×1.6×1.9 钢筋混凝土直线电缆井（五）（B-1-16）

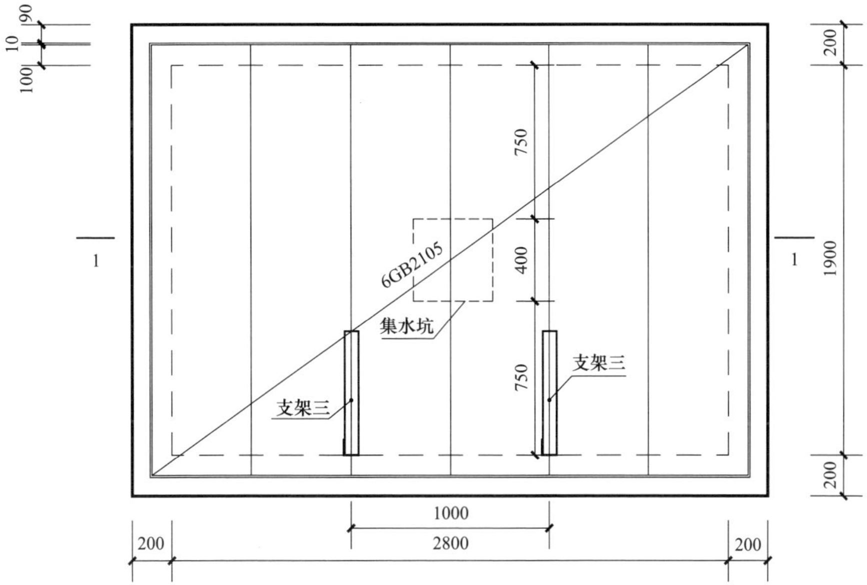

电缆井平面图

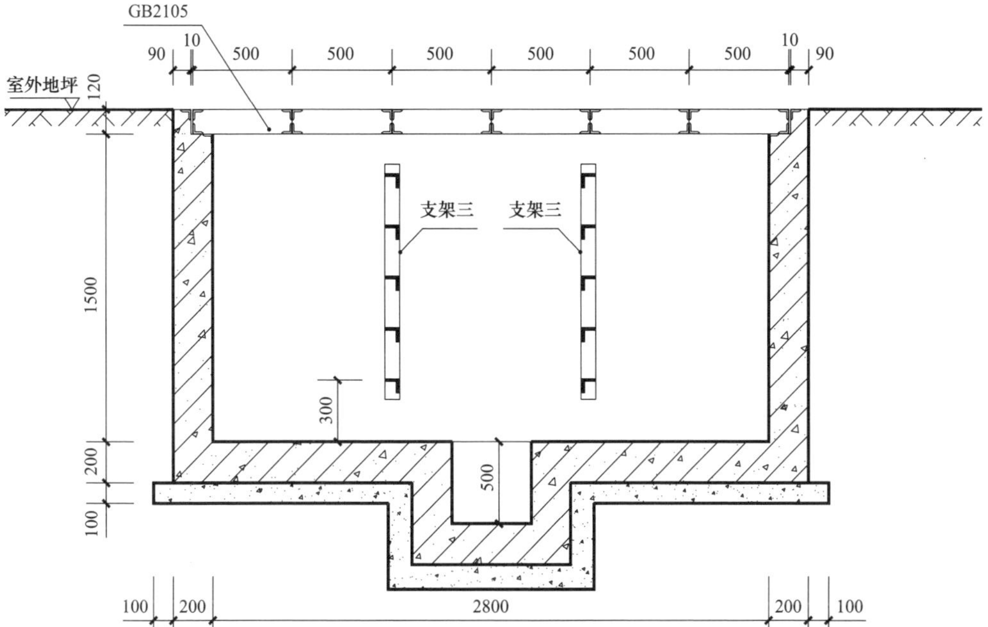

1-1

说明：1. 混凝土强度等级C30；素混凝土垫层C20；主体混凝土抗渗等级P6。

2. 钢筋Φ为HPB300，钢筋Φ为HRB400，型钢采用Q235B，电焊条用E43型，焊缝高度6mm。

3. 受力钢筋的保护层厚度不小于35mm，其余部分均为25mm，未标注的纵筋锚固长度为35*d*，详见图集《22G101-1》。

4. 电缆井预埋件，所有外露铁件均需镀锌处理，现场施焊后，对焊缝焊后均需刷两道防锈漆，两道银粉漆。

5. 电缆井采用清水模板施工，一次浇筑，不再二次抹面。

6. 预埋铁M1面与沟壁抹灰面平，电缆支架面应与沟壁贴紧。

7. 侧壁设梅花布置@=500的Φ8拉结筋，底板设马凳筋。

8. 地基处理：

(1) 地层为原状黄土层（无湿陷性）、砂砾（角砾）层、岩石层等承载力不小于100kPa时，电缆井垫层下无需再做地基处理。

(2) 地层为素填土、湿陷性黄土等承载力小于100kPa时，电缆井垫层下换填500mm厚3∶7灰土，换填范围外扩垫层每边各300mm，压实系数不小于0.97。

(3) 如地基存在软弱下卧层、淤泥、盐渍土、冻土等不良地质现象，应根据具体工程地质条件，按相关规范要求进行处理。

9. 电缆井井壁应提前预埋电缆进出线套管，避免穿缆时后开洞，破坏主体结构及防水。埋管位置可根据现场实际情况进行预留和调整，电缆穿过埋管后采用沥青油麻丝灌缝等防水做法，具体做法详见《110kV及以下电缆敷设》（12D101-5）标准图集。

10. 电缆井底板按0.5%纵向找坡，坡向集水坑，少量集水可定期抽排。

图 12-17　3.0×1.9×1.5 钢筋混凝土直线电缆井（盖板开启式）（一）（B-1-17）

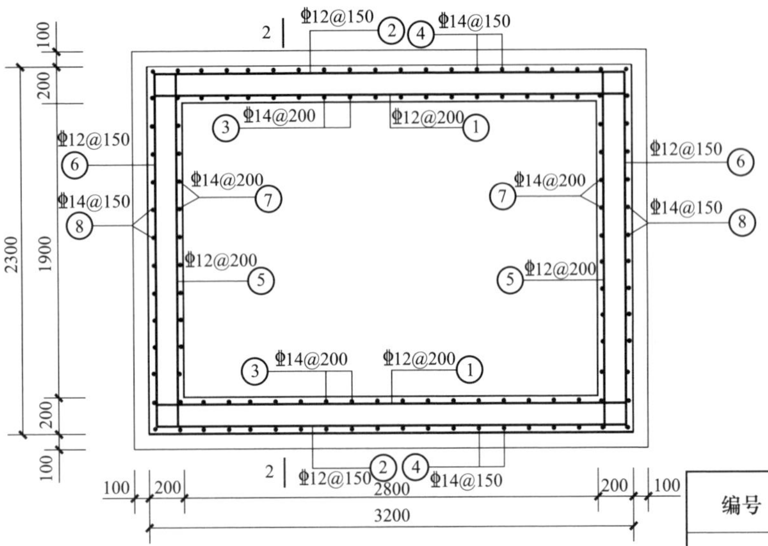

结构平面图

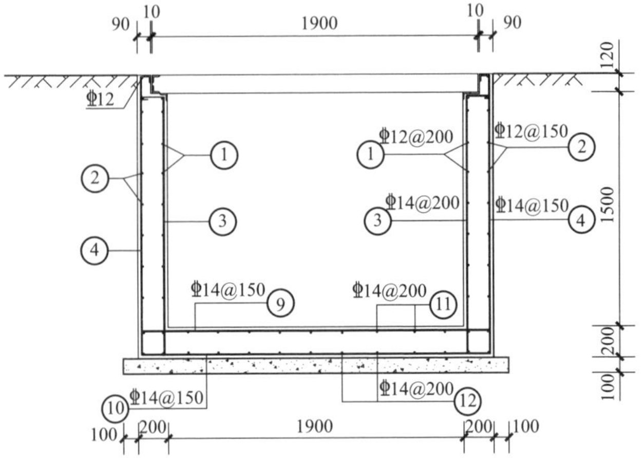

2-2

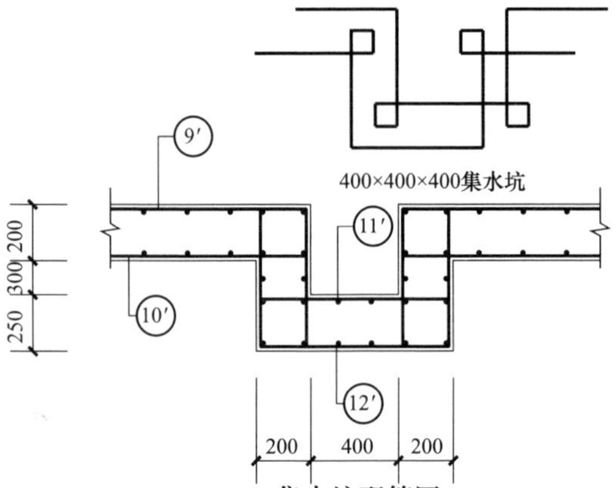

集水坑配筋图

3.0×1.9×1.5钢筋混凝土直线电缆井钢筋表

编号	简图	型号	长度(mm)
1	450 3150 450	Φ12@200	3950
2	450 3150 450	Φ12@150	3950
3	150 1650 500	Φ14@200	2300
4	40 1770 500	Φ14@150	2310
5	450 2250 450	Φ12@200	3150
6	450 2250 450	Φ12@150	3150
7	150 1650 500	Φ14@200	2300
8	40 1770 500	Φ14@150	2310
9	500 2250 500	Φ14@150	3250
9′	500 4450 500	Φ14@150	5450
10	500 2250 500	Φ14@150	3250
10′	500 4450 500	Φ14@150	5450
11	500 3150 500	Φ14@200	4150
11′	500 5550 500	Φ14@200	6550
12	500 3150 500	Φ14@200	4150
12′	500 5550 500	Φ14@200	6550
13	井壁、底板(含集水坑)混凝土量(不含井圈壁)	5.19m³	
14	垫层混凝土量	1.02m³	

说明：每米钢筋用量表中列出的材料为统计工程量时的参考值，准确材料量以施工时的实际用量为准。

图 12-18　3.0×1.9×1.5 钢筋混凝土直线电缆井（盖板开启式）（二）（B-1-18）

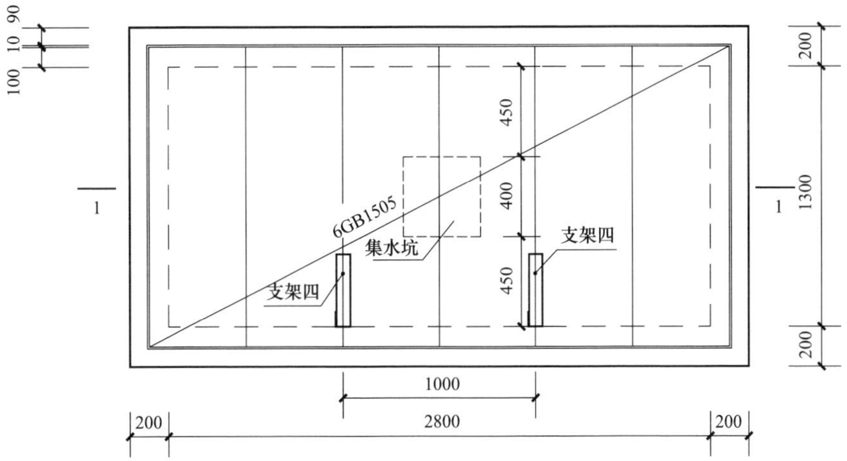

电缆井平面图

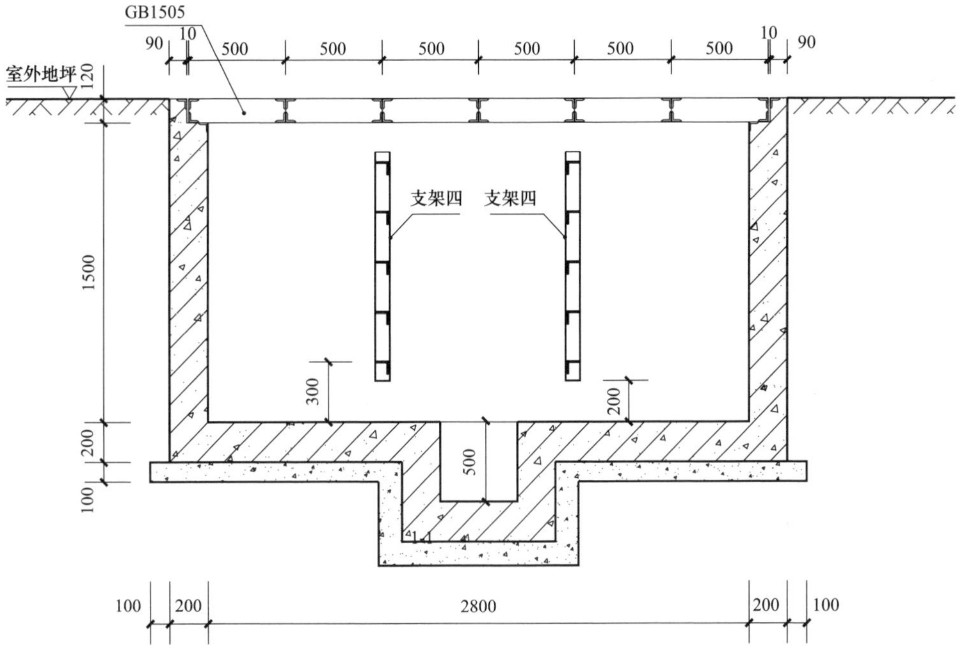

1-1

说明：1. 混凝土强度等级C30；素混凝土垫层C20；主体混凝土抗渗等级P6。

2. 钢筋Φ为HPB300，钢筋Φ为HRB400，型钢采用Q235B，电焊条用E43型，焊缝高度6mm。

3. 受力钢筋的保护层厚度不小于35mm，其余部分均为25mm，未标注的纵筋锚固长度为35*d*，详见图集《22G101-1》。

4. 电缆井预埋件，所有外露铁件均需镀锌处理，现场施焊后，对焊缝焊后均需刷两道防锈漆，两道银粉漆。

5. 电缆井采用清水模板施工，一次浇筑，不再二次抹面。

6. 预埋铁M1面与沟壁抹灰面平，电缆支架面应与沟壁贴紧。

7. 侧壁设梅花布置@=500的Φ8拉结筋，底板设马凳筋。

8. 地基处理：

(1) 地层为原状黄土层（无湿陷性）、砂砾（角砾）层、岩石层等承载力不小于100kPa时，电缆井垫层下无需再做地基处理。

(2) 地层为素填土、湿陷性黄土等承载力小于100kPa时，电缆井垫层下换填500mm厚3∶7灰土，换填范围外扩垫层每边各300mm，压实系数不小于0.97。

(3) 如地基存在软弱下卧层、淤泥、盐渍土、冻土等不良地质现象，应根据具体工程地质条件，按相关规范要求进行处理。

9. 电缆井井壁应提前预埋电缆进出线套管，避免穿缆时后开洞，破坏主体结构及防水。埋管位置可根据现场实际情况进行预留和调整，电缆穿过埋管后采用沥青油麻丝灌缝等防水做法，具体做法详见《110kV及以下电缆敷设》（12D101-5）标准图集。

10. 电缆井底板按0.5%纵向找坡，坡向集水坑，少量集水可定期抽排。

图 12-19　3.0×1.3×1.5 钢筋混凝土直线电缆井（盖板开启式）（一）（B-1-19）

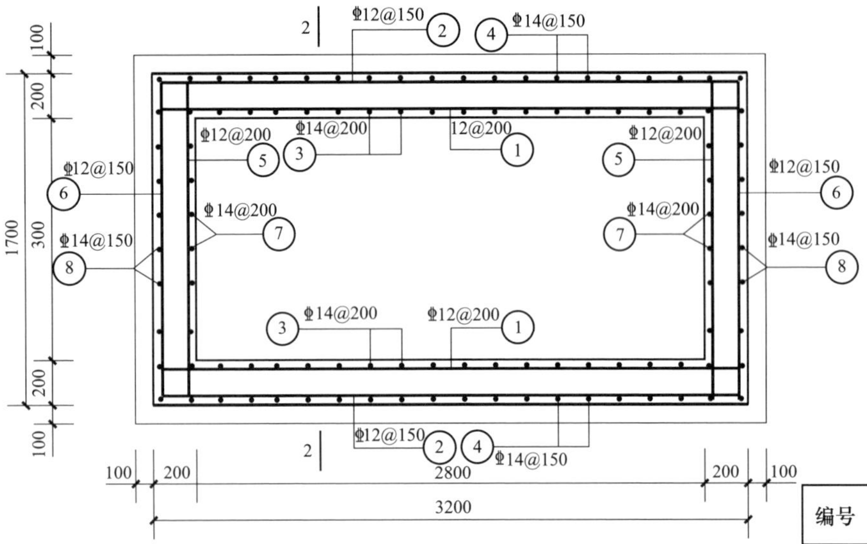

结构平面图

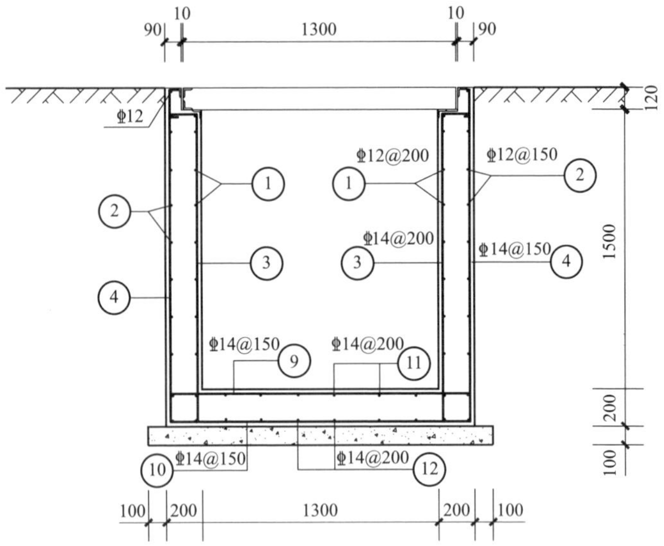

2-2

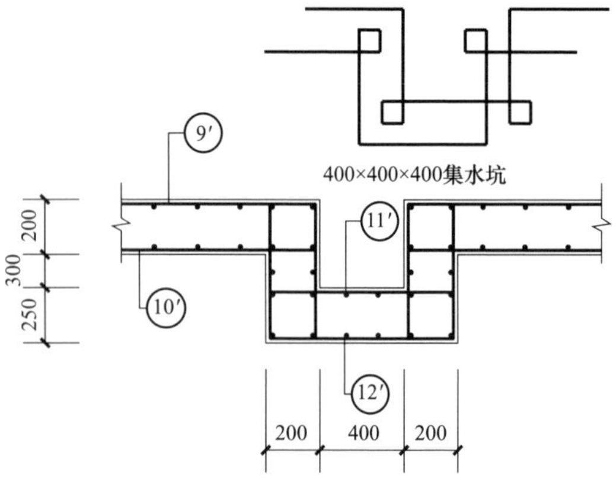

集水坑配筋图

3.0×1.3×1.5钢筋混凝土直线电缆井钢筋表

编号	简图	型号	长度(mm)
1	450 / 3150 / 450	Φ12@200	3950
2	450 / 3150 / 450	Φ12@150	3950
3	150 / 1650 / 500	Φ14@200	2300
4	40 / 1770 / 500	Φ14@150	2310
5	450 / 1650 / 450	Φ12@200	2550
6	450 / 1650 / 450	Φ12@150	2550
7	150 / 1650 / 500	Φ14@200	2300
8	40 / 1770 / 500	Φ14@150	2310
9	500 / 1650 / 500	Φ14@150	2650
9′	500 / 3850 / 500	Φ14@150	4850
10	500 / 1650 / 500	Φ14@150	3650
10′	500 / 3850 / 500	Φ14@150	4850
11	500 / 3150 / 500	Φ14@200	4150
11′	500 / 5550 / 500	Φ14@200	6550
12	500 / 3150 / 500	Φ14@200	4150
12′	500 / 5550 / 500	Φ14@200	6550
13	井壁、底板(含集水坑)混凝土量(不含井圈壁)	4.95m³	
14	垫层混凝土量	0.81m³	

说明：每米钢筋用量表中列出的材料为统计工程量时的参考值，准确材料量以施工时的实际用量为准。

图 12-20　3.0×1.3×1.5 钢筋混凝土直线电缆井（盖板开启式）（二）（B-1-20）

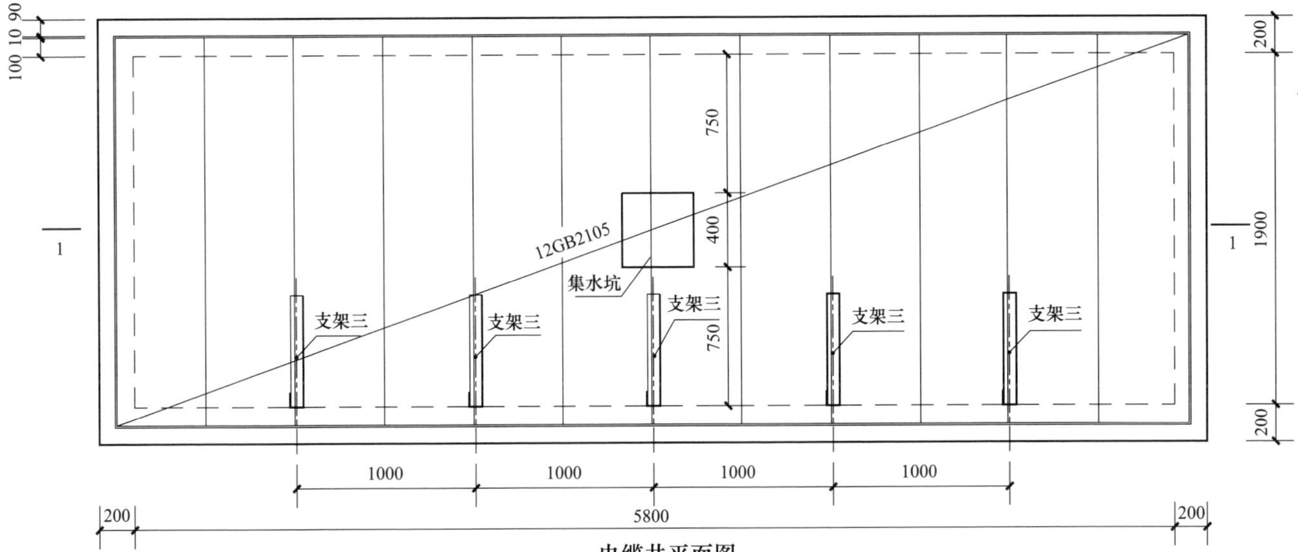

电缆井平面图

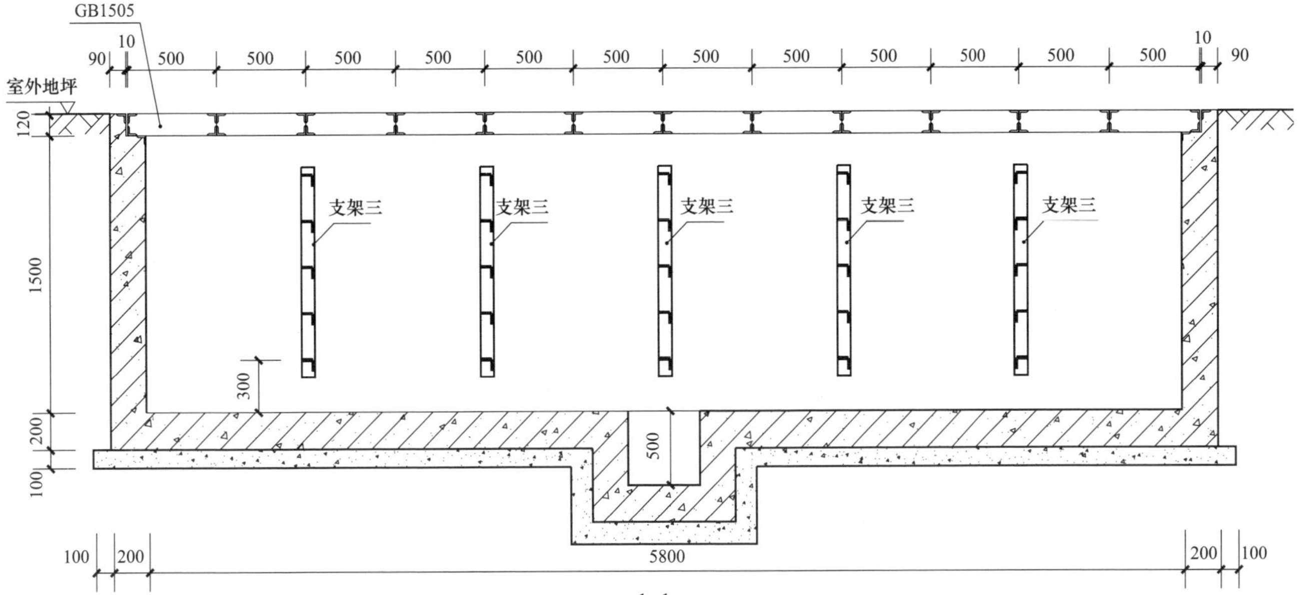

1-1

说明：1. 混凝土强度等级C30；素混凝土垫层C20；主体混凝土抗渗等级P6。

2. 钢筋Φ为HPB300，钢筋Φ为HRB400，型钢采用Q235B，电焊条用E43型，焊缝高度6mm。

3. 受力钢筋的保护层厚度不小于35mm，其余部分均为25mm，未标注的纵筋锚固长度为35*d*，详见图集《22G101-1》。

4. 电缆井预埋件，所有外露铁件均需镀锌处理，现场施焊后，对焊缝焊后均需刷两道防锈漆，两道银粉漆。

5. 电缆井采用清水模板施工，一次浇筑，不再二次抹面。

6. 预埋铁M1面与沟壁抹灰面平，电缆支架面应与沟壁贴紧。

7. 侧壁设梅花布置@=500的Φ8拉结筋，底板设马凳筋。

8. 地基处理：

(1) 地层为原状黄土层（无湿陷性）、砂砾（角砾）层、岩石层等承载力不小于100kPa时，电缆井垫层下无需再做地基处理。

(2) 地层为素填土、湿陷性黄土等承载力小于100kPa时，电缆井垫层下换填500mm厚3∶7灰土，换填范围外扩垫层每边各300mm，压实系数不小于0.97。

(3) 如地基存在软弱下卧层、淤泥、盐渍土、冻土等不良地质现象，应根据具体工程地质条件，按相关规范要求进行处理。

9. 电缆井井壁应提前预埋电缆进出线套管，避免穿缆时后开洞，破坏主体结构及防水。埋管位置可根据现场实际情况进行预留和调整，电缆穿过埋管后采用沥青油麻丝灌缝等防水做法，具体做法详见《110kV及以下电缆敷设》（12D101-5）标准图集。

10. 电缆井底板按0.5%纵向找坡，坡向集水坑，少量集水可定期抽排。

图 12-21　6.0×1.9×1.5 钢筋混凝土直线电缆井（盖板开启式）（一）（B-1-21）

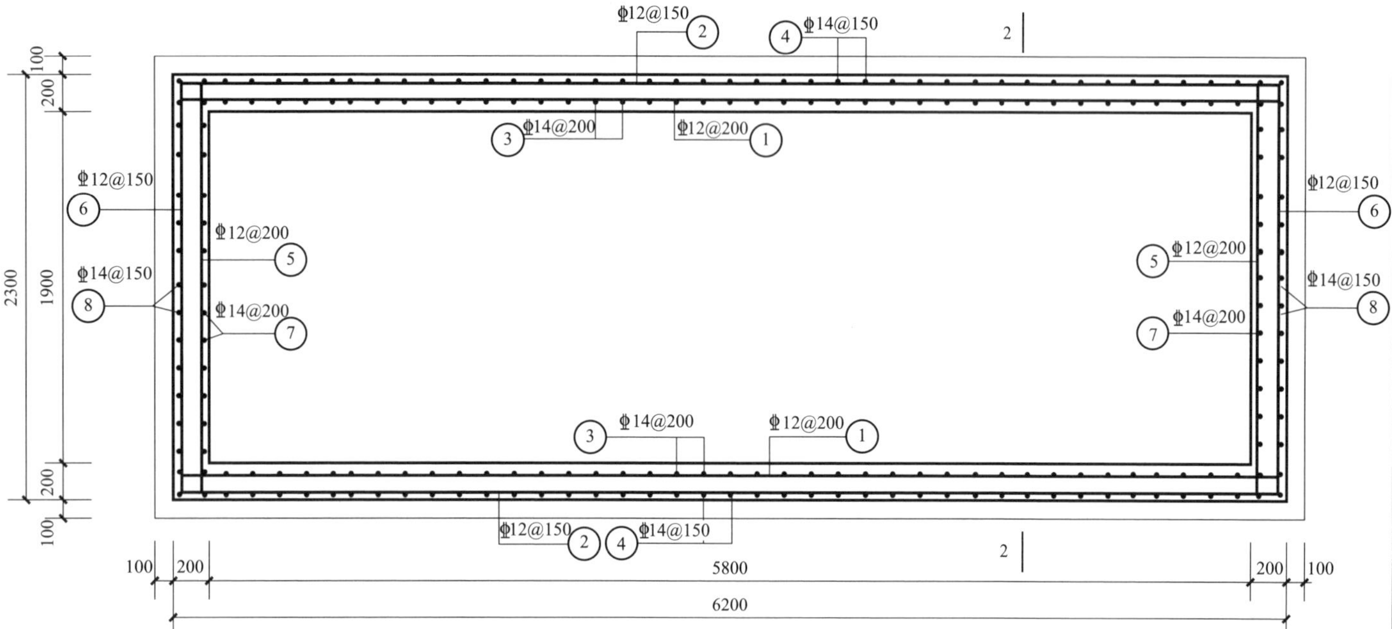

结构平面图

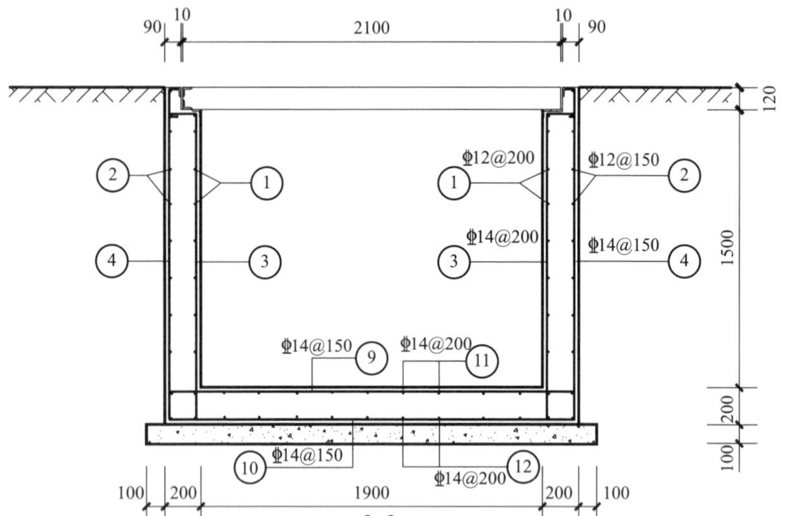

2-2

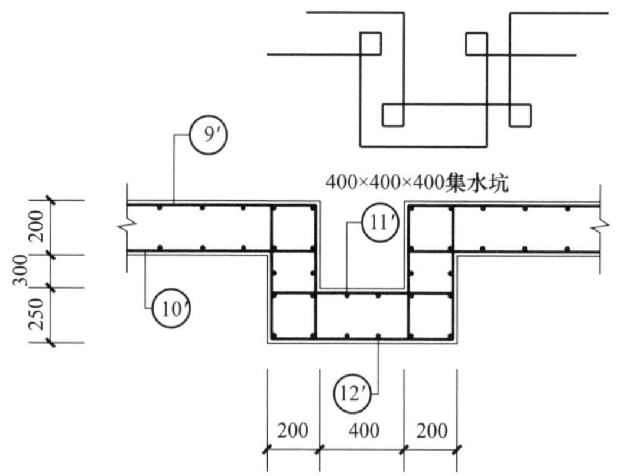

集水坑配筋图

6.0×1.9×1.5钢筋混凝土直线电缆井钢筋表

编号	简图	型号	长度(mm)
1	450 6150 450	Φ12@200	6950
2	450 6150 450	Φ12@150	6950
3	150 1650 500	Φ14@200	2300
4	40 1770 500	Φ14@150	2310
5	450 2250 450	Φ12@200	3150
6	450 2250 450	Φ12@150	3150
7	150 1650 500	Φ14@200	1950
8	40 1770 500	Φ14@150	2310
9	500 2250 500	Φ14@150	3250
9′	500 4450 500	Φ14@150	5450
10	500 2250 500	Φ14@150	3250
10′	500 4450 500	Φ14@150	5450
11	500 6150 500	Φ14@200	7150
11′	500 8350 500	Φ14@200	9350
12	500 6150 500	Φ14@200	7150
12′	500 8350 500	Φ14@200	9350
13	井壁、底板(含集水坑)混凝土量(不含井圈壁)	8.59m³	
14	垫层混凝土量	1.76m³	

说明：每米钢筋用量表中列出的材料为统计工程量时的参考值，准确材料量以施工时的实际用量为准。

图 12-22 6.0×1.9×1.5 钢筋混凝土直线电缆井（盖板开启式）（二）（B-1-22）

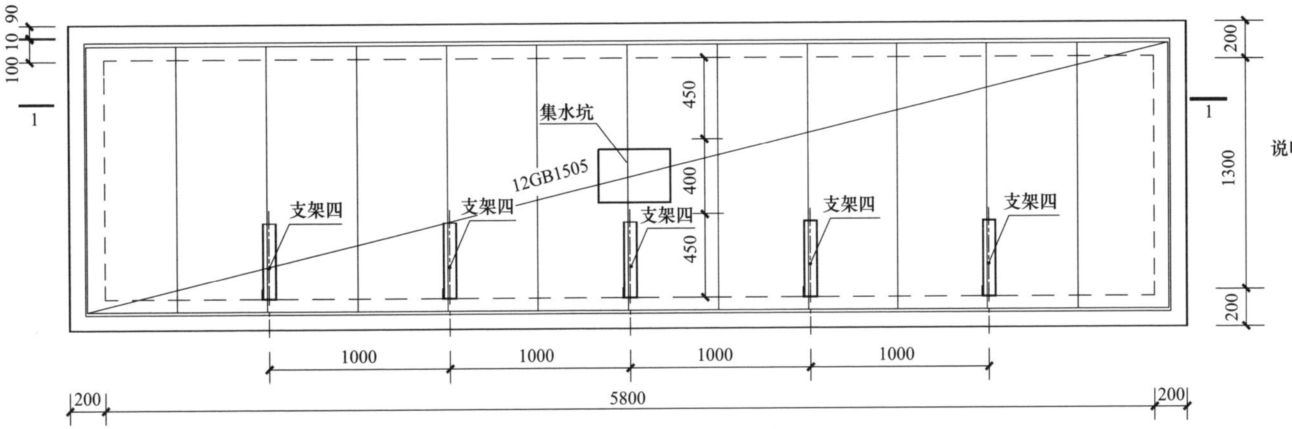

电缆井平面图

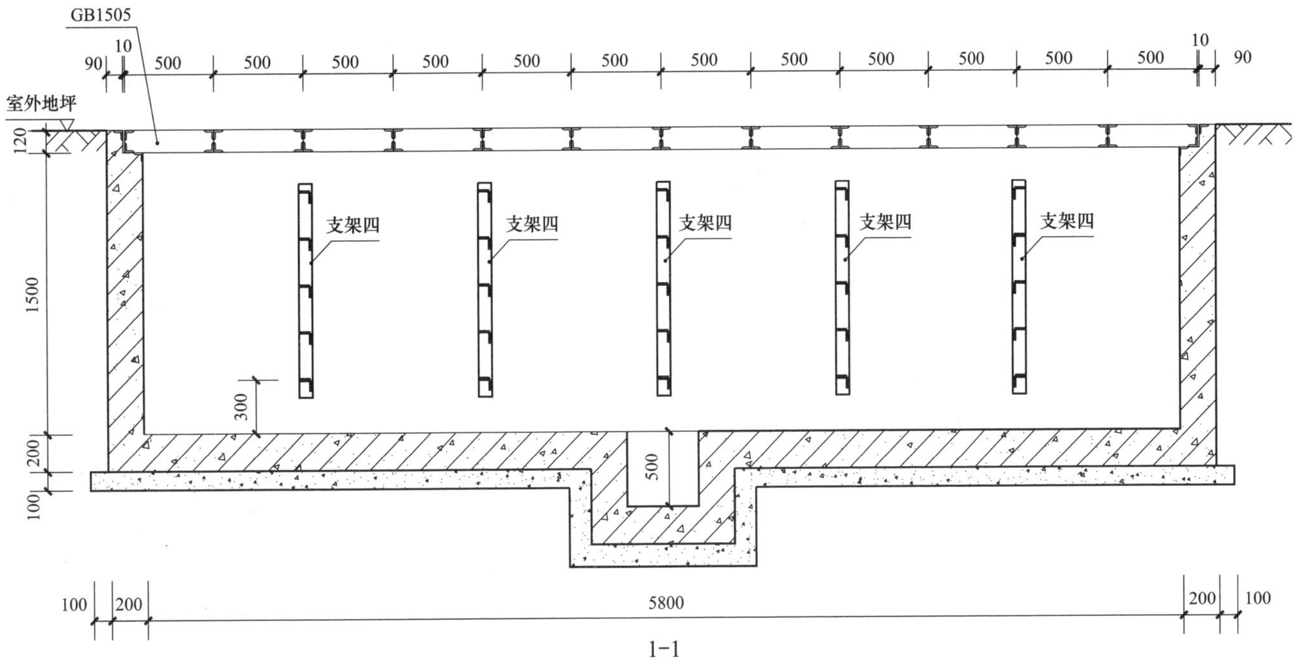

1-1

说明：1. 混凝土强度等级C30；素混凝土垫层C20；主体混凝土抗渗等级P6。

2. 钢筋Φ为HPB300，钢筋⌀为HRB400，型钢采用Q235B，电焊条用E43型，焊缝高度6mm。

3. 受力钢筋的保护层厚度不小于35mm，其余部分均为25mm，未标注的纵筋锚固长度为35*d*，详见图集《22G101-1》。

4. 电缆井预埋件，所有外露铁件均需镀锌处理，现场施焊后，对焊缝焊后均需刷两道防锈漆，两道银粉漆。

5. 电缆井采用清水模板施工，一次浇筑，不再二次抹面。

6. 预埋铁M1面与沟壁抹灰面平，电缆支架面应与沟壁贴紧。

7. 侧壁设梅花布置@=500的Φ8拉结筋，底板设马凳筋。

8. 地基处理：

(1) 地层为原状黄土层（无湿陷性）、砂砾（角砾）层、岩石层等承载力不小于100kPa时，电缆井垫层下无需再做地基处理。

(2) 地层为素填土、湿陷性黄土等承载力小于100kPa时，电缆井垫层下换填500mm厚3∶7灰土，换填范围外扩垫层每边各300mm，压实系数不小于0.97。

(3) 如地基存在软弱下卧层、淤泥、盐渍土、冻土等不良地质现象，应根据具体工程地质条件，按相关规范要求进行处理。

9. 电缆井井壁应提前预埋电缆进出线套管，避免穿缆时后开洞，破坏主体结构及防水。埋管位置可根据现场实际情况进行预留和调整，电缆穿过埋管后采用沥青油麻丝灌缝等防水做法，具体做法详见《110kV及以下电缆敷设》（12D101-5）标准图集。

10. 电缆井底板按0.5%纵向找坡，坡向集水坑，少量集水可定期抽排。

图 12-23　6.0×1.3×1.5 钢筋混凝土直线电缆井（盖板开启式）（一）（B-1-23）

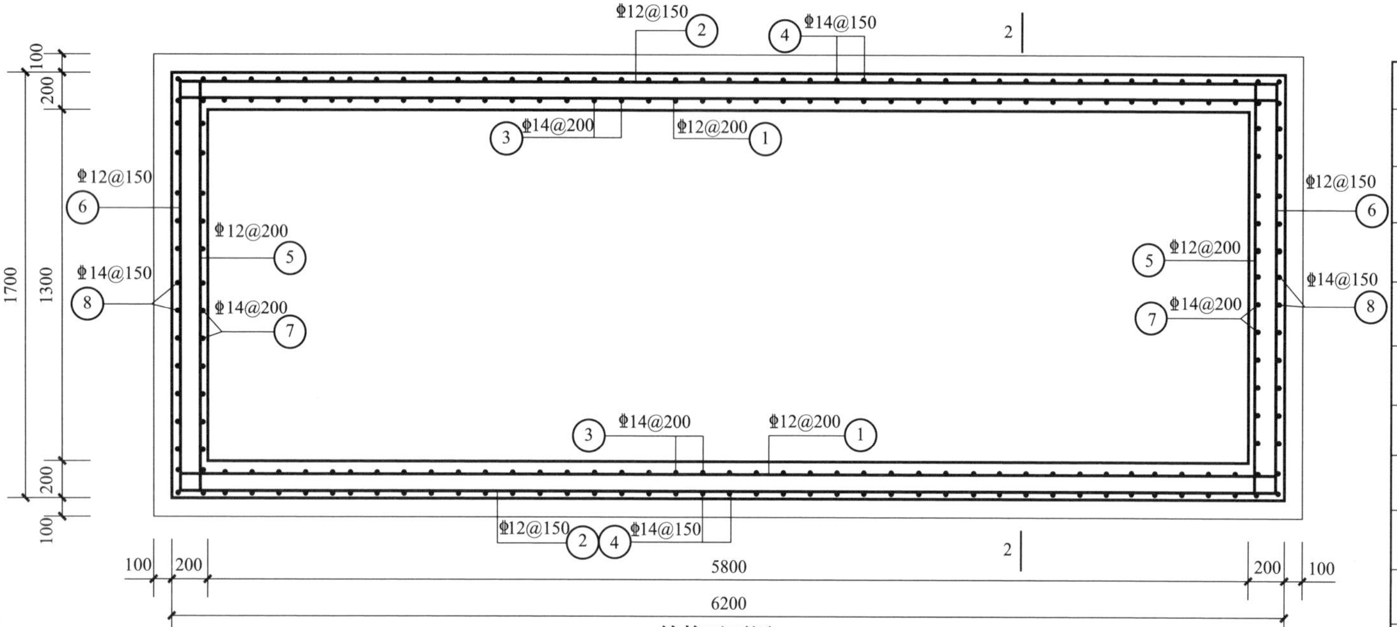

结构平面图

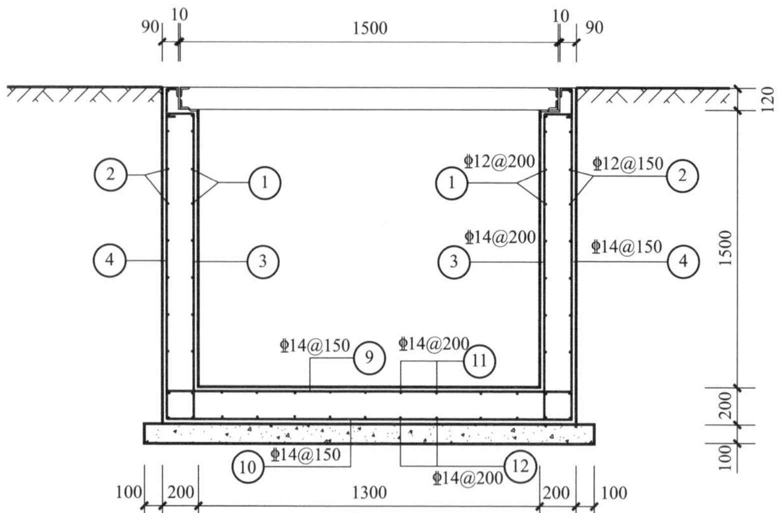

2-2

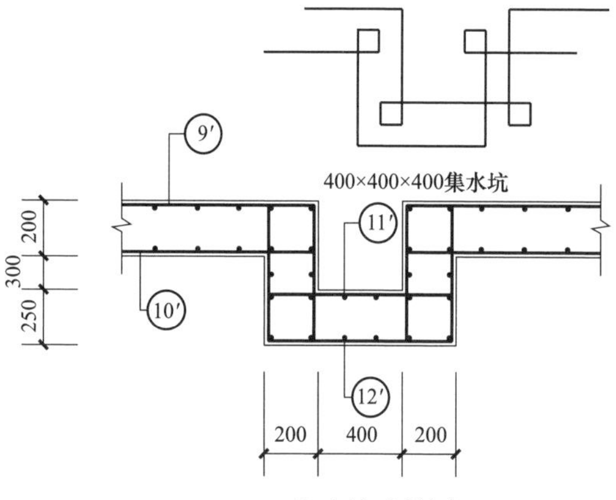

集水坑配筋图

6.0×1.3×1.5钢筋混凝土直线电缆井钢筋表

编号	简图	型号	长度(mm)
1	450 6150 450	Φ12@200	6950
2	450 6150 450	Φ12@150	6950
3	150 1650 500	Φ14@200	2300
4	40 1770 500	Φ14@150	2310
5	450 1650 450	Φ12@200	2550
6	450 1650 450	Φ12@150	2550
7	150 1650 500	Φ14@200	1950
8	40 1770 500	Φ14@150	2310
9	500 1650 500	Φ14@150	2650
9′	500 3850 500	Φ14@150	4850
10	500 1650 500	Φ14@150	2650
10′	500 3850 500	Φ14@150	4850
11	500 6150 500	Φ14@200	7150
11′	500 8350 500	Φ14@200	9350
12	500 6150 500	Φ14@200	7150
12′	500 8350 500	Φ14@200	9350
13	井壁、底板(含集水坑)混凝土量(不含井圈壁)	7.44m³	
14	垫层混凝土量	1.38m³	

说明：每米钢筋用量表中列出的材料为统计工程量时的参考值，准确材料量以施工时的实际用量为准。

图 12-24 6.0×1.3×1.5 钢筋混凝土直线电缆井（盖板开启式）（二）（B-1-24）

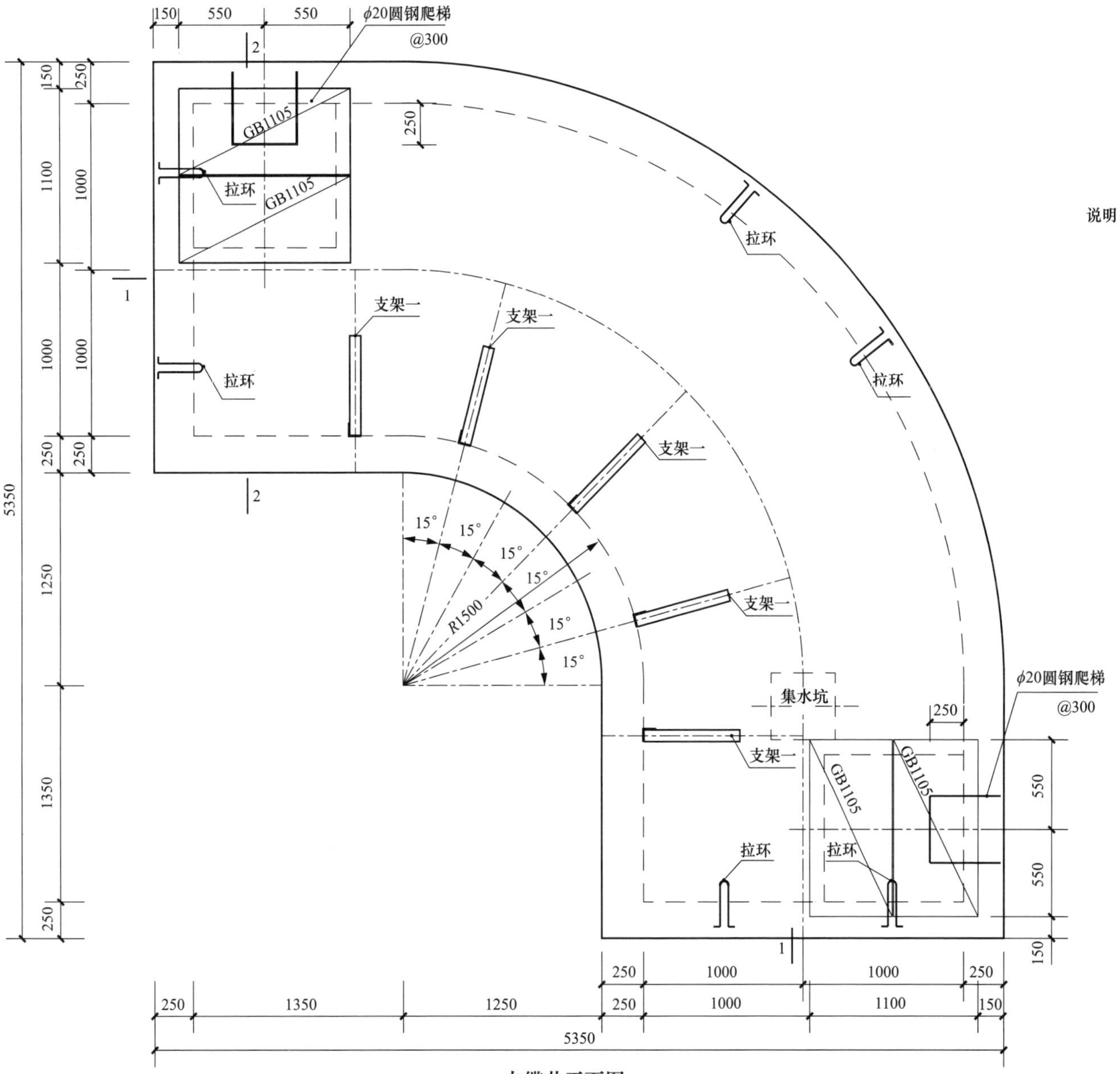

电缆井平面图

说明：1. 混凝土强度等级C30；素混凝土垫层C20；主体混凝土抗渗等级P6。

2. 钢筋Φ为HPB300，钢筋Φ为HRB400，型钢采用Q235B，电焊条用E43型，焊缝高度6mm。

3. 受力钢筋的保护层厚度不小于35mm，其余部分均为25mm，未标注的纵筋锚固长度为35d，详见图集《22G101-1》。

4. 电缆井预埋件，所有外露铁件均需镀锌处理，现场施焊后，对焊缝焊后均需刷两道防锈漆，两道银粉漆。

5. 电缆井采用清水模板施工，一次浇筑，不再二次抹面。

6. 预埋铁M1面与沟壁抹灰面平，电缆支架面应与沟壁贴紧。

7. 侧壁设梅花布置@=500的Φ8拉结筋,底板设马凳筋。

8. 地基处理：

(1) 地层为原状黄土层（无湿陷性）、砂砾（角砾）层、岩石层等承载力不小于100kPa时，电缆井垫层下无需再做地基处理。

(2) 地层为素填土、湿陷性黄土等承载力小于100kPa时，电缆井垫层下换填500mm厚3：7灰土，换填范围外扩垫层每边各300mm，压实系数不小于0.97。

(3) 如地基存在软弱下卧层、淤泥、盐渍土、冻土等不良地质现象，应根据具体工程地质条件，按相关规范要求进行处理。

9. 电缆井井壁应提前预埋电缆进出线套管，避免穿缆时后开洞，破坏主体结构及防水。埋管位置可根据现场实际情况进行预留和调整，电缆穿过埋管后采用沥青油麻丝灌缝等防水做法，具体做法详见《110kV及以下电缆敷设》（12D101-5）标准图集。

10. 电缆井底板按0.5%纵向找坡，坡向集水坑，少量集水可定期抽排。

11. 电缆支架采用角钢支架，角钢需采用热镀锌处理。

12. 电缆支架800~1000mm设置一处。

13. 人孔井位置可根据工程实际情况进行调整。

图 12-25 (6.0～10.0)×2.0×1.9 钢筋混凝土转角电缆井（一）(B-2-1)

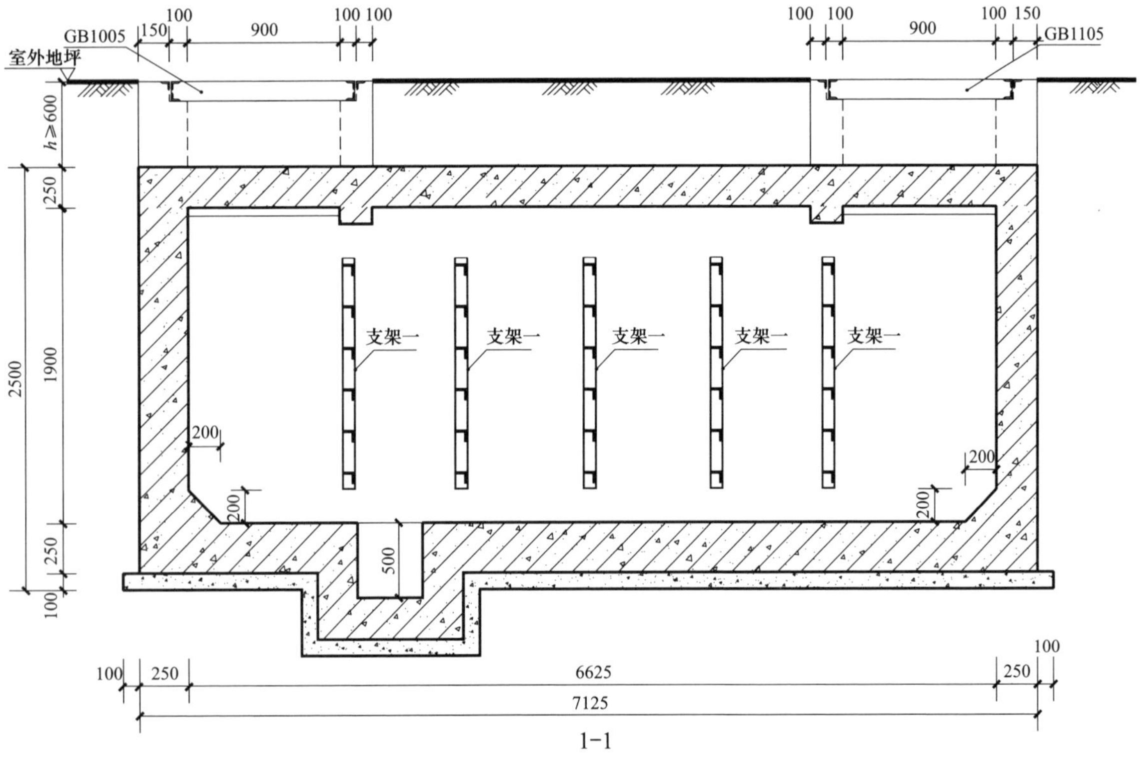

1-1

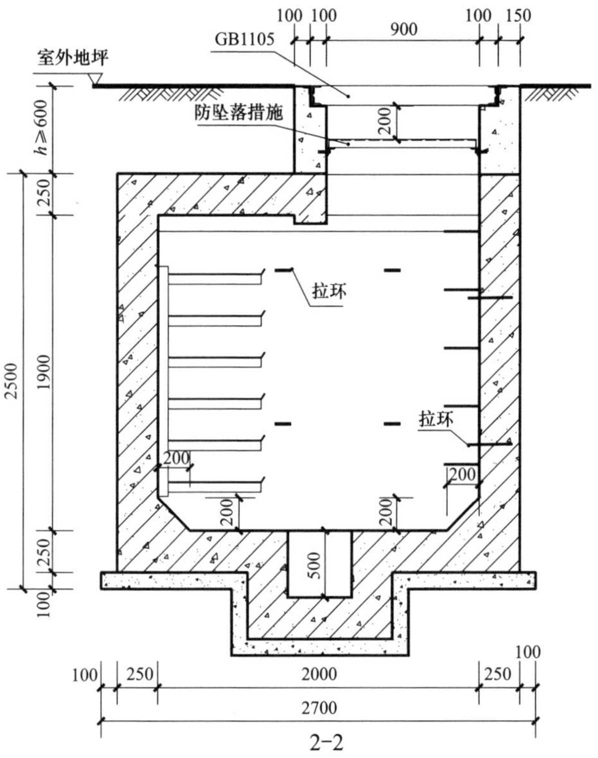

2-2

图 12-26 (6.0～10.0)×2.0×1.9 钢筋混凝土转角电缆井（二）(B-2-2)

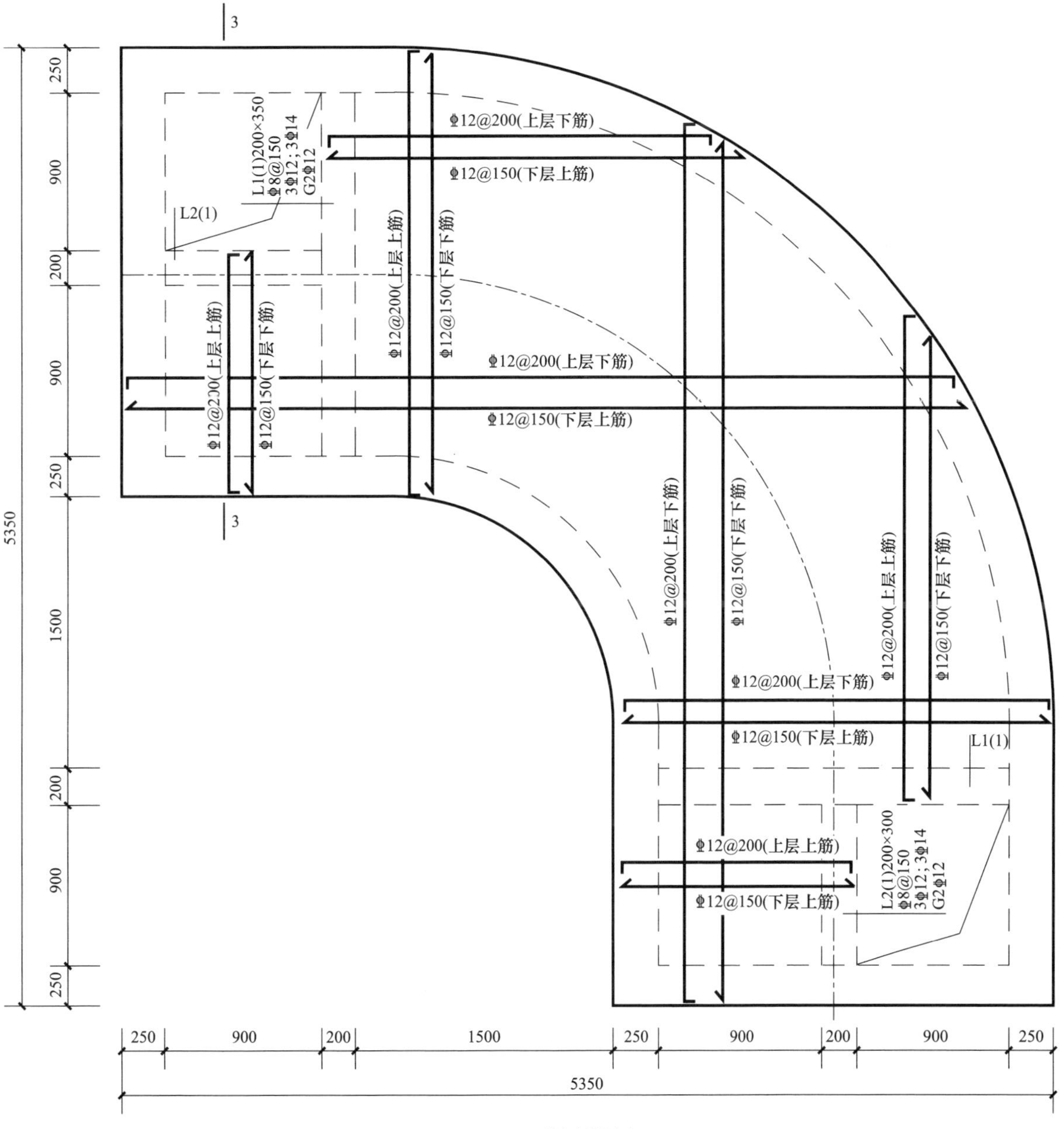

顶板配筋图

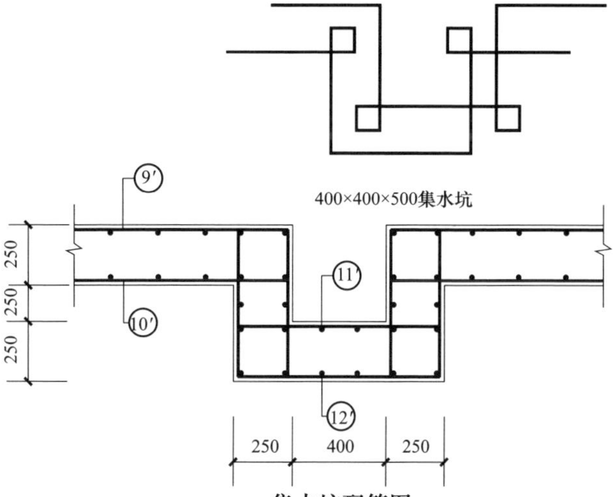

集水坑配筋图

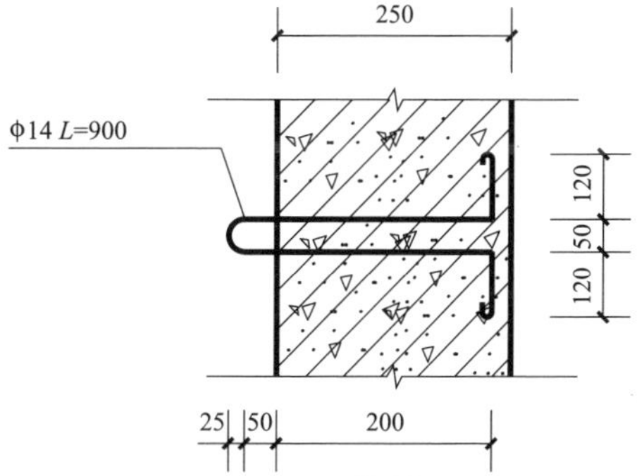

拉环

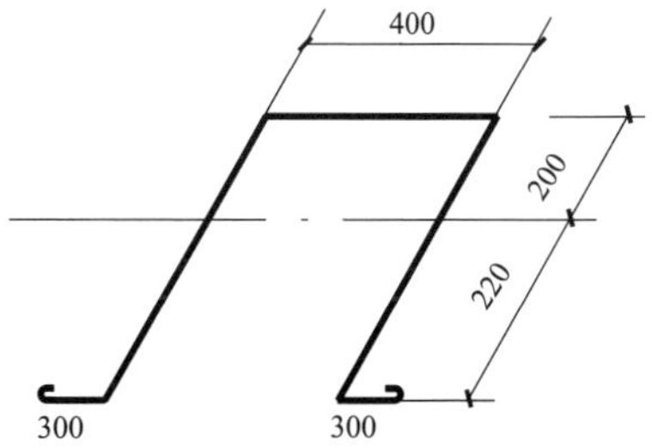

钢爬梯详图

图 12-27　(6.0～10.0)×2.0×1.9 钢筋混凝土转角电缆井（三）(B-2-3)

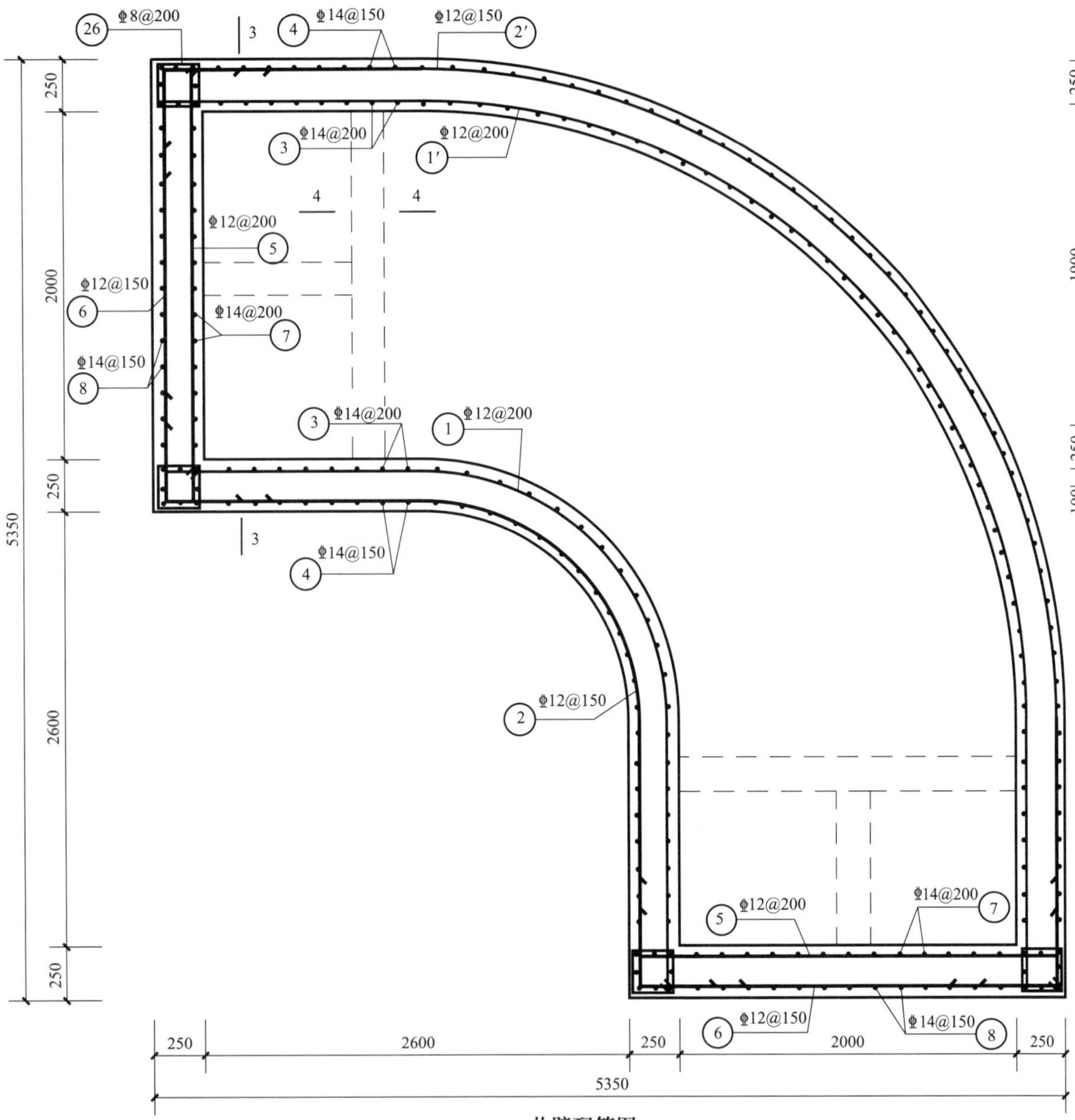

井壁配筋图

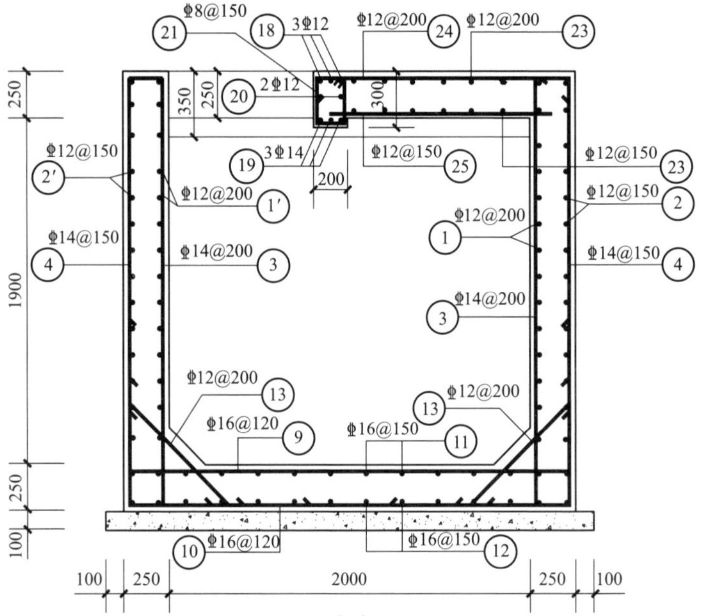

3-3

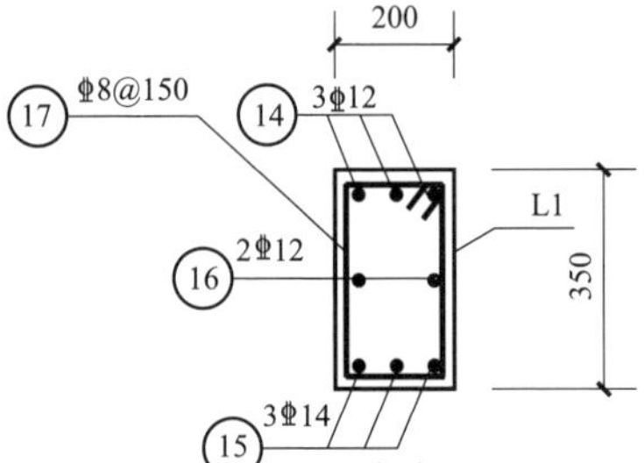

4-4

图 12-28 （6.0～10.0）×2.0×1.9 钢筋混凝土转角电缆井（四）（B-2-4）

(6.0~10.0)×2.0×1.9钢筋混凝土转角电缆井钢筋表

编号	简图	型号	长度(mm)
1	450 1575 R1475 2320 1575 450	Φ12@200	6370
1′	450 1575 R3525 5540 1575 450	Φ12@200	9590
2	450 1575 R1275 2000 1575 450	Φ12@150	6050
2′	450 1575 R3725 5850 1575 450	Φ12@150	9900
3	2350 200 500	Φ14@200	3050
4	2350 200 500	Φ14@150	3050
5	2450 450 450	Φ12@200	3350
6	2450 450 450	Φ12@150	3350
7	2350 200 500	Φ14@200	3050
8	2350 200 500	Φ14@150	3050
9	2450 600 600	Φ16@120	3650
9′	5050 600 600	Φ16@120	6250
10	2450 600 600	Φ16@120	3650
10′	5050 600 600	Φ16@120	6250
11	600 1575 R1275~3725 2000~5850 1575 600	Φ16@150	6350~10200
11'	9365~9990 600 600	Φ16@150	10565~11190
12	600 1575 R1275~3725 2000~5850 1575 600	Φ16@150	6350~10200
12′	9365~9990 600 600	Φ16@150	10565~11190
13	450 870 450	Φ12@200	1770
14	2450 200 200	Φ12	2850
15	2450	Φ14	2450
16	2450	Φ12	2450
17	150 300 150 300	Φ8@150	900
18	1300 200 200	Φ12	1700
19	1300	Φ14	1300
20	1300	Φ12	1300
21	150 300 150 300	Φ8@150	900
22	1300~5080 200 200	Φ12@200	1700~5480
23	1125~4880	Φ12@150	1125~4880
24	1300~5080 200 200	Φ14@200	1700~5480
25	1125~4880	Φ12@150	1125~4880
26	200 200 200 200	Φ8@200	800
27	井壁、底板(含集水坑)混凝土量(不含井圈壁)	20.37m^3	
28	垫层混凝土量	2.06m^3	

说明：每米钢筋用量表中列出的材料为统计工程量时的参考值，准确材料量以施工时的实际用量为准。

图 12-29 (6.0～10.0)×2.0×1.9 钢筋混凝土转角电缆井（五）(B-2-5)

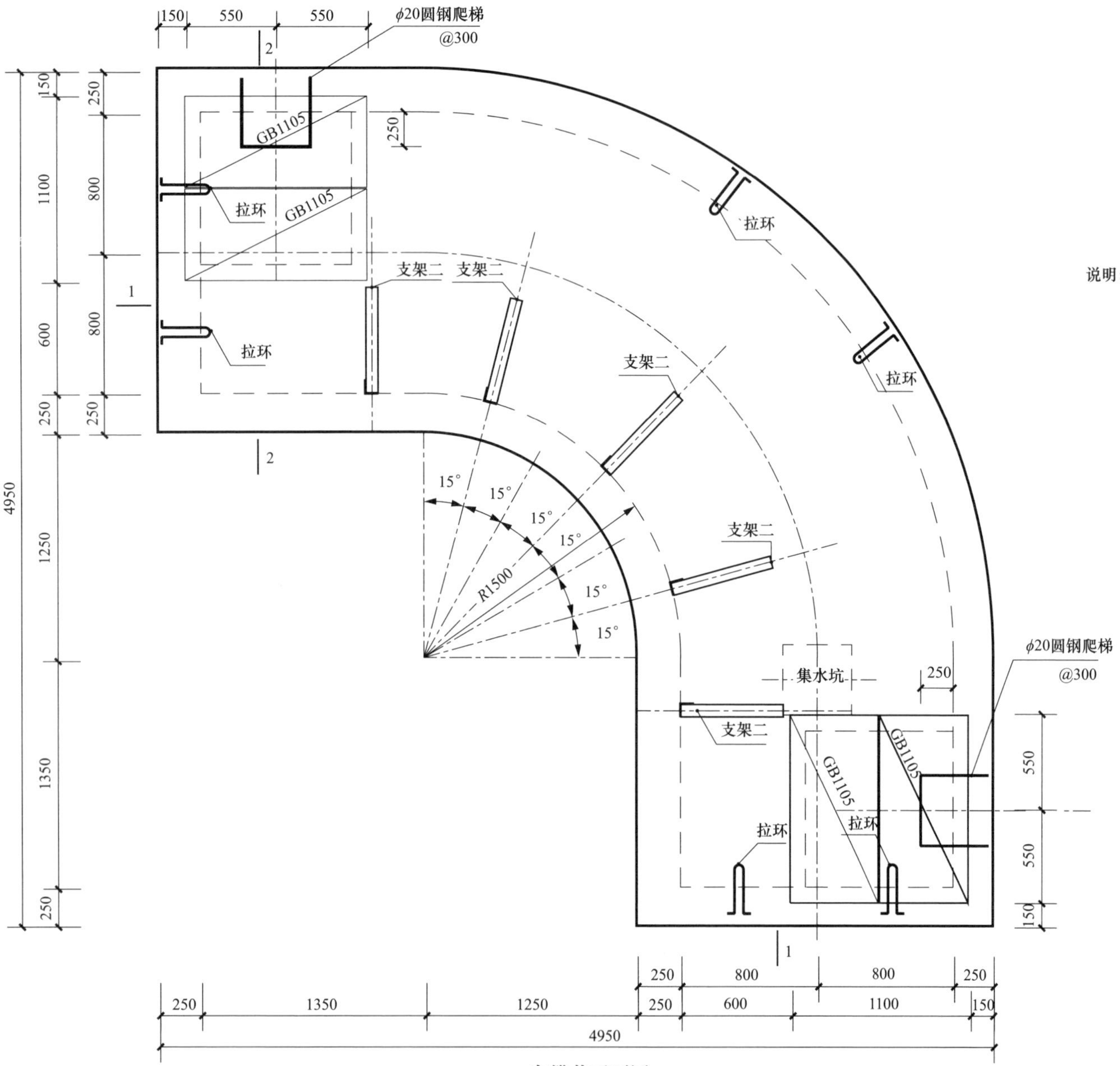

电缆井平面图

说明：1. 混凝土强度等级C30；素混凝土垫层C20；主体混凝土抗渗等级P6。

2. 钢筋φ为HPB300，钢筋ф为HRB400，型钢采用Q235B，电焊条用E43型，焊缝高度6mm。

3. 受力钢筋的保护层厚度不小于35mm，其余部分均为25mm，未标注的纵筋锚固长度为35*d*，详见图集《22G101-1》。

4. 电缆井预埋件，所有外露铁件均需镀锌处理，现场施焊后，对焊缝焊后均需刷两道防锈漆，两道银粉漆。

5. 电缆井采用清水模板施工，一次浇筑，不再二次抹面。

6. 预埋铁M1面与沟壁抹灰面平，电缆支架面应与沟壁贴紧。

7. 侧壁设梅花布置@=500的φ8拉结筋,底板设马凳筋。

8. 地基处理：

(1) 地层为原状黄土层（无湿陷性）、砂砾（角砾）层、岩石层等承载力不小于100kPa时，电缆井垫层下无需再做地基处理。

(2) 地层为素填土、湿陷性黄土等承载力小于100kPa时，电缆井垫层下换填500mm厚3：7灰土，换填范围外扩垫层每边各300mm，压实系数不小于0.97。

(3) 如地基存在软弱下卧层、淤泥、盐渍土、冻土等不良地质现象，应根据具体工程地质条件，按相关规范要求进行处理。

9. 电缆井井壁应提前预埋电缆进出线套管，避免穿缆时后开洞，破坏主体结构及防水。埋管位置可根据现场实际情况进行预留和调整，电缆穿过埋管后采用沥青油麻丝灌缝等防水做法，具体做法详见《110kV及以下电缆敷设》（12D101-5）标准图集。

10. 电缆井底板按0.5%纵向找坡，坡向集水坑，少量集水可定期抽排。

11. 电缆支架采用角钢支架，角钢需采用热镀锌处理。

12. 电缆支架800~1000mm设置一处。

13. 人孔井位置可根据工程实际情况进行调整。

图 12-30 (6.0～10.0)×1.6×1.9 钢筋混凝土转角电缆井（一）(B-2-6)

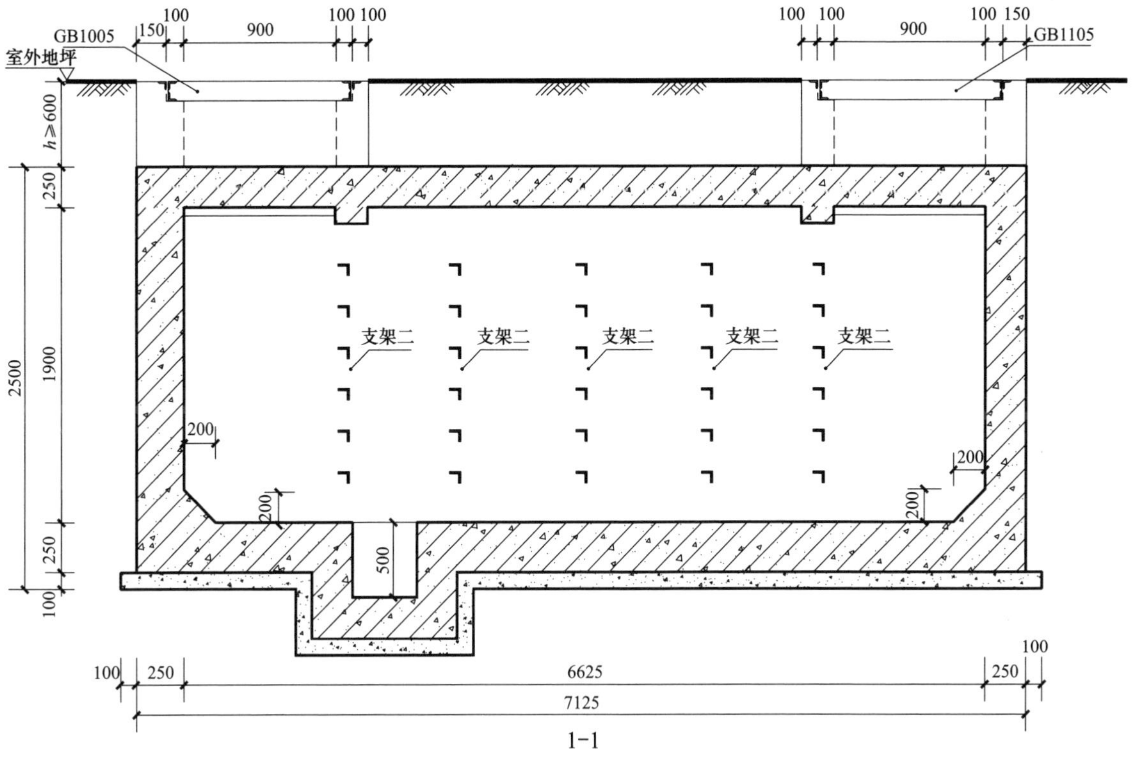

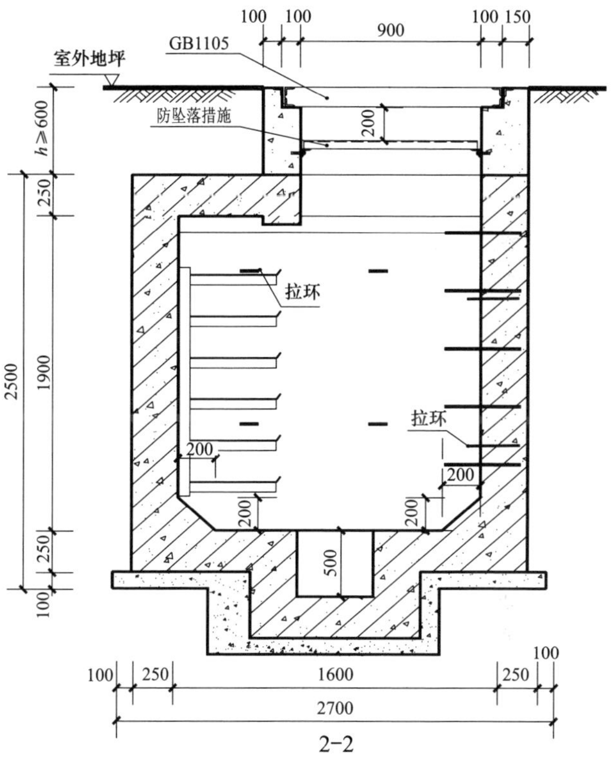

图 12-31 (6.0～10.0)×1.6×1.9 钢筋混凝土转角电缆井（二）（B-2-7）

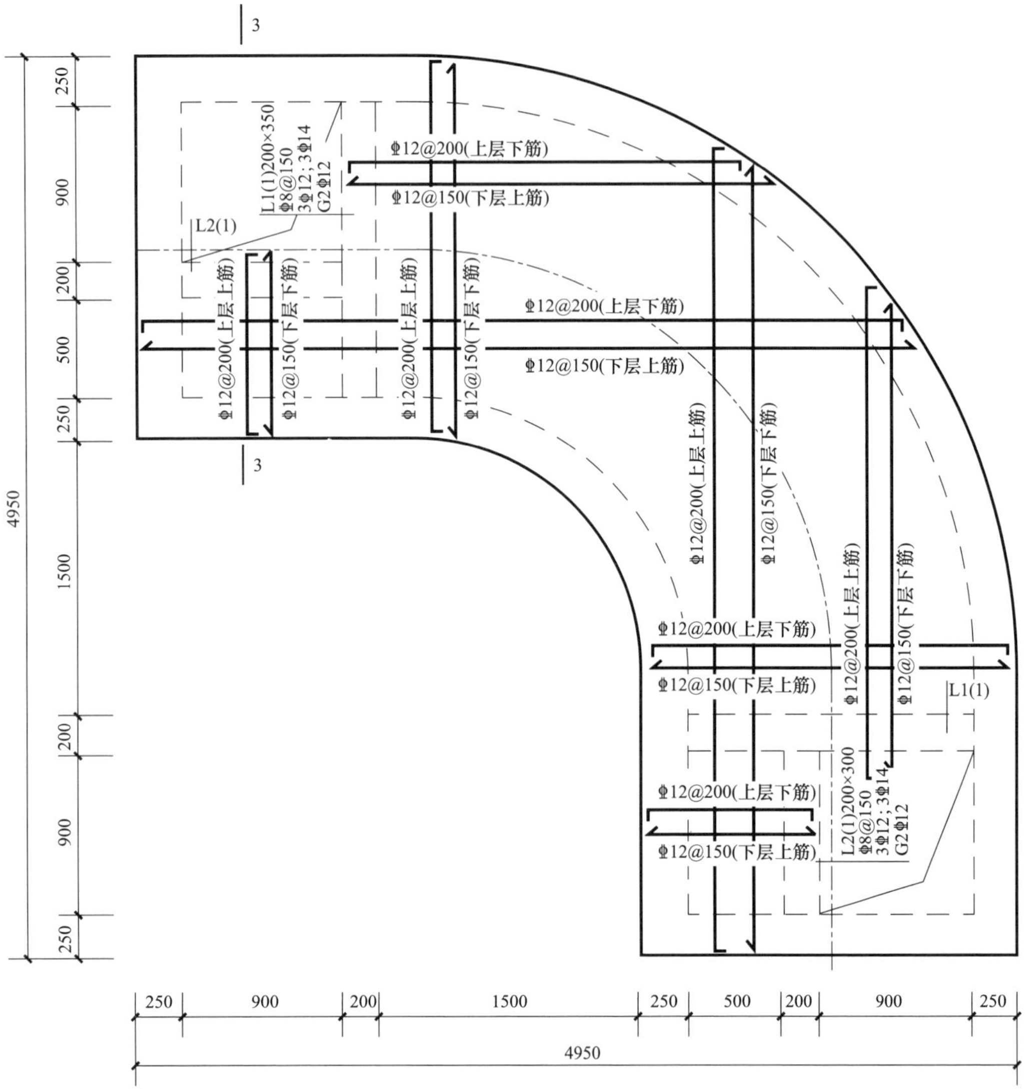

结构平面图

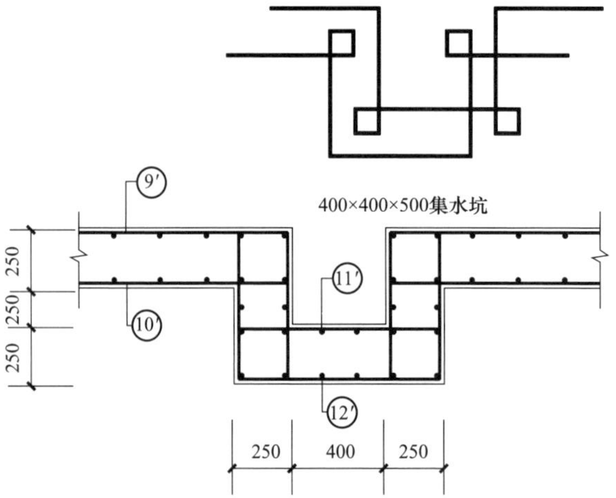

集水坑配筋图

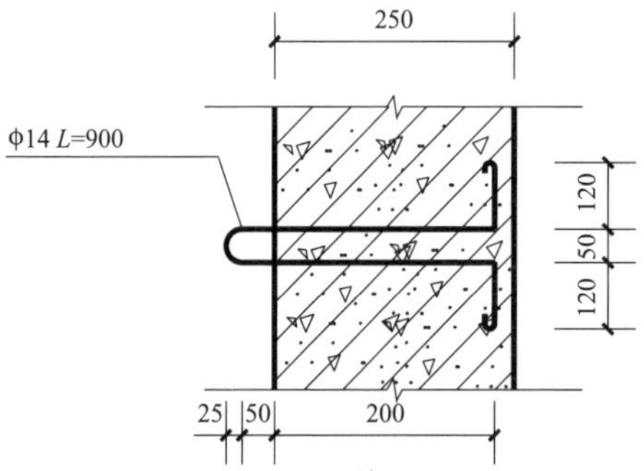

拉环

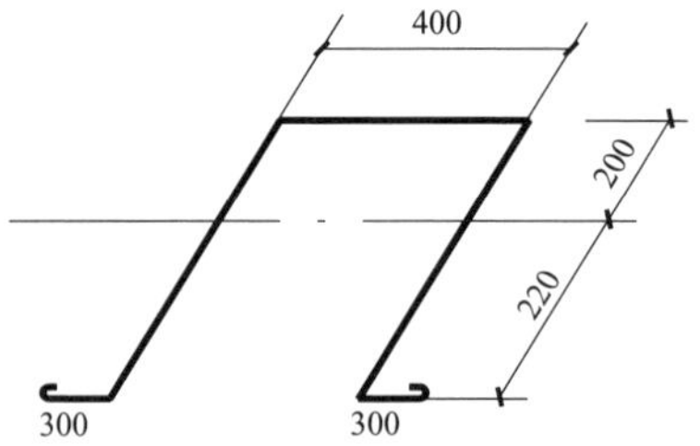

钢爬梯详图

图 12-32 (6.0～10.0)×1.6×1.9 钢筋混凝土转角电缆井（三）（B-2-8）

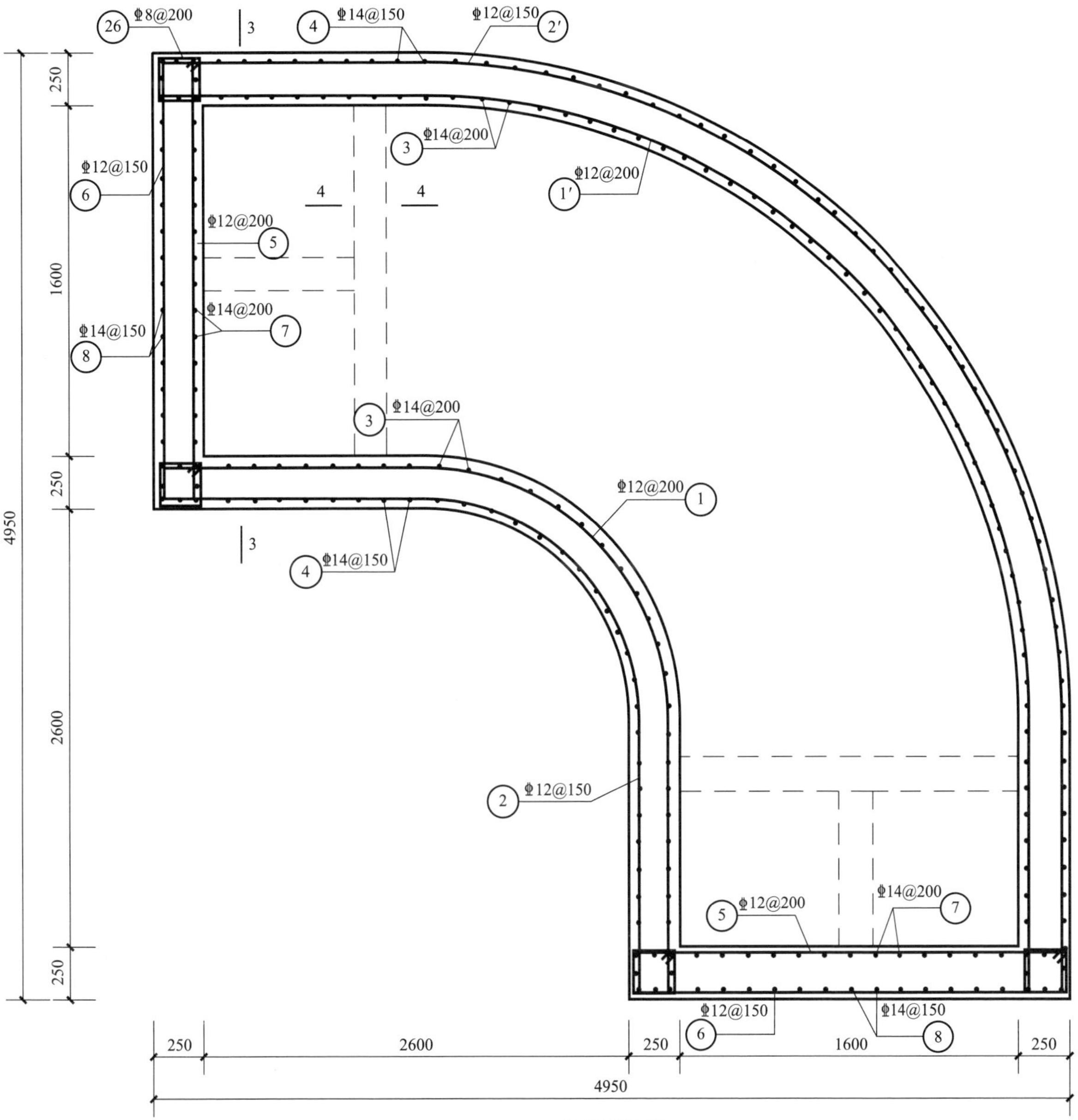

井壁配筋图

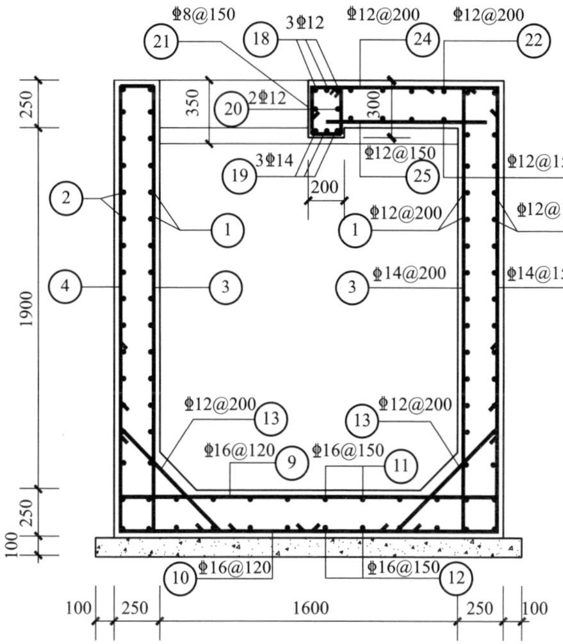

3-3

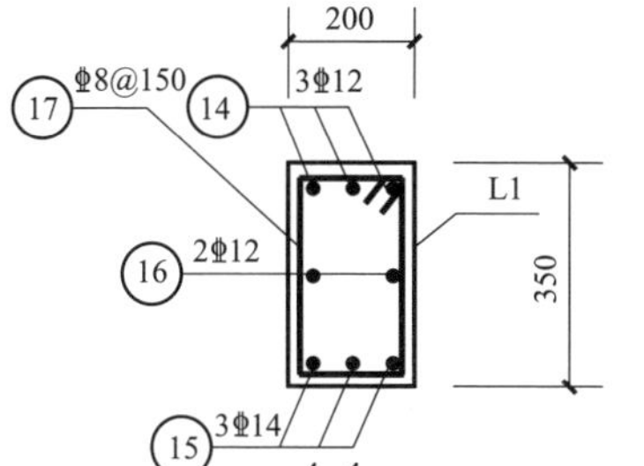

4-4

图 12-33 (6.0～10.0)×1.6×1.9 钢筋混凝土转角电缆井（四）（B-2-9）

(6.0~10.0)×1.6×1.9钢筋混凝土转角电缆井钢筋表

编号	简图	型号	长度(mm)
1	450, 1575, R1475, 2320, 1575, 450	Φ12@200	6370
1′	450, 1575, R3125, 4910, 1575, 450	Φ12@200	8960
2	450, 1575, R1275, 2000, 1575, 450	Φ12@150	6050
2′	450, 1575, R3325, 5220, 1575, 450	Φ12@150	9270
3	2350, 200, 500	Φ14@200	3050
4	2350, 200, 500	Φ14@150	3050
5	2050, 450, 450	Φ12@200	2950
6	2050, 450, 450	Φ12@150	2950
7	2350, 200, 500	Φ14@200	3050
8	2350, 200, 500	Φ14@150	3050
9	2050, 600, 600	Φ16@120	3250
9′	4650, 600, 600	Φ16@120	5850
10	2050, 600, 600	Φ16@120	3250
10′	5050, 600, 600	Φ16@120	6250
11	600, 1575, R1275~3325, 2000~5250, 1575, 600	Φ16@150	6350~9600
11′	9050~9680, 600, 600	Φ16@150	10250~10880
12	600, 1575, R1275~3325, 2000~5250, 1575, 600	Φ16@150	6350~9600
12′	9050~9680, 600, 600	Φ16@150	10250~10880
13	870, 450, 450	Φ12@200	1770
14	2050, 200, 200	Φ12	2450
15	2050	Φ14	2450
16	2050	Φ12	2450
17	150, 300, 150, 300	Φ8@150	900
18	1300, 200, 200	Φ12	1700
19	1300	Φ14	1300
20	1300	Φ12	1300
21	150, 250, 150, 250	Φ8@150	800
22	1300~4650, 200, 200	Φ12@200	1700~5050
23	1125~4450	Φ12@150	1125~4450
24	1300~4650, 200, 200	Φ14@200	1700~5050
25	1125~4450	Φ12@150	1125~4450
26	200, 200, 200, 200	Φ8@200	800
27	井壁、底板(含集水坑)混凝土量(不含井圈壁)	$17.77m^3$	
28	垫层混凝土量	$1.69m^3$	

说明：每米钢筋用量表中列出的材料为统计工程量时的参考值，准确材料量以施工时的实际用量为准。

图 12-34　(6.0～10.0)×1.6×1.9 钢筋混凝土转角电缆井（五）(B-2-10)

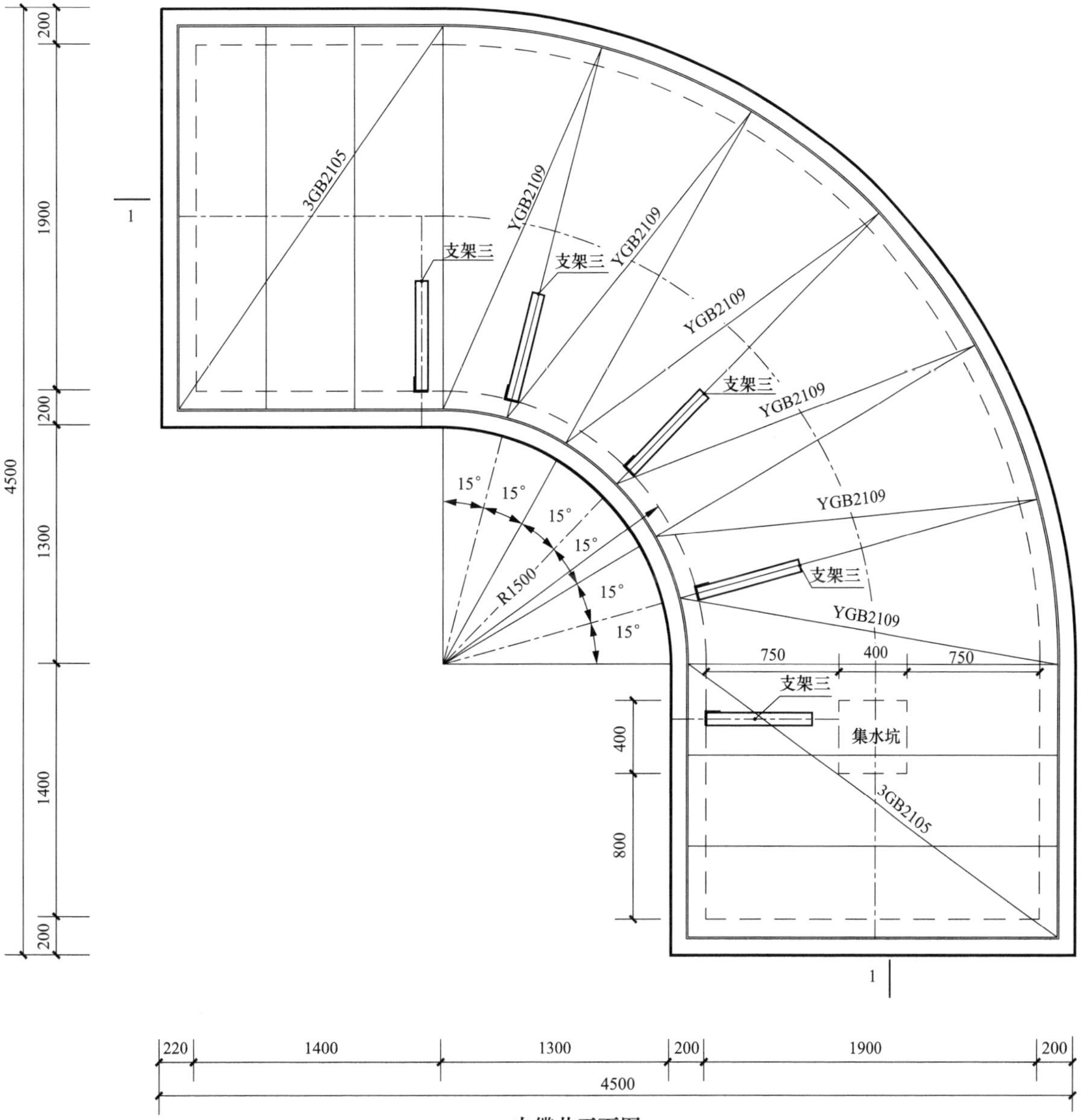

电缆井平面图

说明：1. 混凝土强度等级C30；素混凝土垫层C20；主体混凝土抗渗等级P6。

2. 钢筋ϕ为HPB300，钢筋ɸ为HRB400，型钢采用Q235B，电焊条用E43型，焊缝高度6mm。

3. 受力钢筋的保护层厚度不小于35mm，其余部分均为25mm，未标注的纵筋锚固长度为35*d*，详见图集《22G101-1》。

4. 电缆井预埋件，所有外露铁件均需镀锌处理，现场施焊后，对焊缝焊后均需刷两道防锈漆，两道银粉漆。

5. 电缆井采用清水模板施工，一次浇筑，不再二次抹面。

6. 预埋铁M1面与沟壁抹灰面平，电缆支架面应与沟壁贴紧。

7. 侧壁设梅花布置@=500的ϕ8拉结筋，底板设马凳筋。

8. 地基处理：

(1) 地层为原状黄土层（无湿陷性）、砂砾（角砾）层、岩石层等承载力不小于100kPa时，电缆井垫层下无需再做地基处理。

(2) 地层为素填土、湿陷性黄土等承载力小于100kPa时，电缆井垫层下换填500mm厚3：7灰土，换填范围外扩垫层每边各300mm，压实系数不小于0.97。

(3) 如地基存在软弱下卧层、淤泥、盐渍土、冻土等不良地质现象，应根据具体工程地质条件，按相关规范要求进行处理。

9. 电缆井井壁应提前预埋电缆进出线套管，避免穿缆时后开洞，破坏主体结构及防水。埋管位置可根据现场实际情况进行预留和调整，电缆穿过埋管后采用沥青油麻丝灌缝等防水做法，具体做法详见《110kV及以下电缆敷设》（12D101-5）标准图集。

10. 电缆井底板按0.5%纵向找坡，坡向集水坑，少量集水可定期抽排。

11. 电缆支架采用角钢支架，角钢需采用热镀锌处理。

12. 电缆支架800~1000mm设置一处。

图 12-35 (6.0～10.0)×1.9×1.5 钢筋混凝土转角电缆井（盖板开启式）（一）（B-2-11）

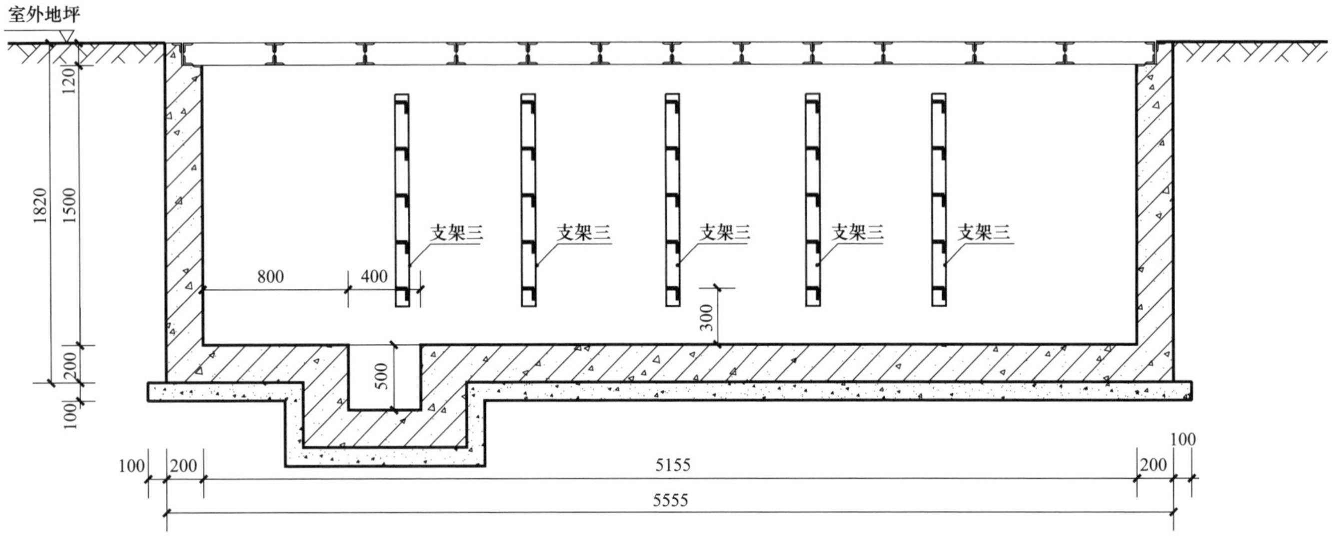

1-1

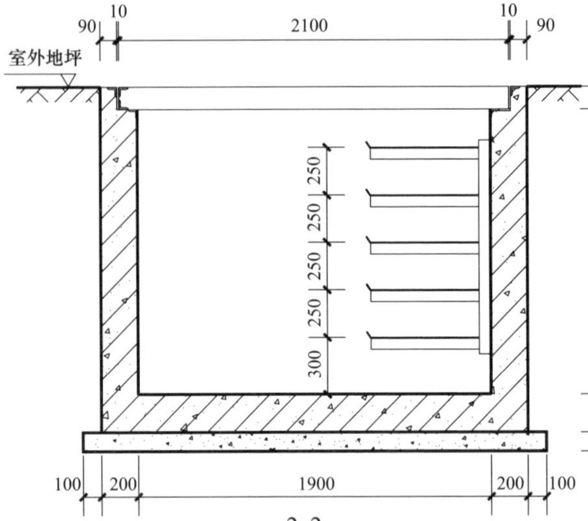

2-2

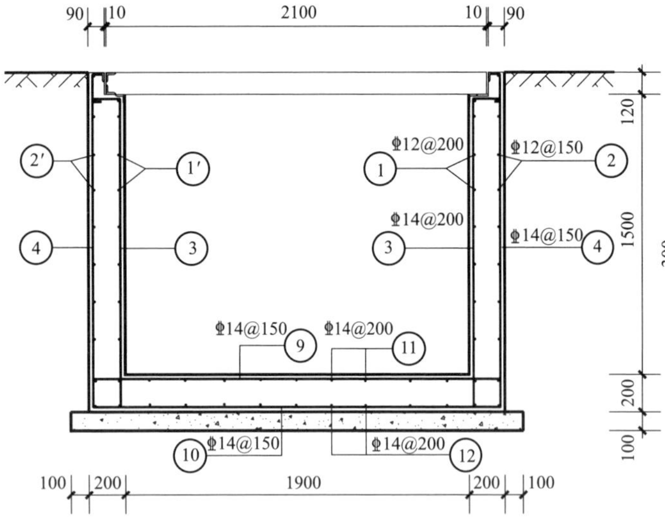

3-3

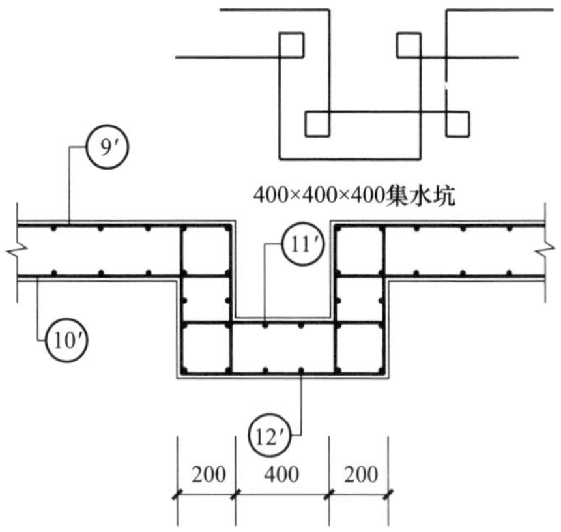

集水坑配筋图

图 12-36 (6.0～10.0)×1.9×1.5 钢筋混凝土转角电缆井（盖板开启式）（二）（B-2-12）

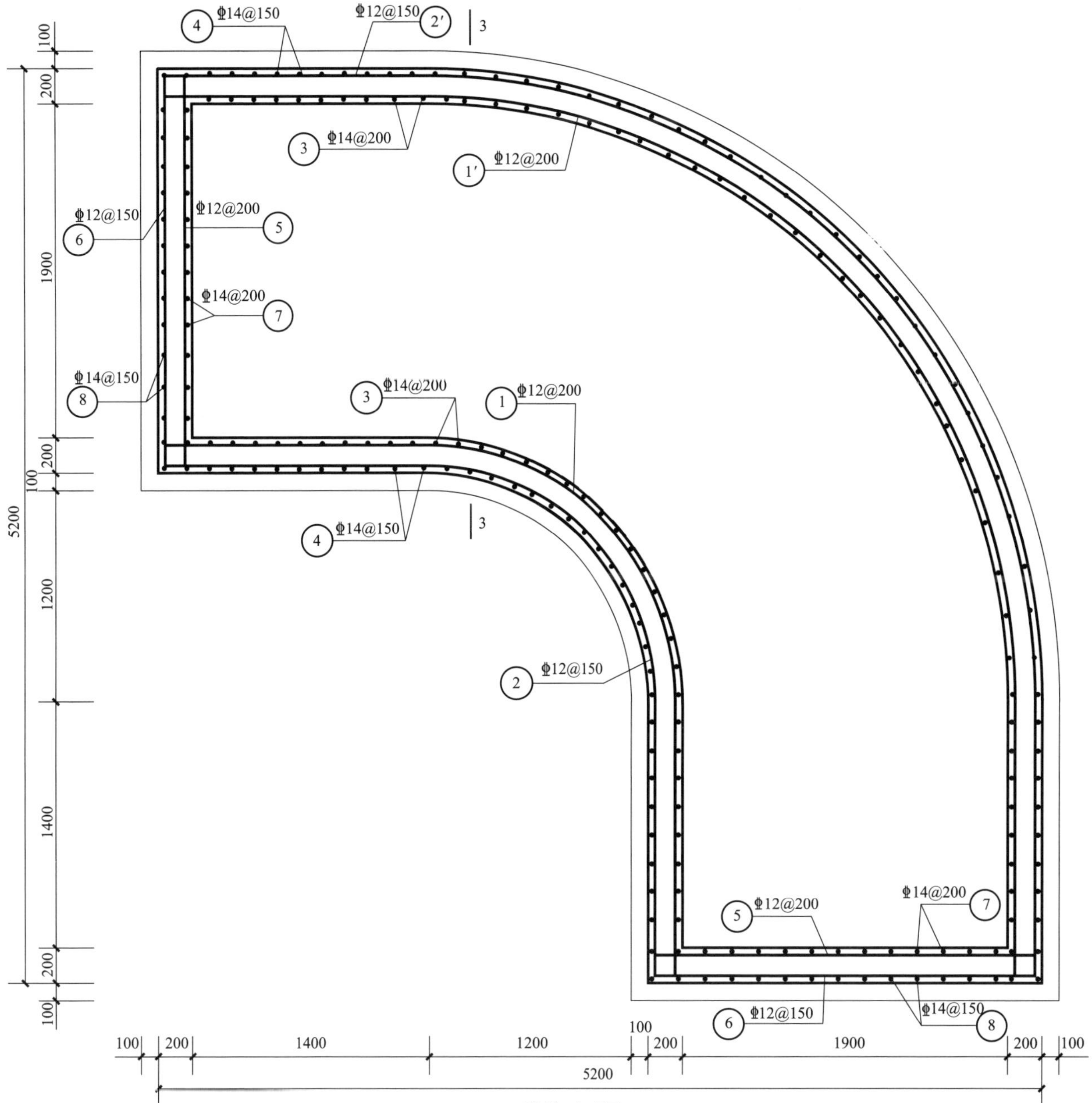

结构平面图

图 12-37 (6.0～10.0)×1.9×1.5 钢筋混凝土转角电缆井（盖板开启式）(三)(B-2-13)

(6.0~10.0)×1.9×1.5钢筋混凝土转角电缆井钢筋表(盖板开启式)

编号	简图	型号	长度(mm)
1	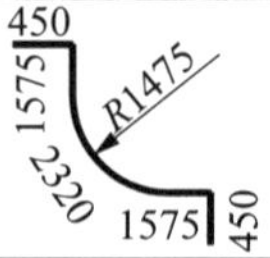	Φ12@200	6370
1′	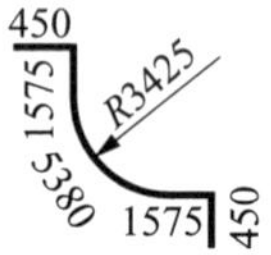	Φ12@200	9430
2	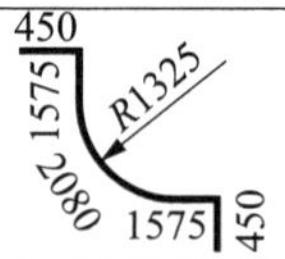	Φ12@150	4555
2′	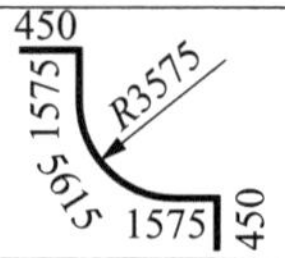	Φ12@150	9665
3	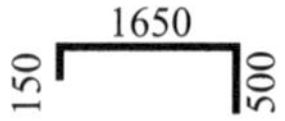	Φ14@200	2300
4		Φ14@150	2310
5	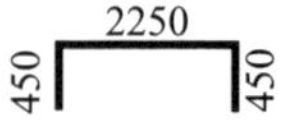	Φ12@200	3150
6	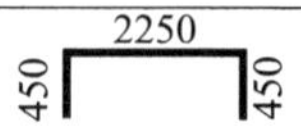	Φ12@150	3150
7		Φ14@200	2300
8		Φ14@150	2310
9	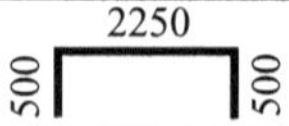	Φ14@150	3250
9′	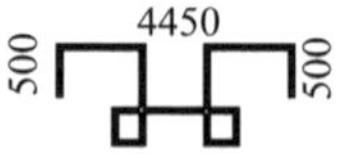	Φ14@150	5450
10	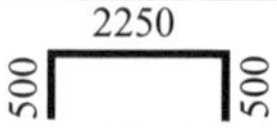	Φ14@150	3250
10′	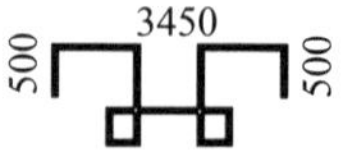	Φ14@150	4450
11	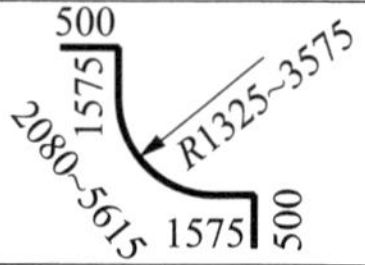	Φ14@200	4555~9665
11′	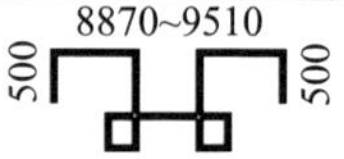	Φ14@200	9870~10510
12	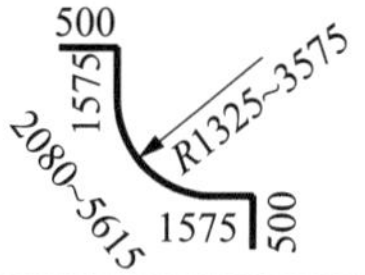	Φ14@200	4555~9665
12′	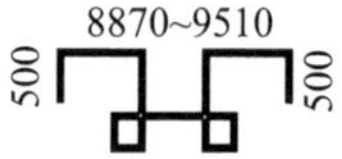	Φ14@200	9870~10510
13	井壁、底板(含集水坑) 混凝土量(不含井圈壁)	9.12m³	
14	垫层混凝土量	1.82m³	

说明：每米钢筋用量表中列出的材料为统计工程量时的参考值，准确材料量以施工时的实际用量为准。

图 12-38 (6.0～10.0)×1.9×1.5 钢筋混凝土转角电缆井（盖板开启式）（四）（B-2-14）

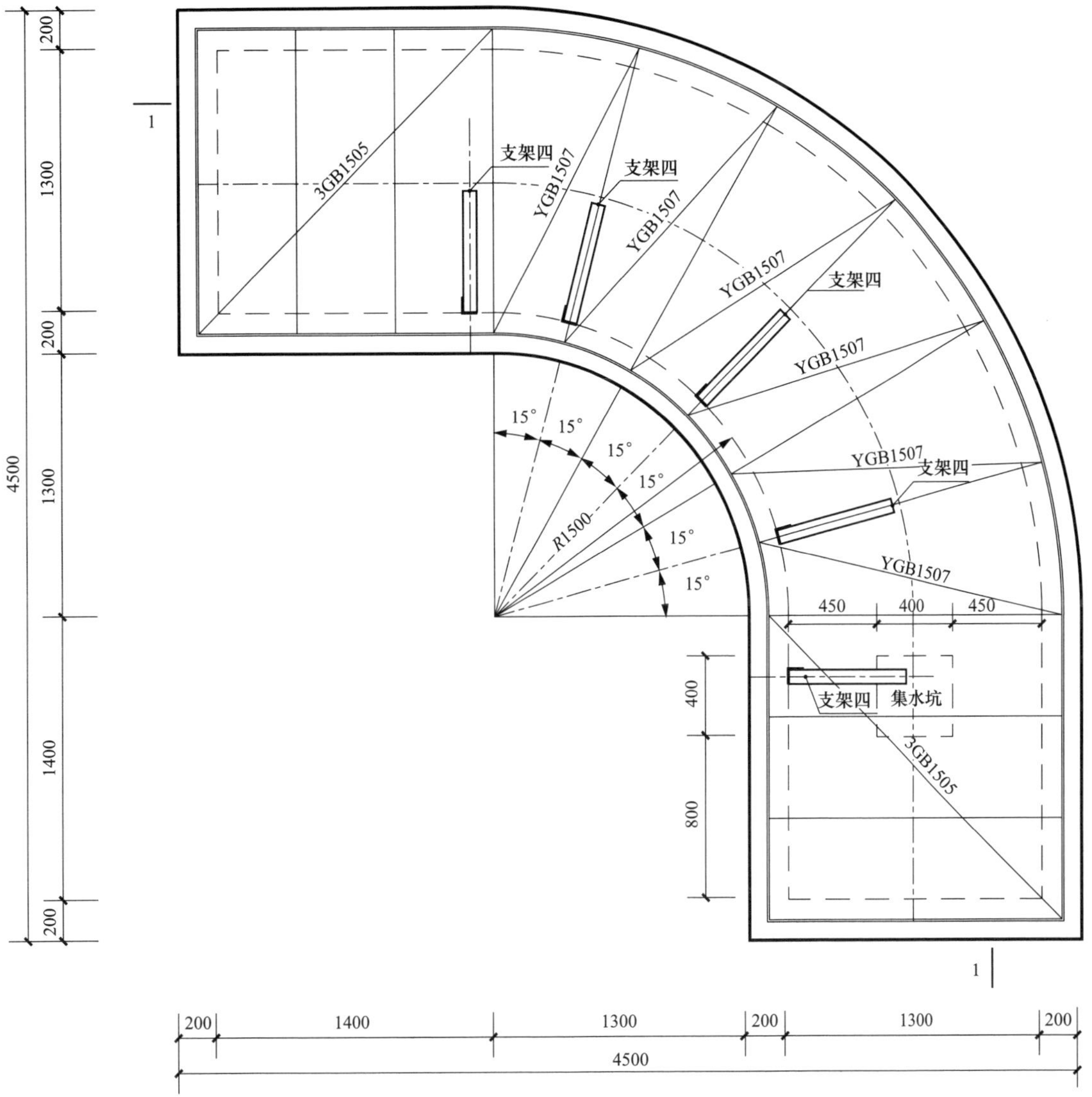

说明：1. 混凝土强度等级C30；素混凝土垫层C20；主体混凝土抗渗等级P6。

2. 钢筋Φ为HPB300，钢筋⊕为HRB400，型钢采用Q235B，电焊条用E43型，焊缝高度6mm。

3. 受力钢筋的保护层厚度不小于35mm，其余部分均为25mm，未标注的纵筋锚固长度为35*d*，详见图集《22G101-1》。

4. 电缆井预埋件，所有外露铁件均需镀锌处理，现场施焊后，对焊缝焊后均需刷两道防锈漆，两道银粉漆。

5. 电缆井采用清水模板施工，一次浇筑，不再二次抹面。

6. 预埋铁M1面与沟壁抹灰面平，电缆支架面应与沟壁贴紧。

7. 侧壁设梅花布置@=500的Φ8拉结筋，底板设马凳筋。

8. 地基处理：

(1) 地层为原状黄土层（无湿陷性）、砂砾（角砾）层、岩石层等承载力不小于100kPa时，电缆井垫层下无需再做地基处理。

(2) 地层为素填土、湿陷性黄土等承载力小于100kPa时，电缆井垫层下换填500mm厚3：7灰土，换填范围外扩垫层每边各300mm，压实系数不小于0.97。

(3) 如地基存在软弱下卧层、淤泥、盐渍土、冻土等不良地质现象，应根据具体工程地质条件，按相关规范要求进行处理。

9. 电缆井井壁应提前预埋电缆进出线套管，避免穿缆时后开洞，破坏主体结构及防水。埋管位置可根据现场实际情况进行预留和调整，电缆穿过埋管后采用沥青油麻丝灌缝等防水做法，具体做法详见《110kV及以下电缆敷设》（12D101-5）标准图集。

10. 电缆井底板按0.5%纵向找坡，坡向集水坑，少量集水可定期抽排。

11. 电缆支架采用角钢支架，角钢需采用热镀锌处理。

12. 电缆支架800~1000mm设置一处。

电缆井平面图

图 12-39 (6.0～10.0)×1.3×1.5 钢筋混凝土转角电缆井（盖板开启式）(一)(B-2-15)

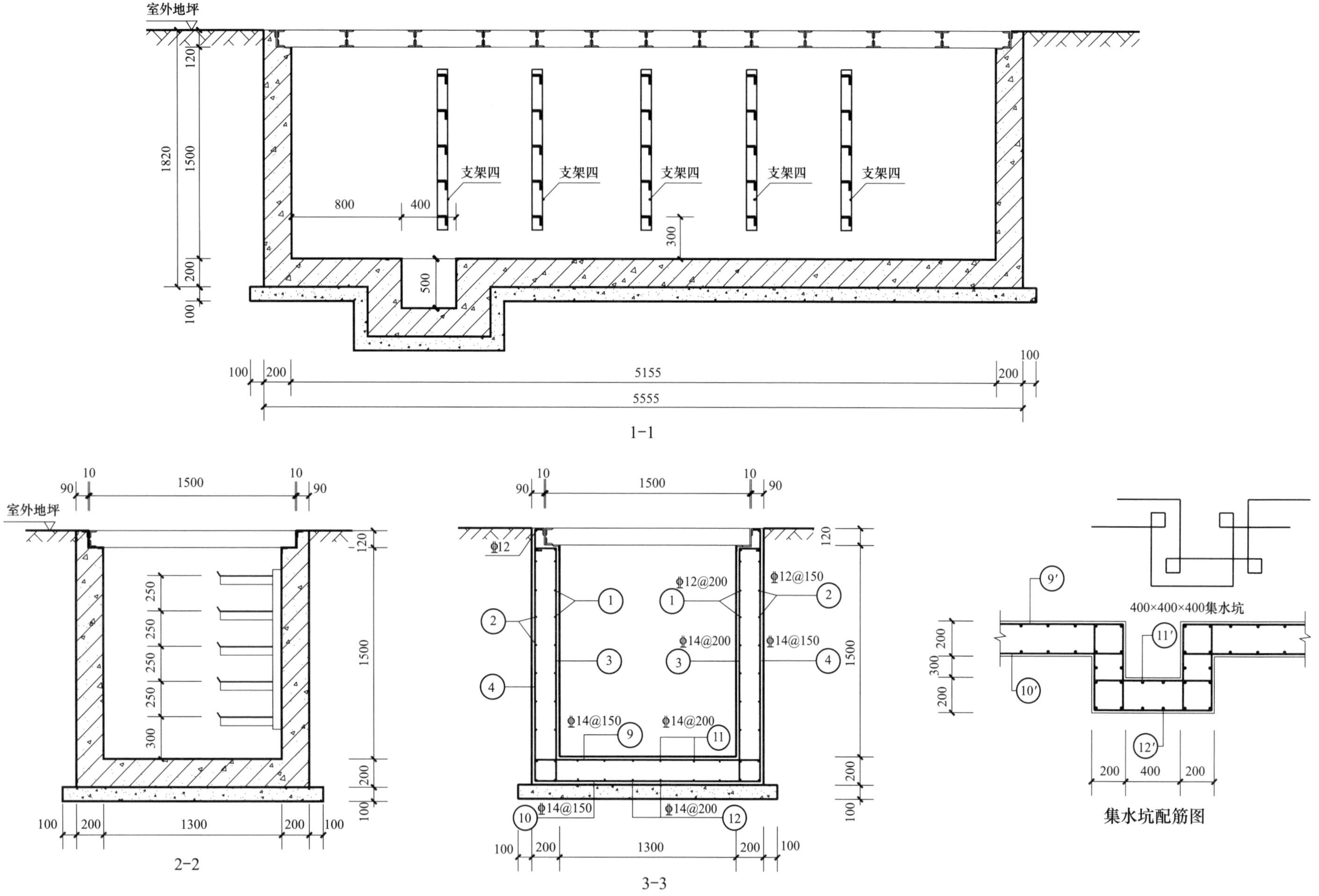

图 12-40 (6.0～10.0)×1.3×1.5 钢筋混凝土转角电缆井（盖板开启式）（二）（B-2-16）

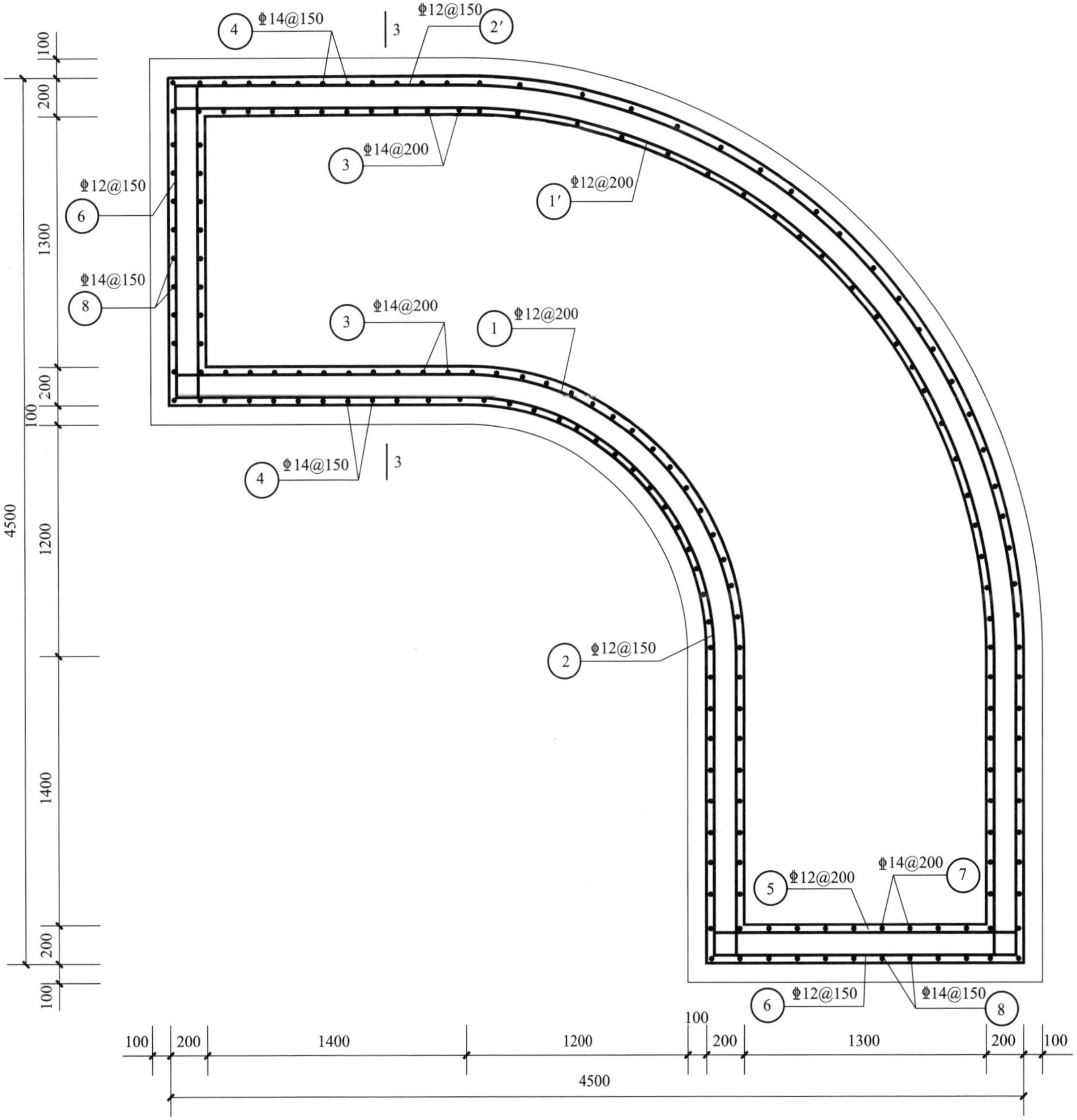

结构平面图

图 12-41 (6.0～10.0)×1.3×1.5 钢筋混凝土转角电缆井（盖板开启式）(三)(B-2-17)

(6.0~10.0)×1.3×1.5钢筋混凝土转角电缆井钢筋表(盖板开启式)

编号	简图	型号	长度(mm)
1	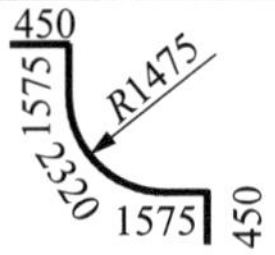	Φ12@200	6370
1′		Φ12@200	8485
2	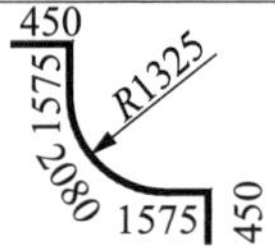	Φ12@150	4555
2′	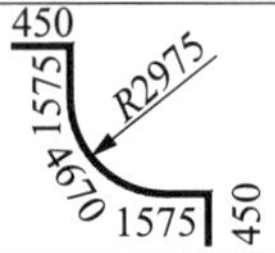	Φ12@150	8720
3	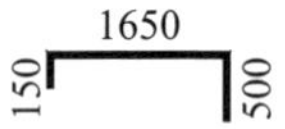	Φ14@200	2300
4	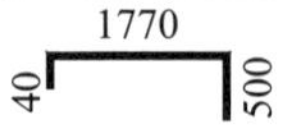	Φ14@150	2310
5	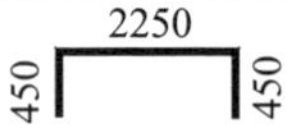	Φ12@200	3150
6	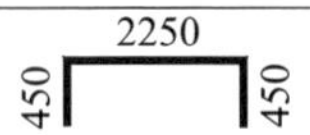	Φ12@150	3150
7		Φ14@200	2300
8	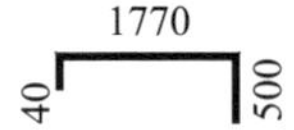	Φ14@150	2310
9		Φ14@150	2650
9′	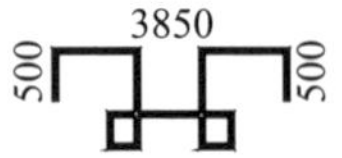	Φ14@150	4850
10	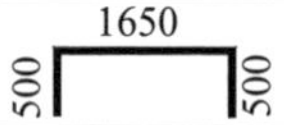	Φ14@150	2650
10′	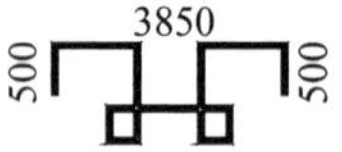	Φ14@150	4850
11	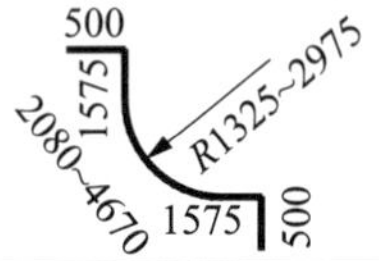	Φ14@200	4555~8820
11′	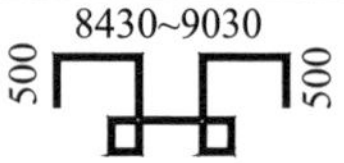	Φ14@200	9430~10030
12	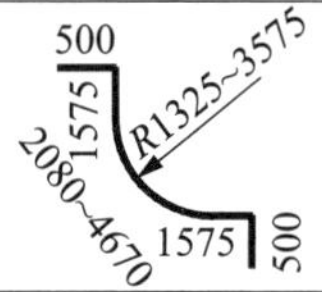	Φ14@200	4555~8820
12′	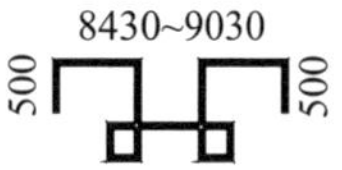	Φ14@200	9430~10030
13	井壁、底板(含集水坑)混凝土量(不含井圈壁)	7.45m³	
14	垫层混凝土量	1.38m³	

说明：每米钢筋用量表中列出的材料为统计工程量时的参考值，准确材料量以施工时的实际用量为准。

图 12-42 (6.0～10.0)×1.3×1.5 钢筋混凝土转角电缆井（盖板开启式）（四）（B-2-18）

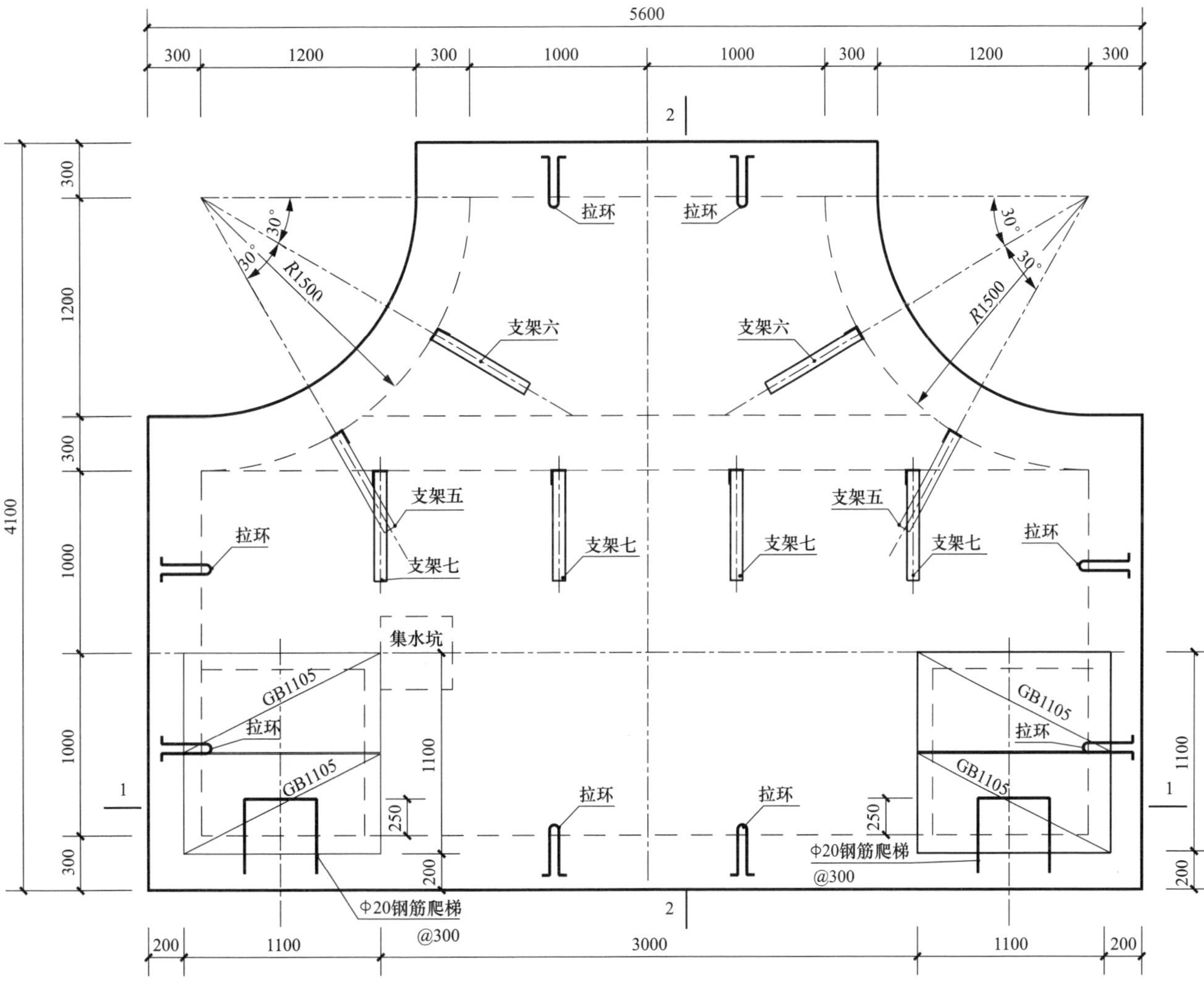

电缆井平面图

图 12-43　5.0×2.0×1.9 钢筋混凝土三通电缆井（一）（B-3-1）

说明：1. 混凝土强度等级C30；素混凝土垫层C20；主体混凝土抗渗等级P6。

2. 钢筋Φ为HPB300，钢筋Φ为HRB400，型钢采用Q235B，电焊条用E43型，焊缝高度6mm。

3. 受力钢筋的保护层厚度不小于35mm，其余部分均为25mm，未标注的纵筋锚固长度为35*d*，详见图集《22G101-1》。

4. 电缆井预埋件，所有外露铁件均需镀锌处理，现场施焊后，对焊缝焊后均需刷两道防锈漆，两道银粉漆。

5. 电缆井采用清水模板施工，一次浇筑，不再二次抹面。

6. 预埋铁M1面与沟壁抹灰面平，电缆支架面应与沟壁贴紧。

7. 侧壁设梅花布置@=500的Φ8拉结筋，底板设马凳筋。

8. 地基处理：

(1) 地层为原状黄土层（无湿陷性）、砂砾（角砾）层、岩石层等承载力不小于100kPa时，电缆井垫层下无需再做地基处理。

(2) 地层为素填土、湿陷性黄土等承载力小于100kPa时，电缆井垫层下换填500mm厚3：7灰土，换填范围外扩垫层每边各300mm，压实系数不小于0.97。

(3) 如地基存在软弱下卧层、淤泥、盐渍土、冻土等不良地质现象，应根据具体工程地质条件，按相关规范要求进行处理。

9. 电缆井井壁应提前预埋电缆进出线套管，避免穿缆时后开洞，破坏主体结构及防水。埋管位置可根据现场实际情况进行预留和调整，电缆穿过埋管后采用沥青油麻丝灌缝等防水做法，具体做法详见《110kV及以下电缆敷设》（12D101-5）标准图集。

10. 电缆井底板按0.5%纵向找坡，坡向集水坑，少量集水可定期抽排。

11. 电缆支架采用角钢支架，角钢需采用热镀锌处理。

12. 电缆支架800~1000mm设置一处。

13. 人孔井位置可根据工程实际情况进行调整。

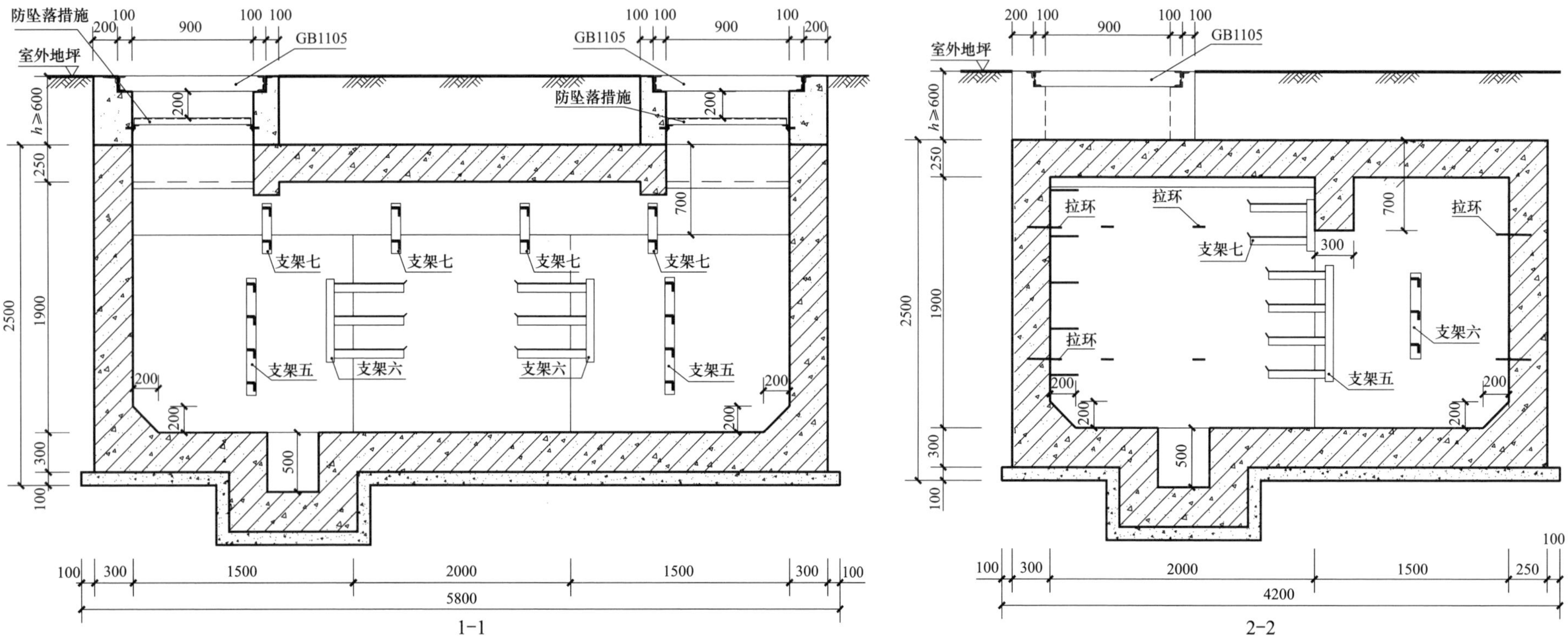

图 12-44　5.0×2.0×1.9 钢筋混凝土三通电缆井（二）（B-3-2）

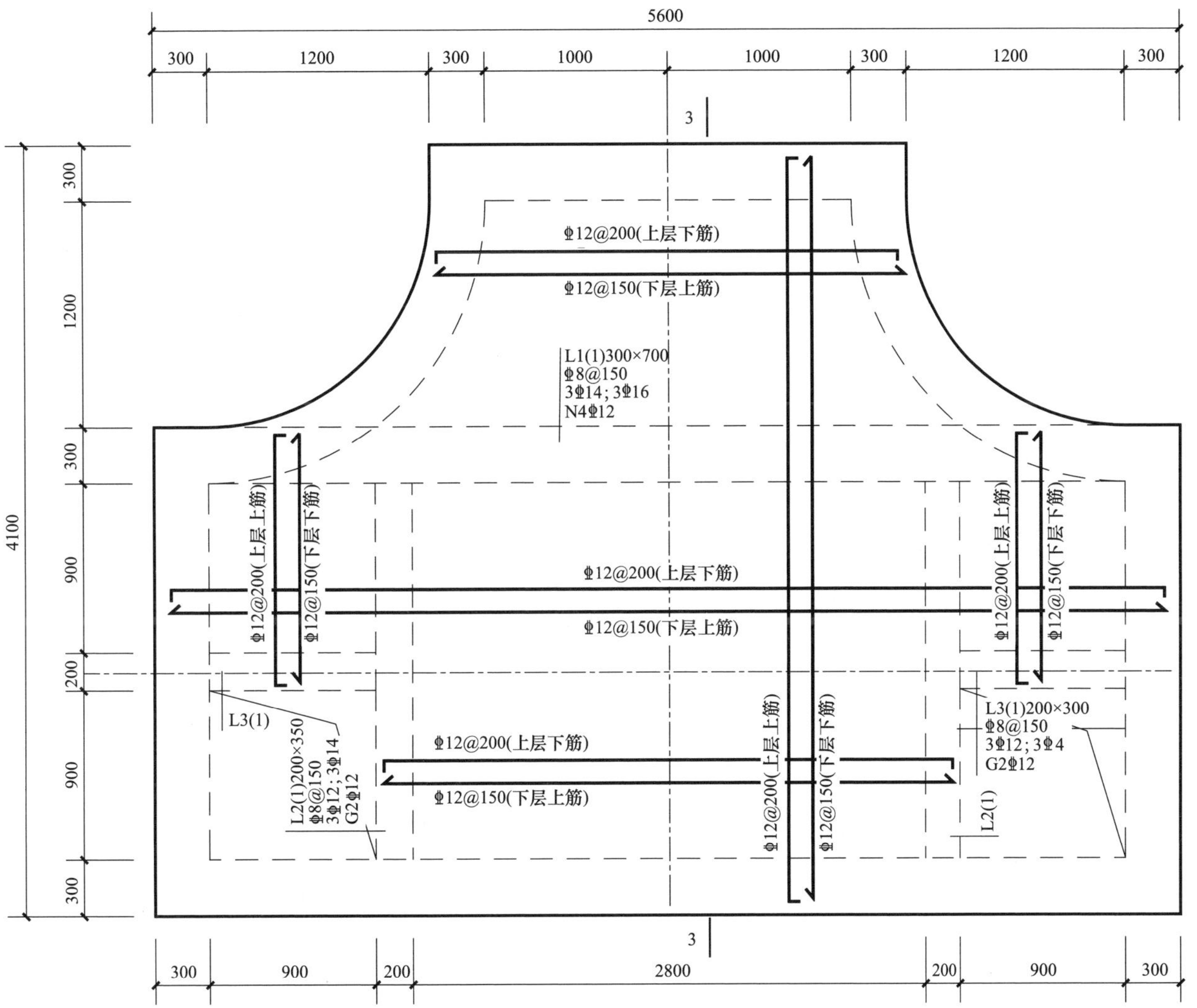

顶板配筋图

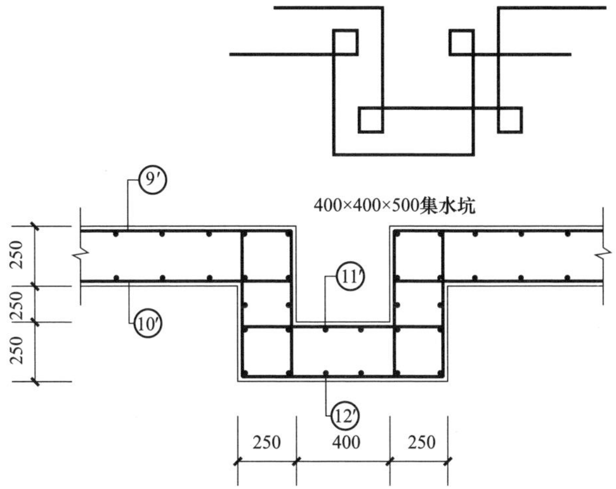

集水坑配筋图

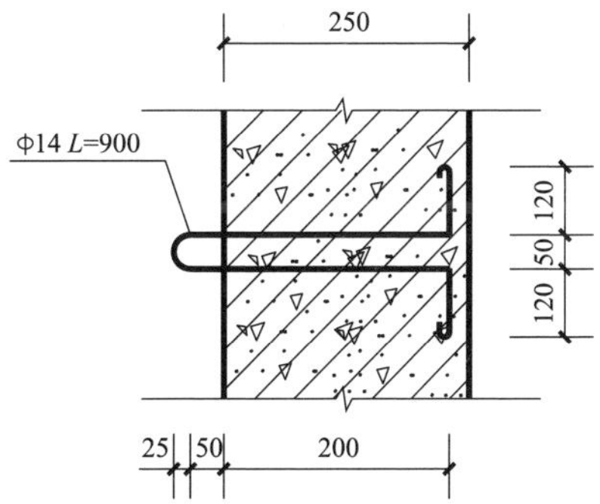

拉环

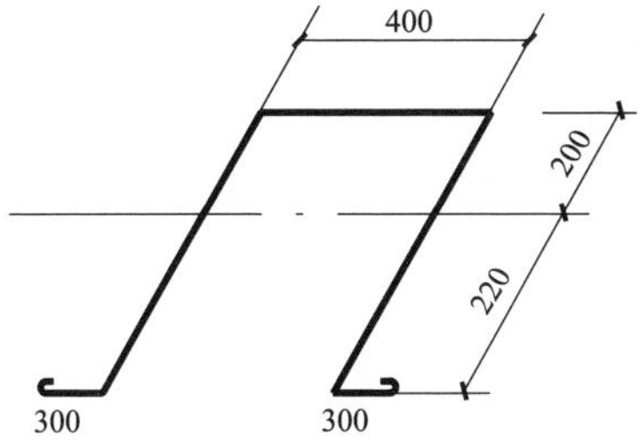

钢爬梯详图

图 12-45　5. 0×2. 0×1. 9 钢筋混凝土三通电缆井（三）（B-3-3）

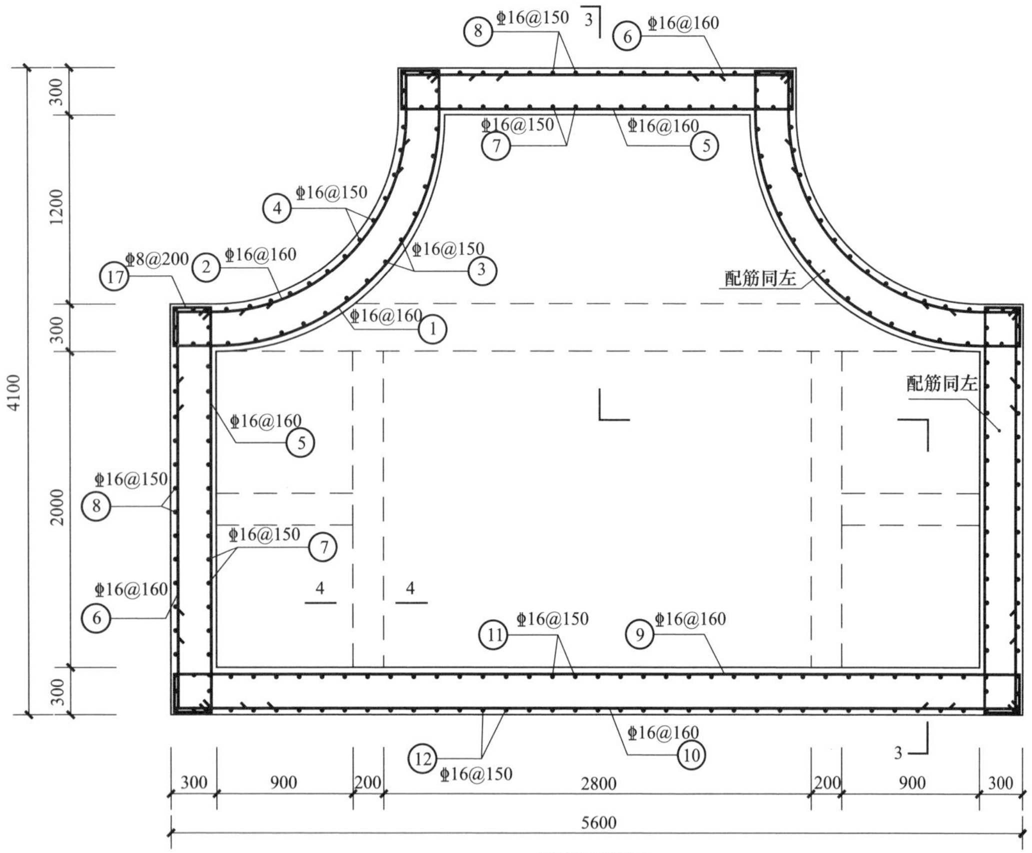

井壁配筋图

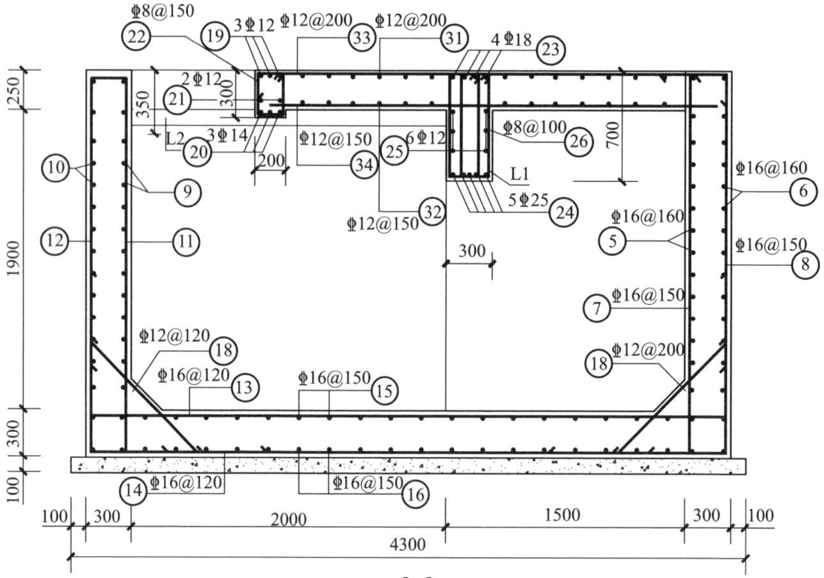

3-3

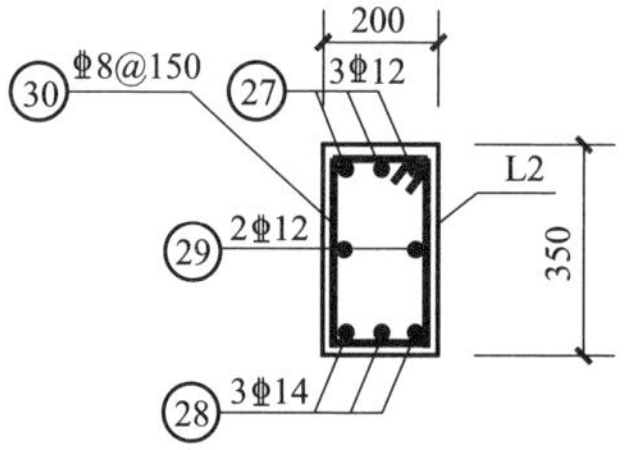

4-4

图 12-46　5.0×2.0×1.9 钢筋混凝土三通电缆井（四）（B-3-4）

5.0×2.0×1.9钢筋混凝土三通电缆井钢筋表

编号	简图	型号	长度(mm)
1	600, 275, R1475, 2370, 275, 600	Φ16@160	4120
2	600, 275, R1225, 1925, 275, 600	Φ16@160	3675
3	200, 2350, 600	Φ16@150	3150
4	200, 2350, 600	Φ16@150	3150
5	600, 2550, 600	Φ16@160	3750
6	600, 2550, 600	Φ16@160	3750
7	200, 2350, 600	Φ16@150	3150
8	200, 2350, 600	Φ16@150	3150
9	600, 5550, 600	Φ16@160	6750
10	600, 5550, 600	Φ16@160	6750
11	200, 2350, 600	Φ16@150	3150
12	200, 2350, 600	Φ16@150	3150
13	600, 2550~4050, 600	Φ16@120	3750~5250
13′	600, 5850~6850, 600	Φ16@120	7050~8050
14	600, 2550~4050, 600	Φ16@120	3750~5250
14′	600, 5850~6850, 600	Φ16@120	7050~8050
15	600, 2550~5550, 600	Φ16@150	3750~6750
15′	600, 8350, 600	Φ16@150	9550
16	600, 2550~5550, 600	Φ16@150	3750~6750
16′	600, 8350, 600	Φ16@150	9550
17	250, 250, 250, 250	Φ8@200	1000
18	450, 1010, 450	Φ12@200	1910
19	300, 1350, 300	Φ12	1650
20	1350	Φ24	1350
21	1350	Φ12	1350
22	150, 250, 150, 250	Φ8@100	800
23	300, 5550, 300	Φ18	6150
24	5550	Φ25	5550
25	5550	Φ12	5550
26	250, 650, 250, 650	Φ8@100	1800
27	200, 2550, 200	Φ12	2950
28	2550	Φ14	2550
29	2550	Φ12	2550
30	150, 300, 150, 300	Φ8@150	900
31	200, 2550~5550, 200	Φ12@200	2950~5950
32	2300~5300	Φ12@150	2300~5300
33	200, 1350~4050, 200	Φ12@200	1750~4450
34	1150~3800	Φ12@150	1150~3800
35	井壁、底板(含集水坑)混凝土量(不含井圈壁)	21.91m³	
36	垫层混凝土量	2.10m³	

说明：每米钢筋用量表中列出的材料为统计工程量时的参考值，准确材料量以施工时的实际用量为准。

图 12-47　5.0×2.0×1.9 钢筋混凝土三通电缆井（五）（B-3-5）

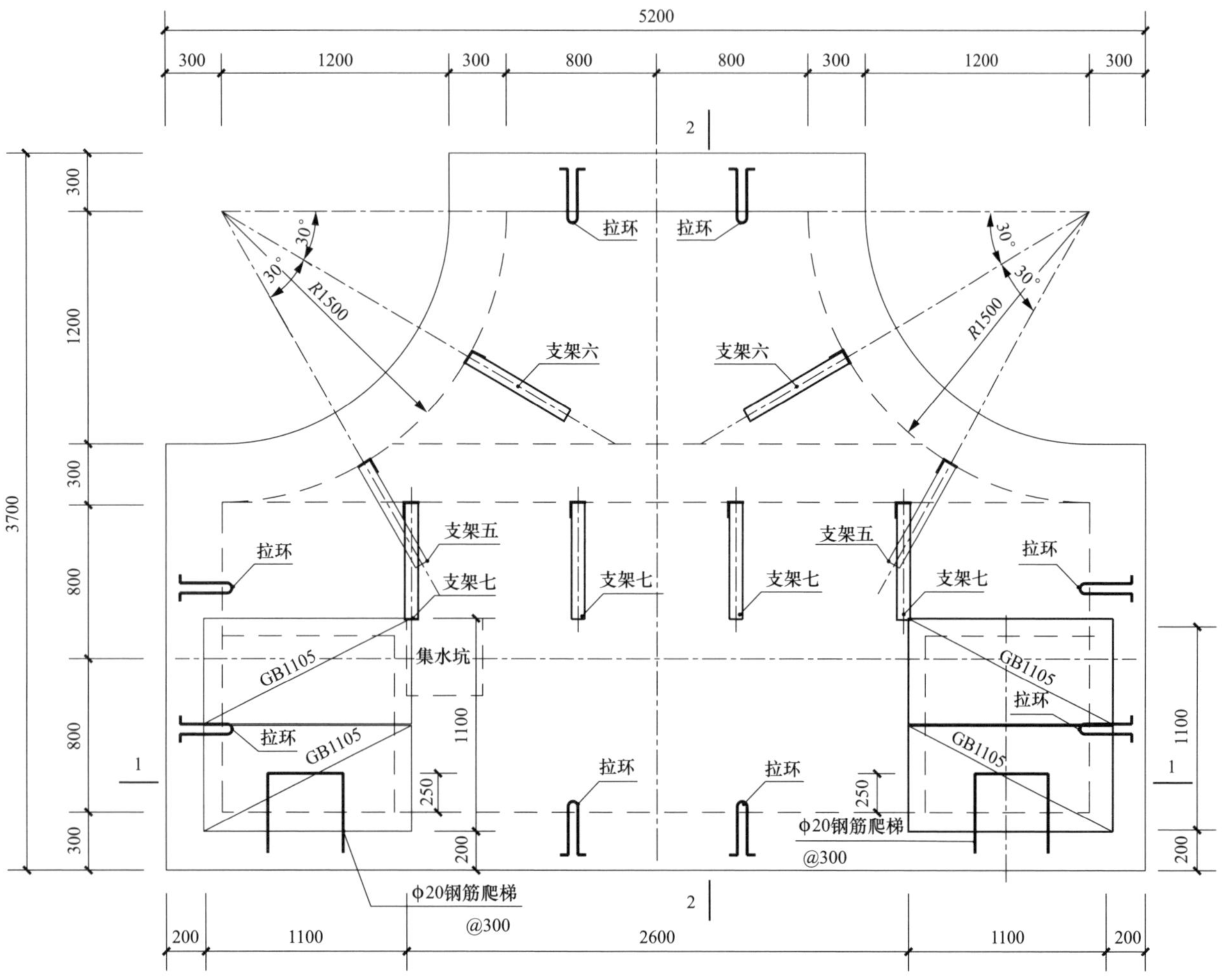

电缆井平面图

说明：1. 混凝土强度等级C30；素混凝土垫层C20；主体混凝土抗渗等级P6。

2. 钢筋ϕ为HPB300，钢筋⌀为HRB400，型钢采用Q235B，电焊条用E43型，焊缝高度6mm。

3. 受力钢筋的保护层厚度不小于35mm，其余部分均为25mm，未标注的纵筋锚固长度为35d，详见图集《22G101-1》。

4. 电缆井预埋件，所有外露铁件均需镀锌处理，现场施焊后，对焊缝焊后均需刷两道防锈漆，两道银粉漆。

5. 电缆井采用清水模板施工，一次浇筑，不再二次抹面。

6. 预埋铁M1面与沟壁抹灰面平，电缆支架面应与沟壁贴紧。

7. 侧壁设梅花布置@=500的ϕ8拉结筋，底板设马凳筋。

8. 地基处理：

(1) 地层为原状黄土层（无湿陷性）、砂砾（角砾）层、岩石层等承载力不小于100kPa时，电缆井垫层下无需再做地基处理。

(2) 地层为素填土、湿陷性黄土等承载力小于100kPa时，电缆井垫层下换填500mm厚3∶7灰土，换填范围外扩垫层每边各300mm，压实系数不小于0.97。

(3) 如地基存在软弱下卧层、淤泥、盐渍土、冻土等不良地质现象，应根据具体工程地质条件，按相关规范要求进行处理。

9. 电缆井井壁应提前预埋电缆进出线套管，避免穿缆时后开洞，破坏主体结构及防水。埋管位置可根据现场实际情况进行预留和调整，电缆穿过埋管后采用沥青油麻丝灌缝等防水做法，具体做法详见《110kV及以下电缆敷设》（12D101-5）标准图集。

10. 电缆井底板按0.5%纵向找坡，坡向集水坑，少量集水可定期抽排。

11. 电缆支架采用角钢支架，角钢需采用热镀锌处理。

12. 电缆支架800~1000mm设置一处。

13. 人孔井位置可根据工程实际情况进行调整。

图 12-48　5.0×1.6×1.9 钢筋混凝土三通电缆井（一）（B-3-6）

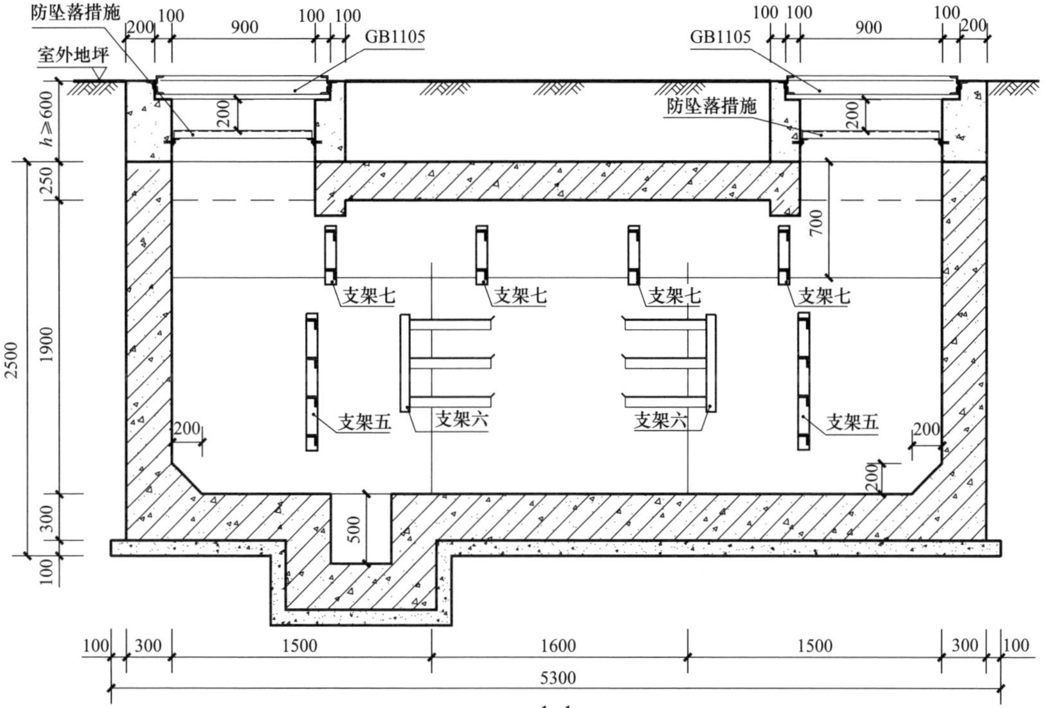

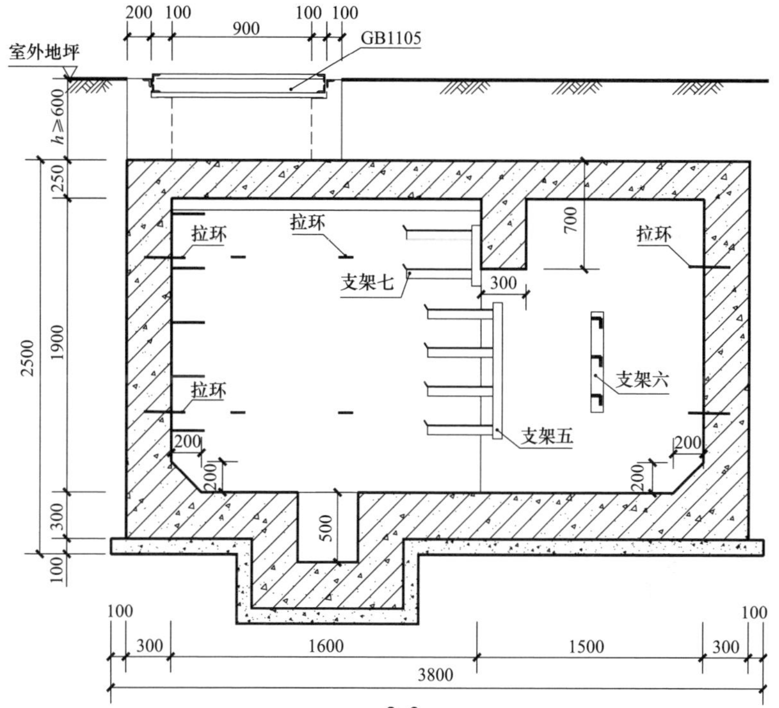

图 12-49　5.0×1.6×1.9 钢筋混凝土三通电缆井（二）（B-3-7）

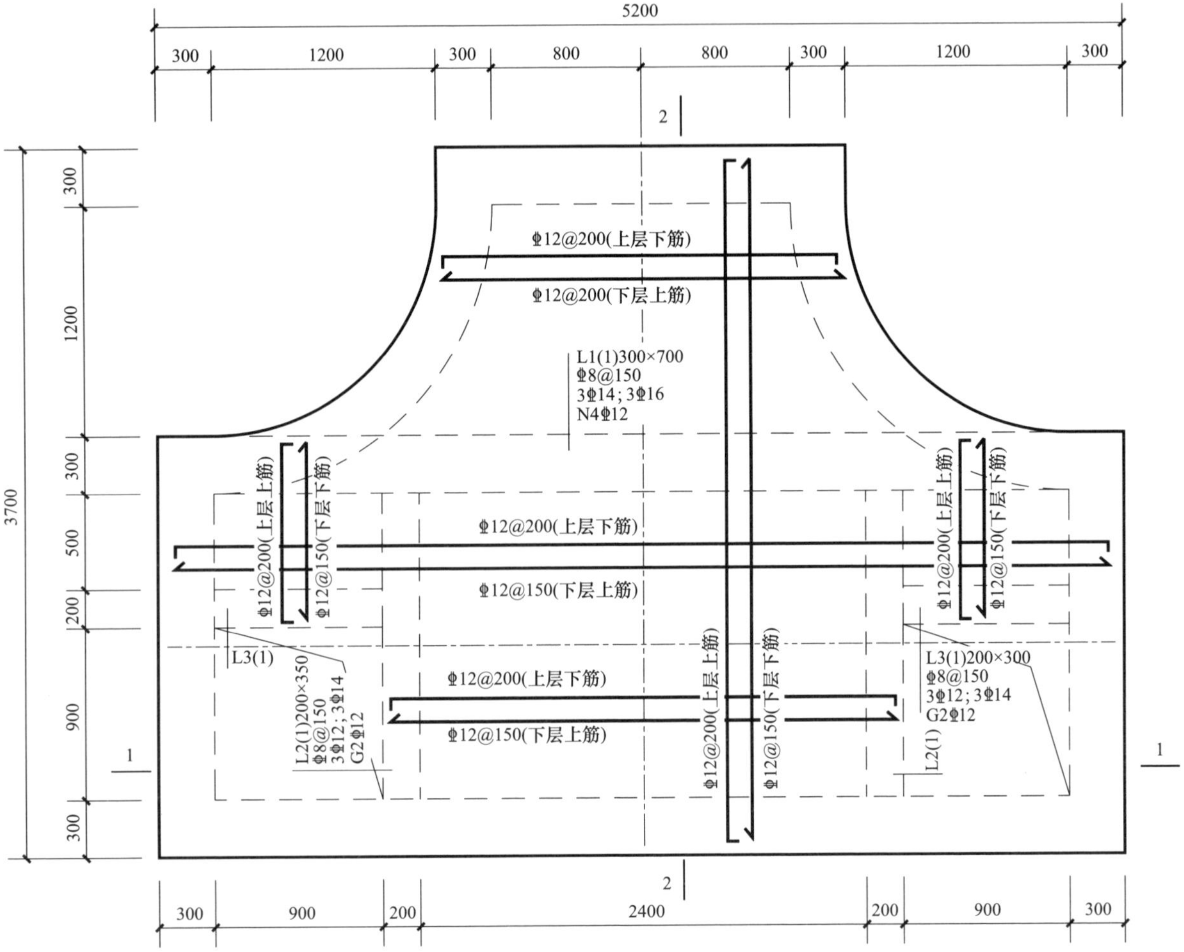

顶板配筋图

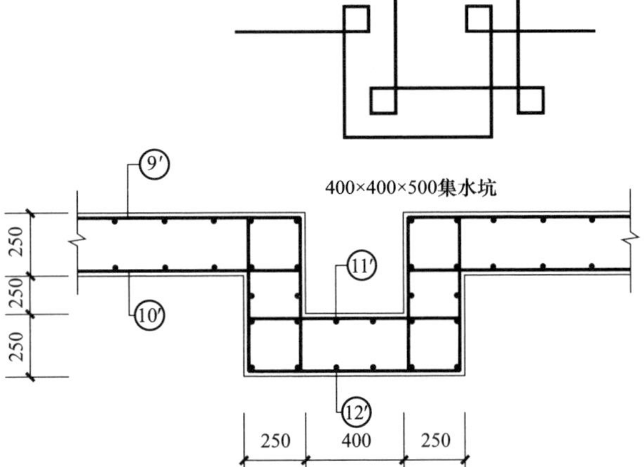

集水坑配筋图

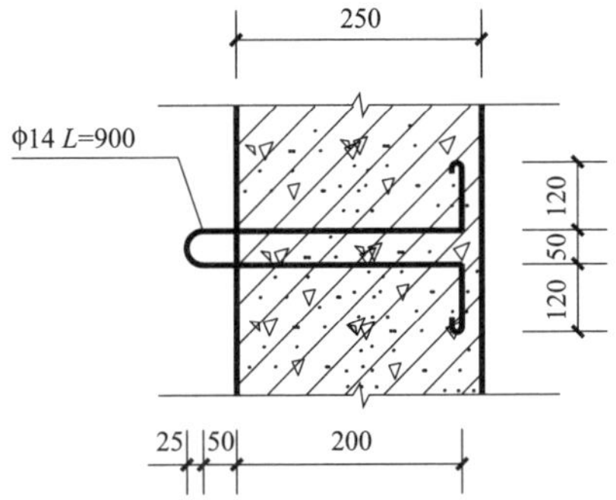

拉环

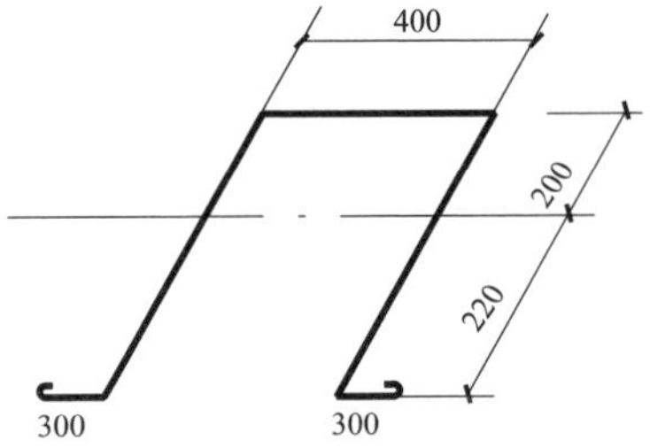

钢爬梯详图

图 12-50　5.0×1.6×1.9 钢筋混凝土三通电缆井（三）（B-3-8）

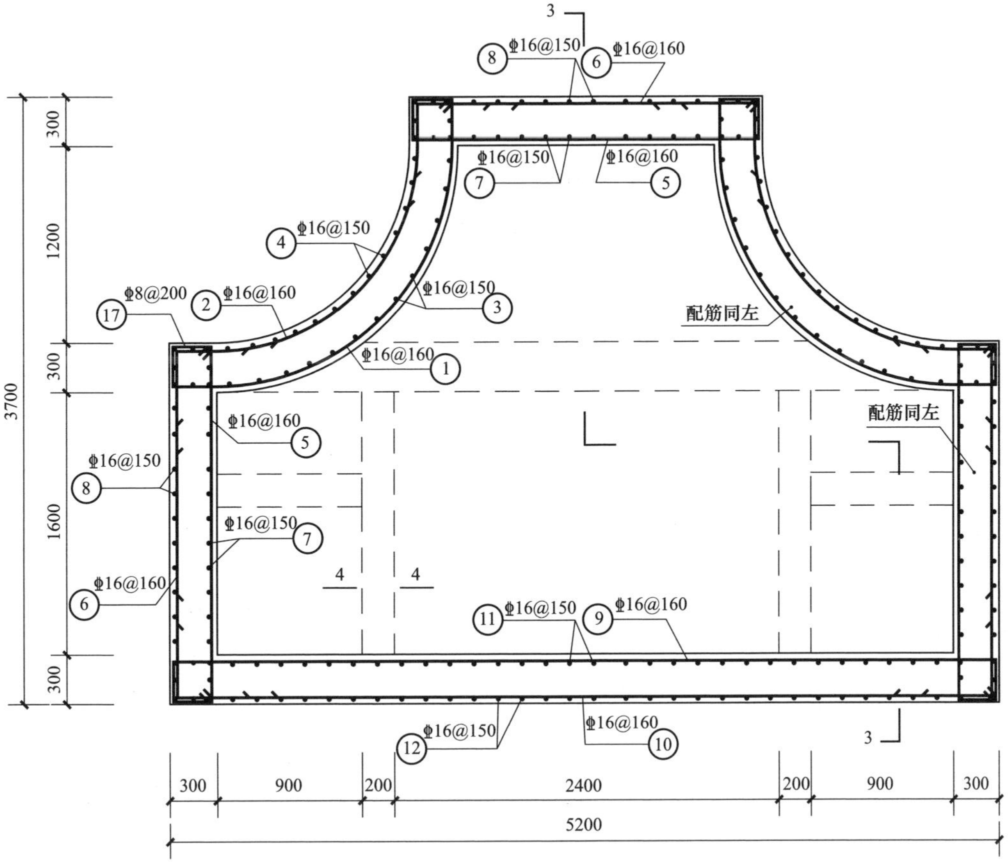

井壁配筋图

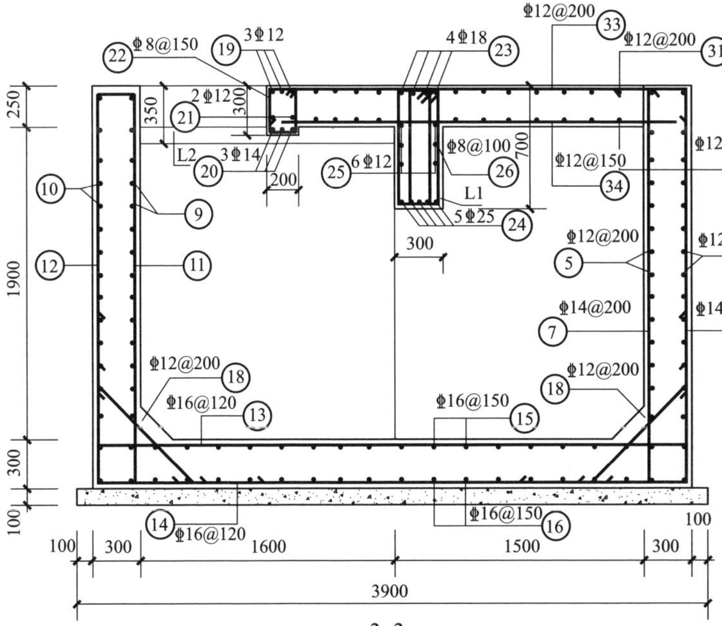

3-3

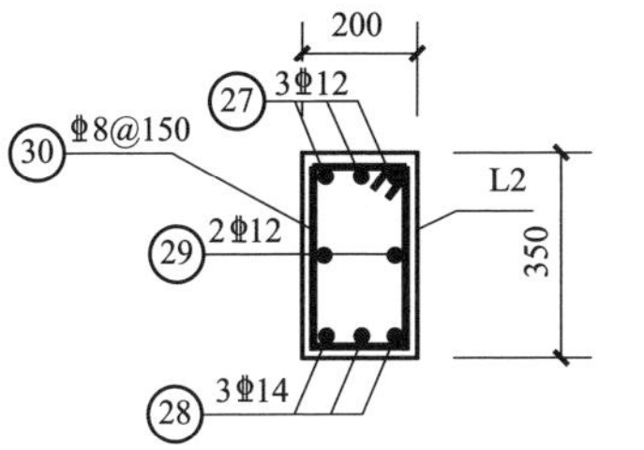

4-4

图 12-51　5.0×1.6×1.9 钢筋混凝土三通电缆井（四）（B-3-9）

5.0×1.6×1.9钢筋混凝土三通电缆井钢筋表

编号	简图	型号	长度(mm)
1	600, 275, R1475, 2370, 275, 600	Φ16@160	4120
2	600, 275, R1225, 1925, 275, 600	Φ16@160	3675
3	200, 2350, 600	Φ16@150	3150
4	200, 2350, 600	Φ16@150	3150
5	600, 2150, 600	Φ16@160	3350
6	600, 2150, 600	Φ16@160	3350
7	200, 2350, 600	Φ16@150	3150
8	200, 2350, 600	Φ16@150	3150
9	600, 5150, 600	Φ16@160	6350
10	600, 5150, 600	Φ16@160	6350
11	200, 2350, 600	Φ16@150	3150
12	200, 2350, 600	Φ16@150	3150
13	600, 2150~3650, 600	Φ16@120	3350~4850
13′	600, 5450~6450, 600	Φ16@120	6650~7650
14	600, 2150~3650, 600	Φ16@120	3250~4750
14′	600, 5450~6450, 600	Φ16@120	6650~7650
15	600, 2150~5150, 600	Φ16@150	3350~6350
15′	600, 7950, 600	Φ16@150	9150
16	600, 2150~5150, 600	Φ16@150	3350~6350
16′	600, 7950, 600	Φ16@150	9150
17	250, 250, 250, 250	Φ8@200	1000
18	450, 1010, 450	Φ12@200	1910
19	200, 1350, 200	Φ12	1750
20	1350	Φ14	1350
21	1350	Φ12	1350
22	150, 250, 150, 250	Φ8@150	800
23	300, 5150, 300	Φ18	5750
24	5150	Φ25	5150
25	5150	Φ12	5150
26	250, 650, 250, 650	Φ8@100	1800
27	200, 2200, 200	Φ12	2600
28	2200	Φ14	2200
29	2200	Φ12	2200
30	150, 300, 150, 300	Φ8@150	900
31	200, 2150~5150, 200	Φ12@200	2550~5550
32	1900~4900	Φ12@150	1850~4850
33	200, 950~3650, 200	Φ12@200	1350~4050
34	750~3400	Φ12@150	750~3400
35	井壁、底板(含集水坑)混凝土量(不含井圈壁)	$15.92m^3$	
36	垫层混凝土量	$1.91m^3$	

说明：每米钢筋用量表中列出的材料为统计工程量时的参考值，准确材料量以施工时的实际用量为准。

图 12-52 5.0×1.6×1.9 钢筋混凝土三通电缆井（五）（B-3-10）

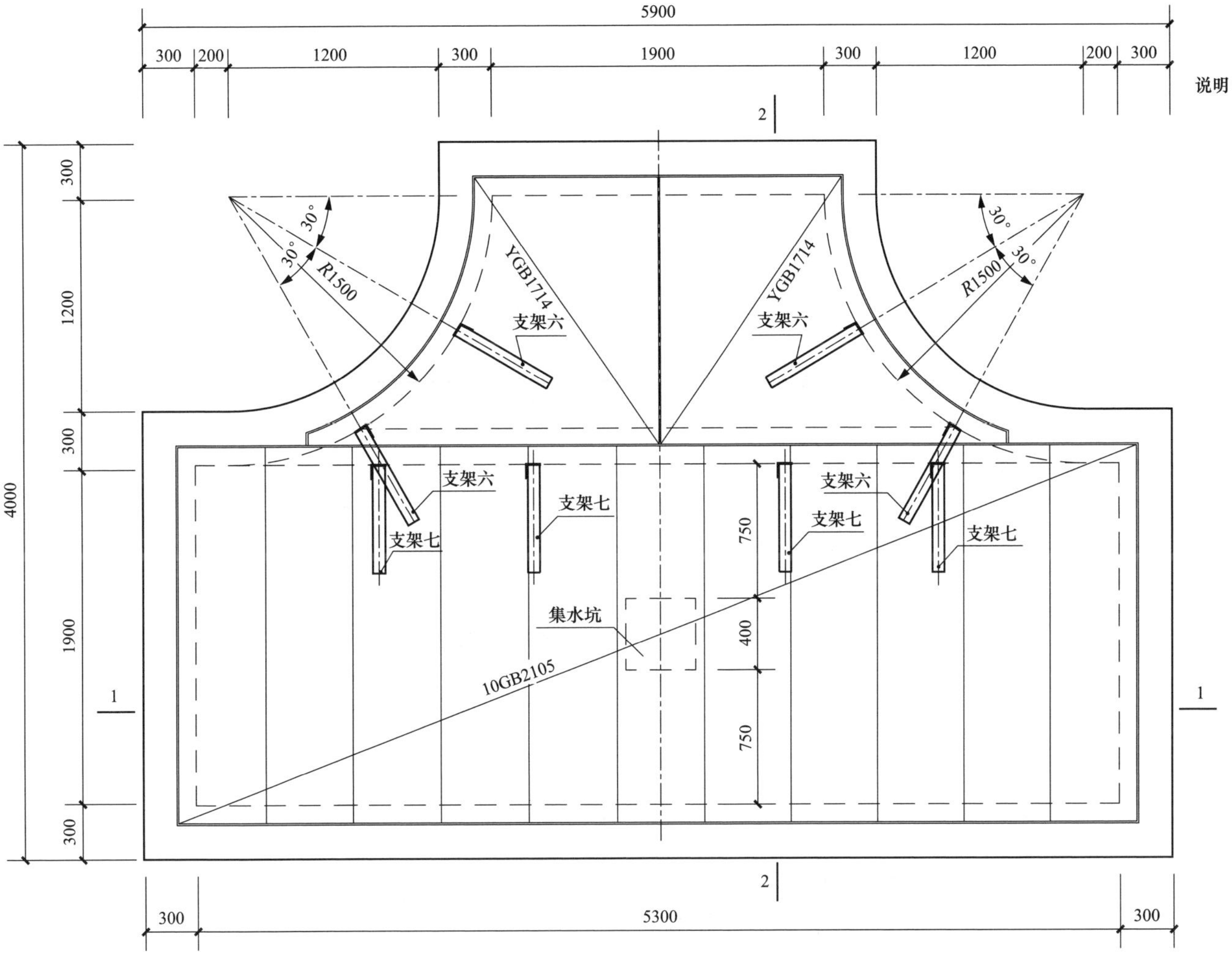

电缆井平面图

说明：1. 混凝土强度等级C30；素混凝土垫层C20；主体混凝土抗渗等级P6。

2. 钢筋ф为HPB300，钢筋ф为HRB400，型钢采用Q235B，电焊条用E43型，焊缝高度6mm。

3. 受力钢筋的保护层厚度不小于35mm，其余部分均为25mm，未标注的纵筋锚固长度为35*d*，详见图集《22G101-1》。

4. 电缆井预埋件，所有外露铁件均需镀锌处理，现场施焊后，对焊缝焊后均需刷两道防锈漆，两道银粉漆。

5. 电缆井采用清水模板施工，一次浇筑，不再二次抹面。

6. 预埋铁M1面与沟壁抹灰面平，电缆支架面应与沟壁贴紧。

7. 侧壁设梅花布置@=500的ф8拉结筋，底板设马凳筋。

8. 地基处理：

(1) 地层为原状黄土层（无湿陷性）、砂砾（角砾）层、岩石层等承载力不小于100kPa时，电缆井垫层下无需再做地基处理。

(2) 地层为素填土、湿陷性黄土等承载力小于100kPa时，电缆井垫层下换填500mm厚3∶7灰土，换填范围外扩垫层每边各300mm，压实系数不小于0.97。

(3) 如地基存在软弱下卧层、淤泥、盐渍土、冻土等不良地质现象，应根据具体工程地质条件，按相关规范要求进行处理。

9. 电缆井井壁应提前预埋电缆进出线套管，避免穿缆时后开洞，破坏主体结构及防水。埋管位置可根据现场实际情况进行预留和调整，电缆穿过埋管后采用沥青油麻丝灌缝等防水做法，具体做法详见《110kV及以下电缆敷设》（12D101-5）标准图集。

10. 电缆井底板按0.5%纵向找坡，坡向集水坑，少量集水可定期抽排。

11. 电缆支架采用角钢支架，角钢需采用热镀锌处理。

12. 电缆支架800~1000mm设置一处。

图 12-53　5.0×1.9×1.5 钢筋混凝土三通电缆井（盖板开启式）（一）（B-3-11）

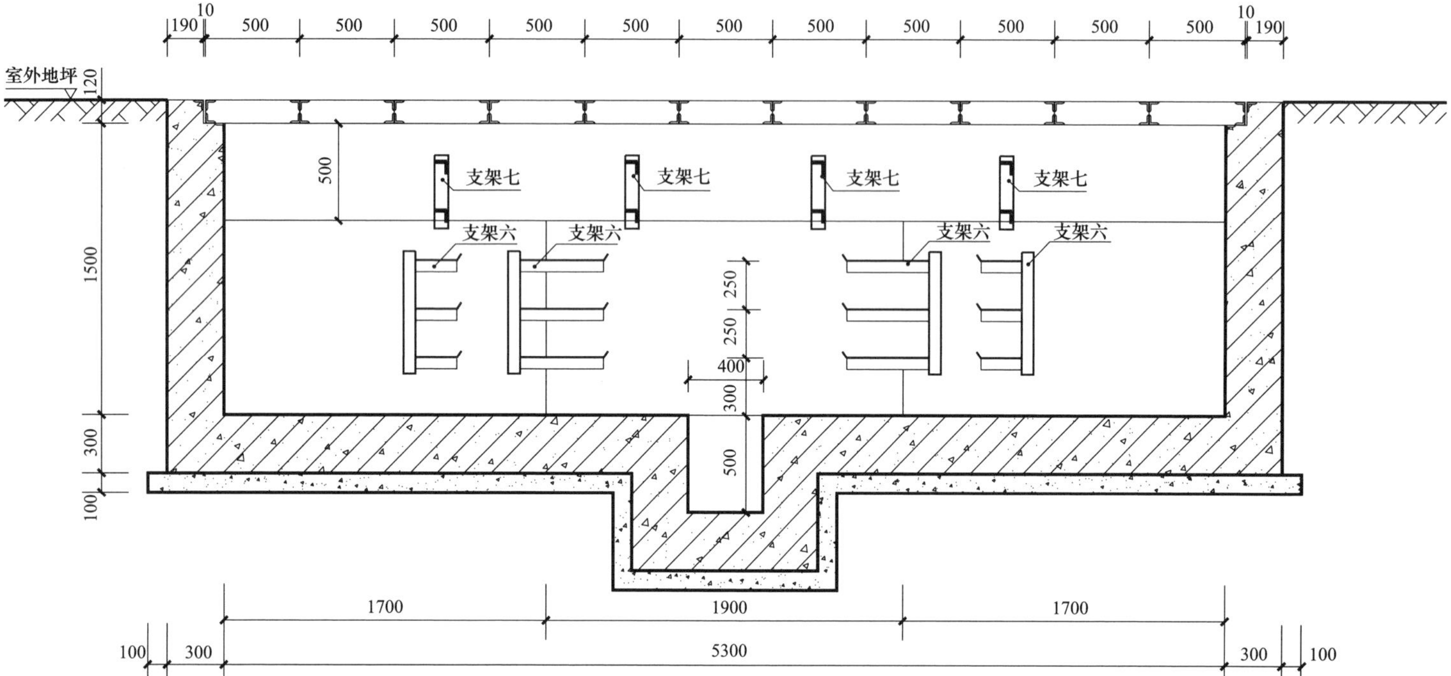

1-1

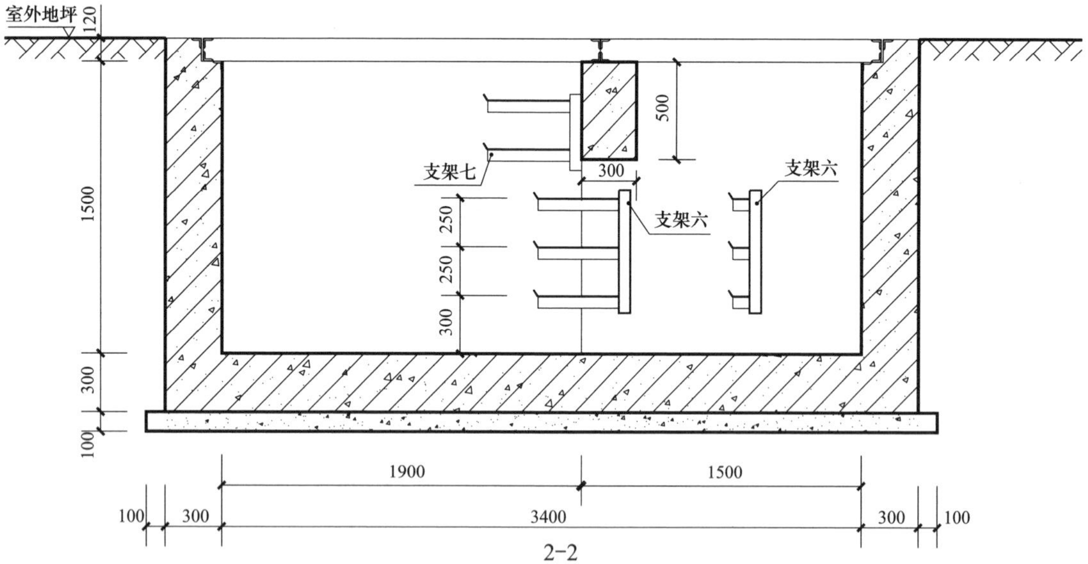

2-2

图 12-54　5.0×1.9×1.5 钢筋混凝土三通电缆井（盖板开启式）（二）（B-3-12）

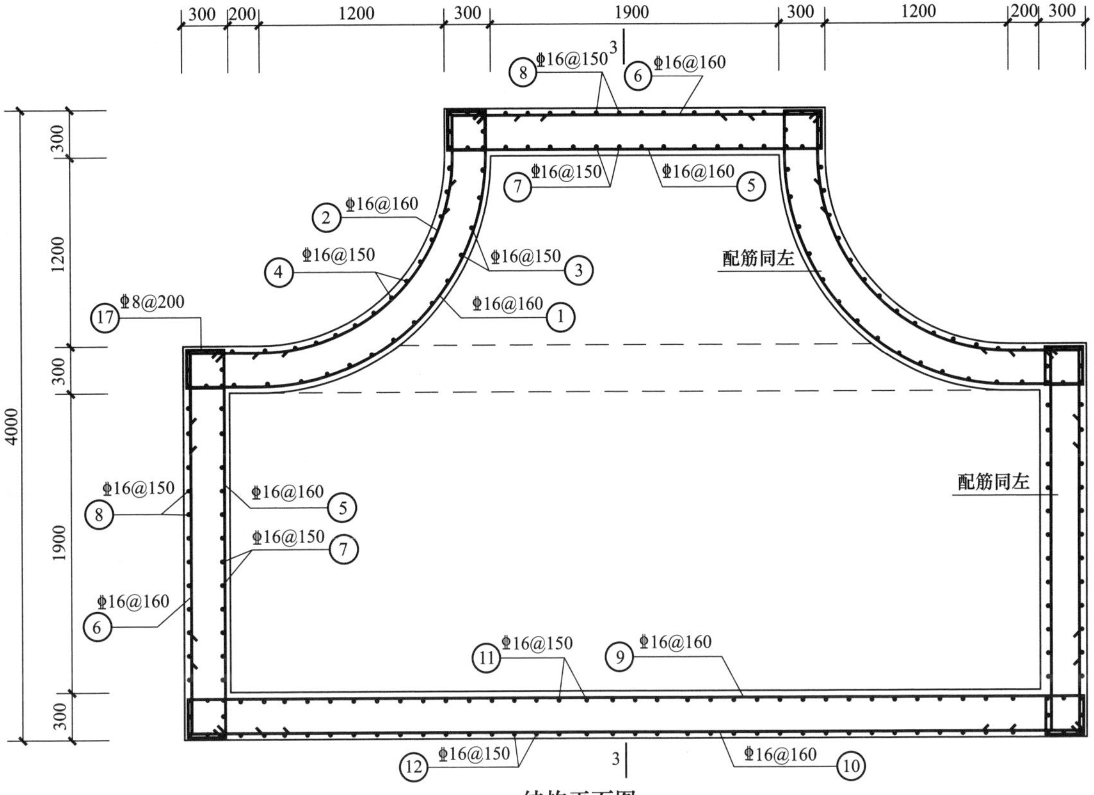

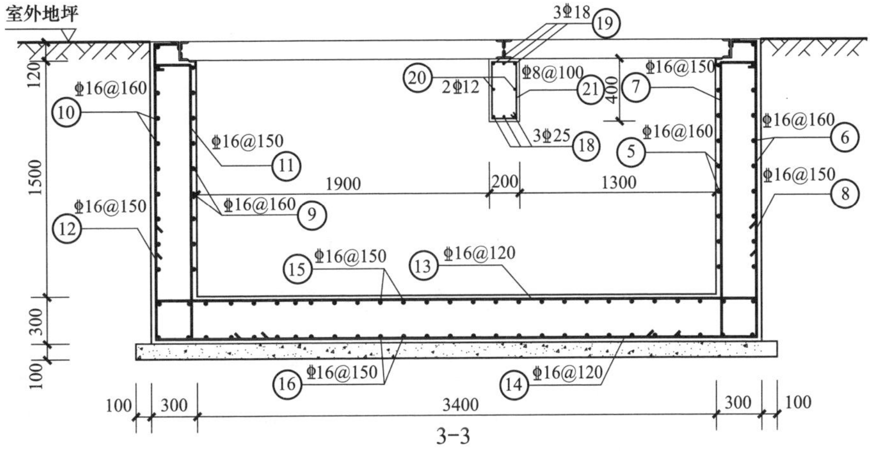

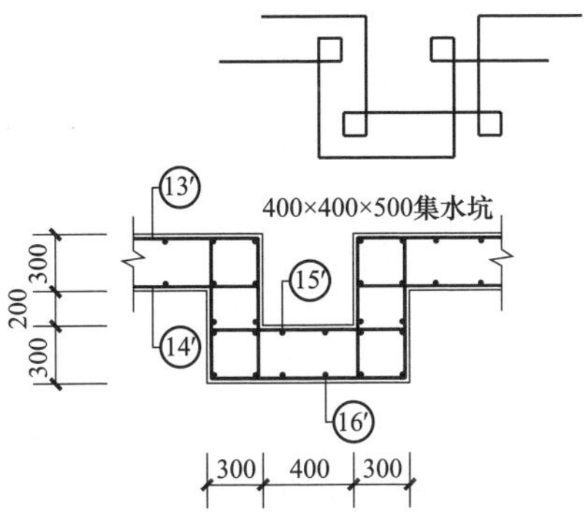

图 12-55　5.0×1.9×1.5 钢筋混凝土三通电缆井（盖板开启式）（三）（B-3-13）

5.0×1.9×1.5钢筋混凝土三通电缆井钢筋表

编号	简图	型号	长度(mm)
1	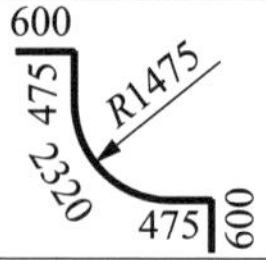	Φ16@160	3625
2	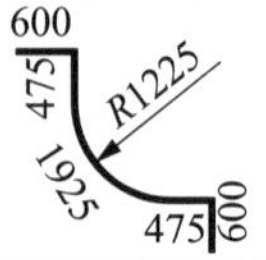	Φ16@160	4075
3		Φ16@150	2600
4		Φ16@150	2620
5		Φ16@160	3650
6		Φ16@160	3650
7		Φ16@150	2600
8		Φ16@150	2620
9		Φ16@160	7050
10	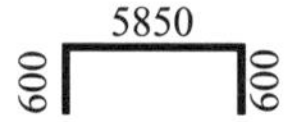	Φ14@150	7050
11		Φ14@150	2600
12		Φ14@150	2620
13		Φ16@120	3650~5150
13′	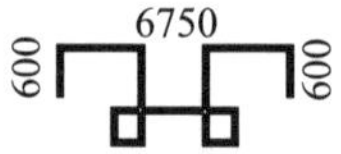	Φ16@120	7850
14	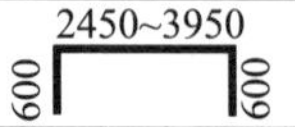	Φ16@120	3650~5150
14′	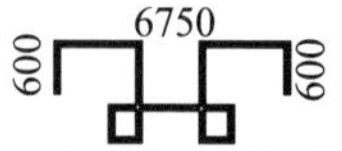	Φ16@120	7950
15	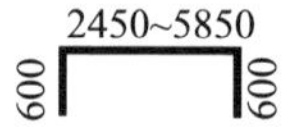	Φ16@150	3650~7050
15′	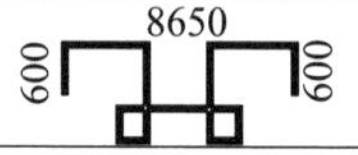	Φ16@150	9850
16	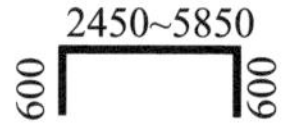	Φ16@150	3650~7050
16′	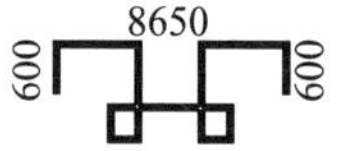	Φ16@150	9850
17	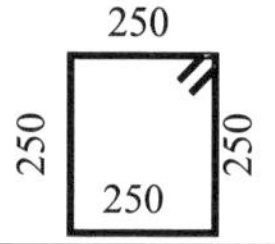	Φ8@200	1000
18		Φ25	5850
19		3Φ18	6450
20		2Φ12	5850
21	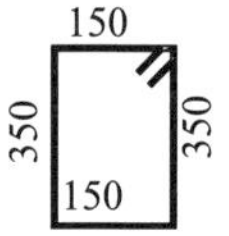	Φ8@100	1300
22	井壁、底板(含集水坑)混凝土量(不含井圈壁)	11.08m³	
23	垫层混凝土量	1.79m³	

说明：每米钢筋用量表中列出的材料为统计工程量时的参考值，准确材料量以施工时的实际用量为准。

图 12-56　5.0×1.9×1.5 钢筋混凝土三通电缆井（盖板开启式）（四）（B-3-14）

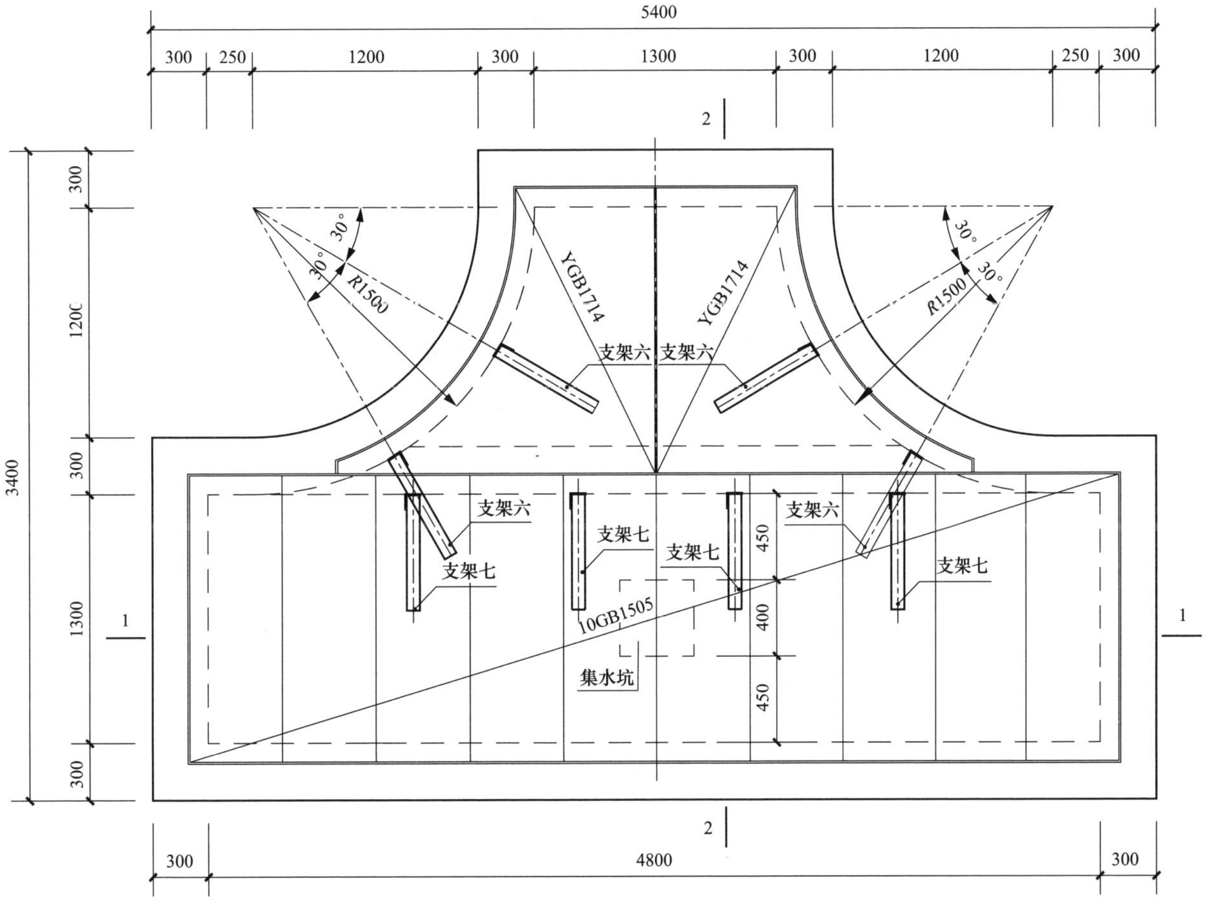

电缆井平面图

说明 1. 混凝土强度等级C30；素混凝土垫层C20；主体混凝土抗渗等级P6。

2. 钢筋Φ为HPB300，钢筋Φ为HRB400，型钢采用Q235B，电焊条用E43型，焊缝高度6mm。

3. 受力钢筋的保护层厚度不小于35mm，其余部分均为25mm，未标注的纵筋锚固长度为35*d*，详见图集《22G101-1》。

4. 电缆井预埋件，所有外露铁件均需镀锌处理，现场施焊后，对焊缝焊后均需刷两道防锈漆，两道银粉漆。

5. 电缆井采用清水模板施工，一次浇筑，不再二次抹面。

6. 预埋铁M1面与沟壁抹灰面平，电缆支架面应与沟壁贴紧。

7. 侧壁设梅花布置@=500的Φ8拉结筋，底板设马凳筋。

8. 地基处理：

(1) 地层为原状黄土层（无湿陷性）、砂砾（角砾）层、岩石层等承载力不小于100kPa时，电缆井垫层下无需再做地基处理。

(2) 地层为素填土、湿陷性黄土等承载力小于100kPa时，电缆井垫层下换填500mm厚3：7灰土，换填范围外扩垫层每边各300mm，压实系数不小于0.97。

(3) 如地基存在软弱下卧层、淤泥、盐渍土、冻土等不良地质现象，应根据具体工程地质条件，按相关规范要求进行处理。

9. 电缆井井壁应提前预埋电缆进出线套管，避免穿缆时后开洞，破坏主体结构及防水。埋管位置可根据现场实际情况进行预留和调整，电缆穿过埋管后采用沥青油麻丝灌缝等防水做法，具体做法详见《110kV及以下电缆敷设》（12D101-5）标准图集。

10. 电缆井底板按0.5%纵向找坡，坡向集水坑，少量集水可定期抽排。

11. 电缆支架采用角钢支架，角钢需采用热镀锌处理。

12. 电缆支架800~1000mm设置一处。

图 12-57 5.0×1.3×1.5 钢筋混凝土三通电缆井（盖板开启式）（一）（B-3-15）

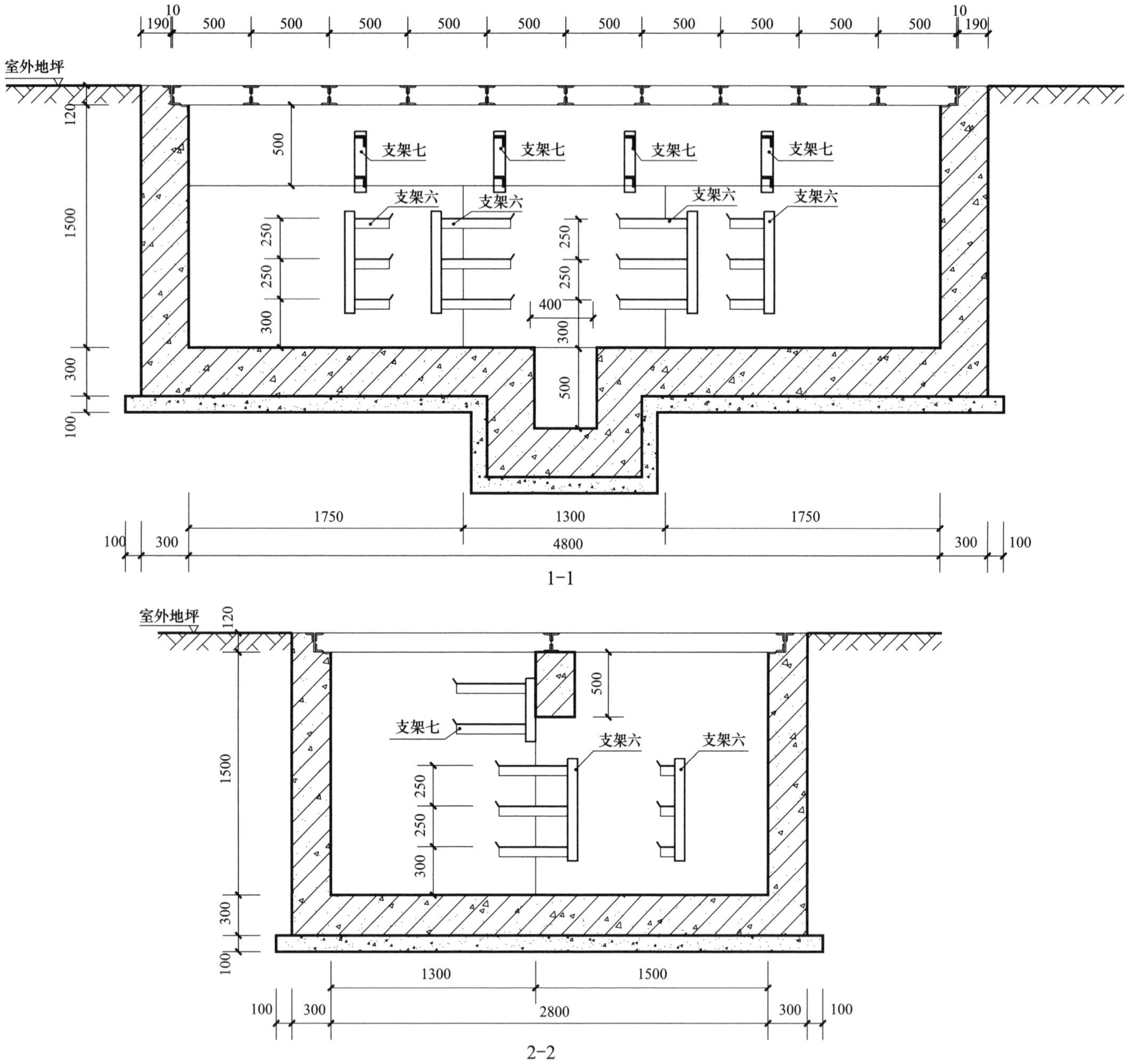

图 12-58　5.0×1.3×1.5 钢筋混凝土三通电缆井（盖板开启式）（二）（B-3-16）

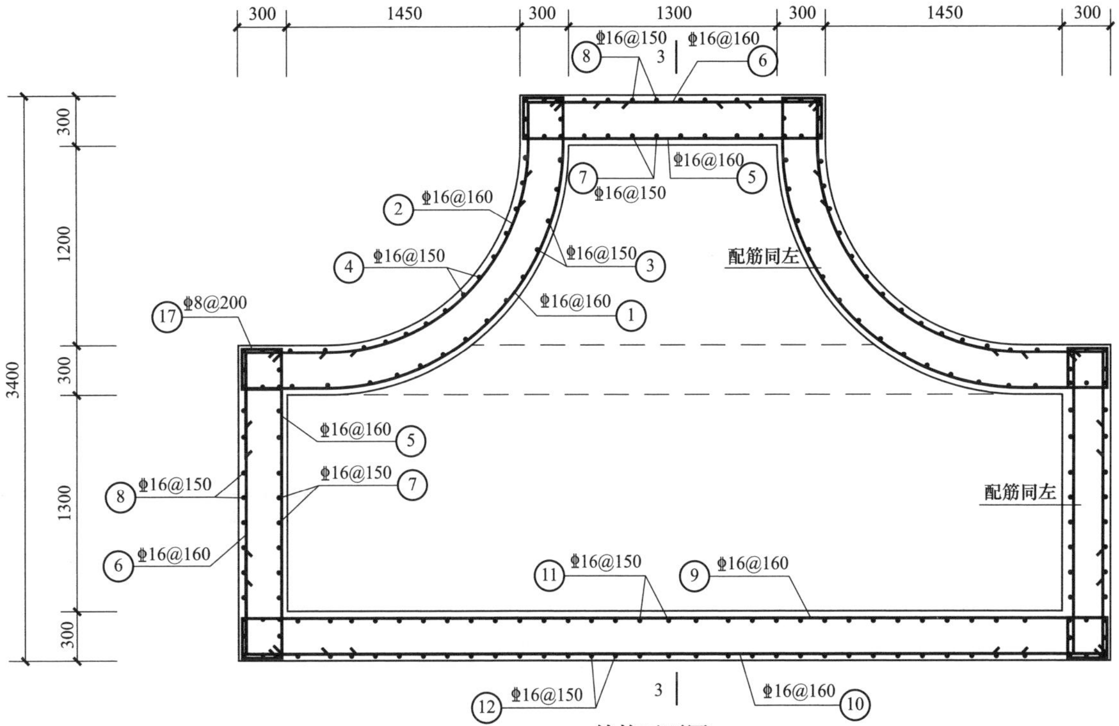

结构平面图

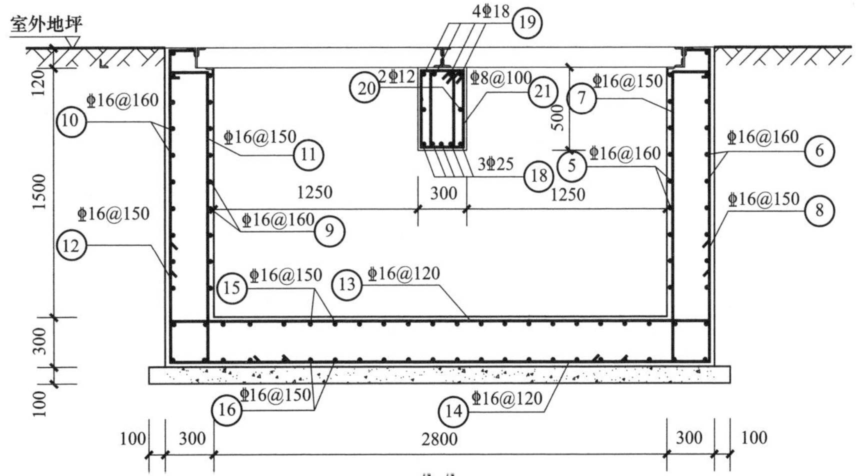

3-3

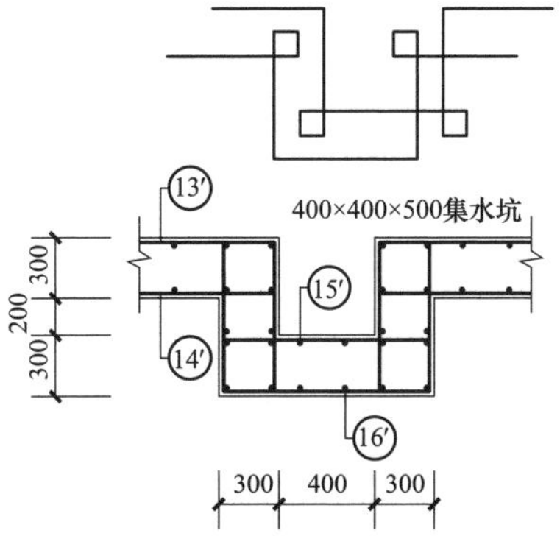

集水坑配筋图

图 12-59　5.0×1.3×1.5 钢筋混凝土三通电缆井（盖板开启式）(三)（B-3-17）

5.0×1.3×1.5钢筋混凝土三通电缆井钢筋表

编号	简图	型号	长度(mm)
1	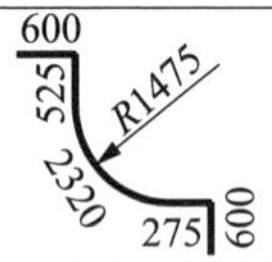	Φ16@160	4320
2	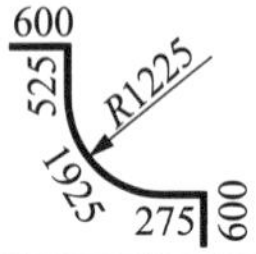	Φ16@160	3925
3		Φ16@150	2600
4		Φ16@150	2620
5		Φ16@160	3050
6		Φ16@160	3050
7		Φ16@150	2600
8		Φ16@150	2620
9		Φ16@160	6550
10		Φ14@150	6550
11		Φ14@150	2600
12		Φ14@150	2620
13		Φ16@120	2550~4050
13′	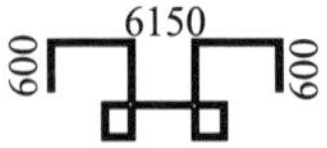	Φ16@120	7350
14		Φ16@120	2550~4050

编号	简图	型号	长度(mm)
14′	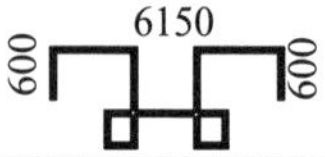	Φ16@120	7350
15	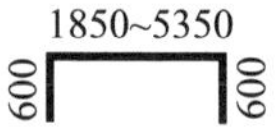	Φ16@150	3050~6550
15′	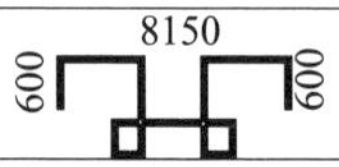	Φ16@150	9350
16		Φ16@150	3050~6550
16′	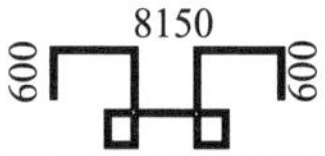	Φ16@150	9350
17	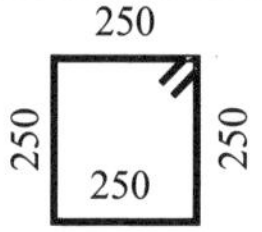	Φ8@200	1000
18		3Φ25	5350
19	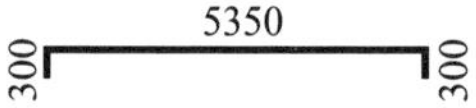	3Φ18	5950
20		2Φ12	5350
21	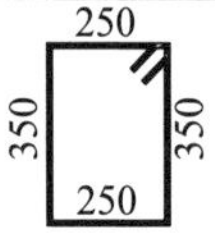	Φ8@100	1200
22	井壁、底板(含集水坑) 混凝土量(不含井圈壁)	8.69m³	
23	垫层混凝土量	1.38m³	

说明：每米钢筋用量表中列出的材料为统计工程量时的参考值，
准确材料量以施工时的实际用量为准。

图 12-60　5.0×1.3×1.5 钢筋混凝土三通电缆井（盖板开启式）（四）（B-3-18）

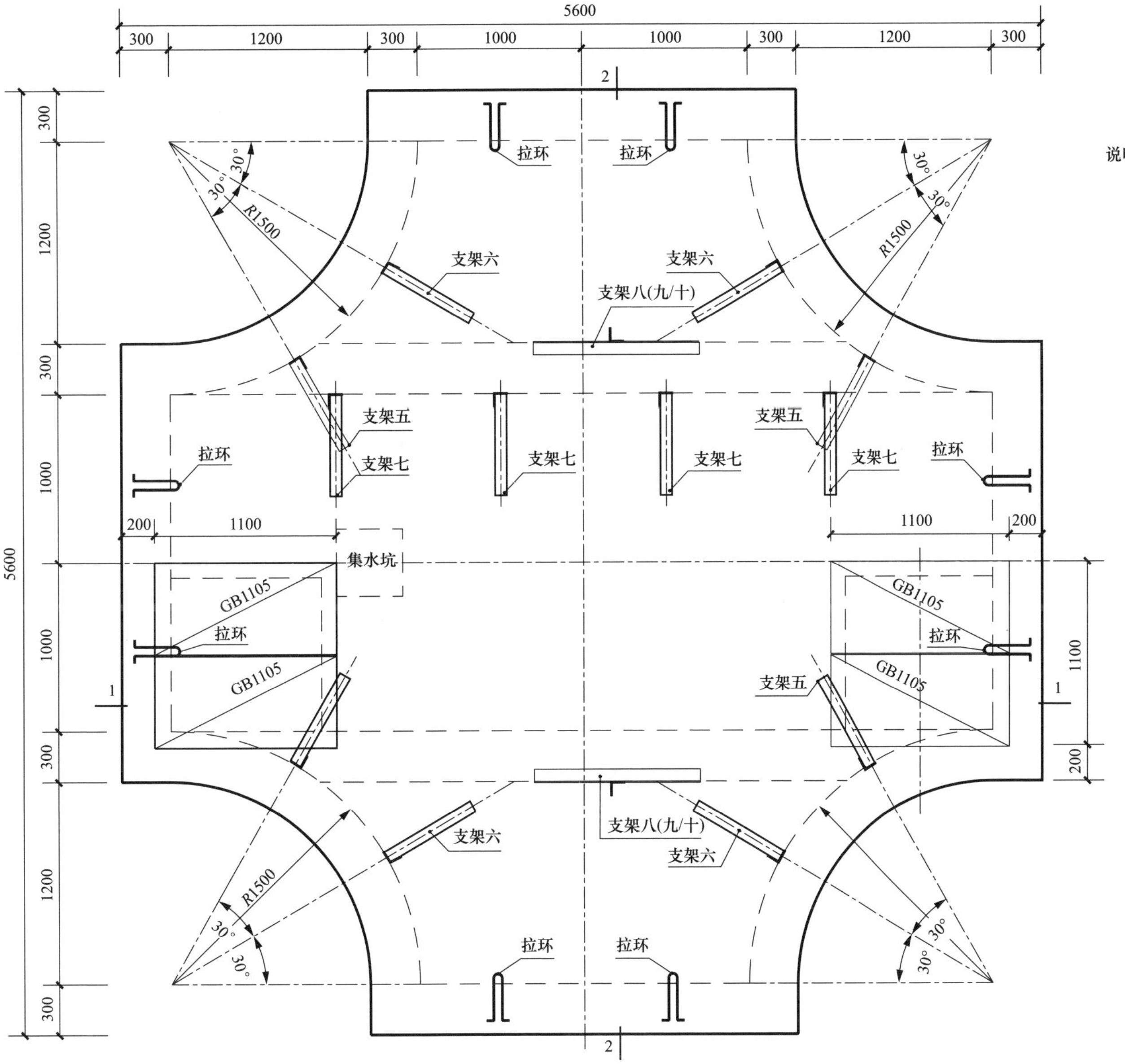

电缆井平面图

说明：1. 混凝土强度等级C30；素混凝土垫层C20；主体混凝土抗渗等级P6。

2. 钢筋Φ为HPB300，钢筋⊕为HRB400，型钢采用Q235B，电焊条用E43型，焊缝高度6mm。

3. 受力钢筋的保护层厚度不小于35mm，其余部分均为25mm，未标注的纵筋锚固长度为35*d*，详见图集《22G101-1》。

4. 电缆井预埋件，所有外露铁件均需镀锌处理，现场施焊后，对焊缝焊后均需刷两道防锈漆，两道银粉漆。

5. 电缆井采用清水模板施工，一次浇筑，不再二次抹面。

6. 预埋铁M1面与沟壁抹灰面平，电缆支架面应与沟壁贴紧。

7. 侧壁设梅花布置@=500的Φ8拉结筋,底板设马凳筋。

8. 地基处理：

(1) 地层为原状黄土层（无湿陷性）、砂砾（角砾）层、岩石层等承载力不小于100kPa时，电缆井垫层下无需再做地基处理。

(2) 地层为素填土、湿陷性黄土等承载力小于100kPa时，电缆井垫层下换填500mm厚3：7灰土，换填范围外扩垫层每边各300mm，压实系数不小于0.97。

(3) 如地基存在软弱下卧层、淤泥、盐渍土、冻土等不良地质现象，应根据具体工程地质条件，按相关规范要求进行处理。

9. 电缆井井壁应提前预埋电缆进出线套管，避免穿缆时后开洞，破坏主体结构及防水。埋管位置可根据现场实际情况进行预留和调整，电缆穿过埋管后采用沥青油麻丝灌缝等防水做法，具体做法详见《110kV及以下电缆敷设》（12D101-5）标准图集。

10. 电缆井底板按0.5%纵向找坡，坡向集水坑，少量集水可定期抽排。

11. 电缆支架采用角钢支架，角钢需采用热镀锌处理。

12. 电缆支架800~1000mm设置一处。

13. 人孔井位置可根据工程实际情况进行调整。

图 12-61　5.0×(2.0/2.0)×1.9 钢筋混凝土四通电缆井（一）（B-4-1）

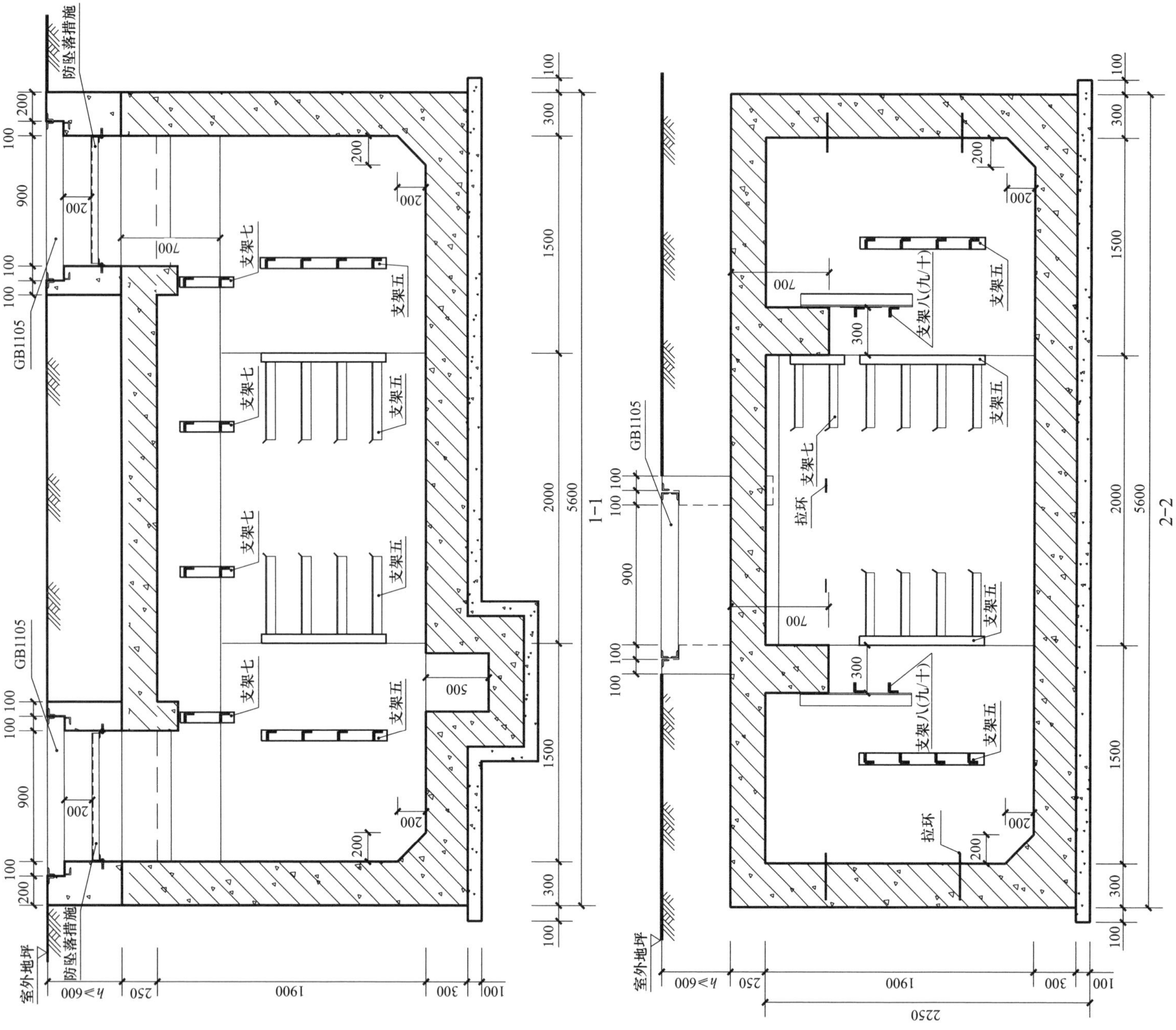

图 12-62 5.0×(2.0/2.0)×1.9 钢筋混凝土四通电缆井（二）（B-4-2）

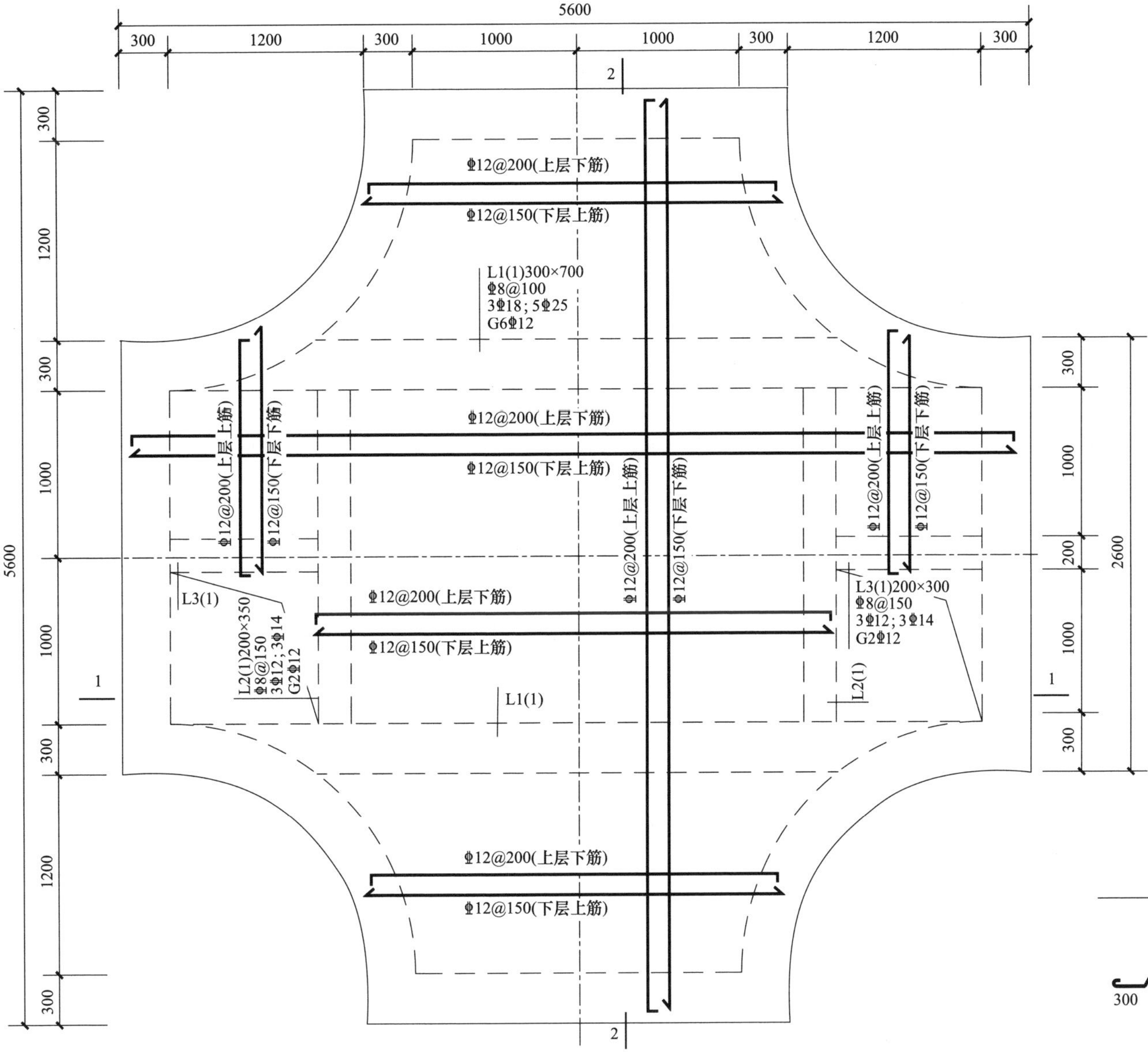

顶板配筋图

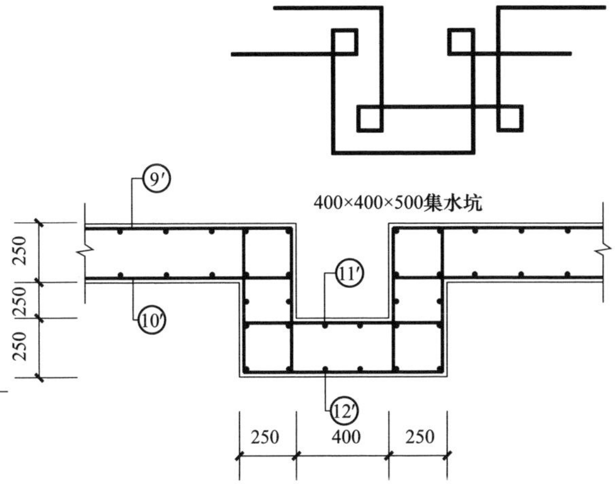

集水坑配筋图

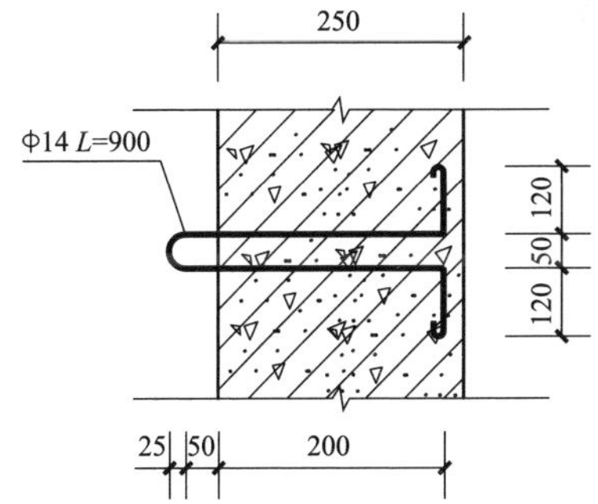

拉环

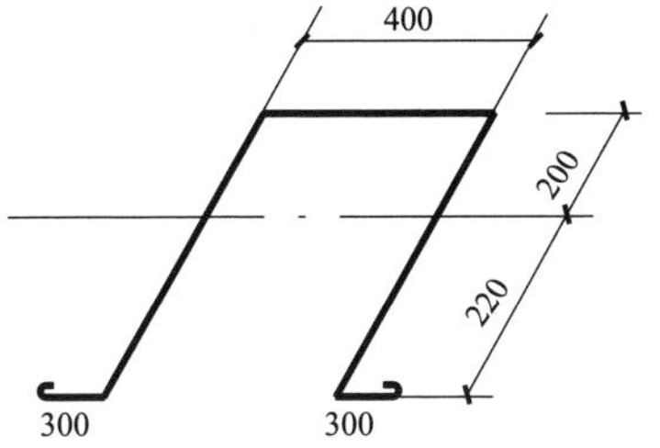

钢爬梯详图

图 12-63　5.0×(2.0/2.0)×1.9 钢筋混凝土四通电缆井（三）(B-4-3)

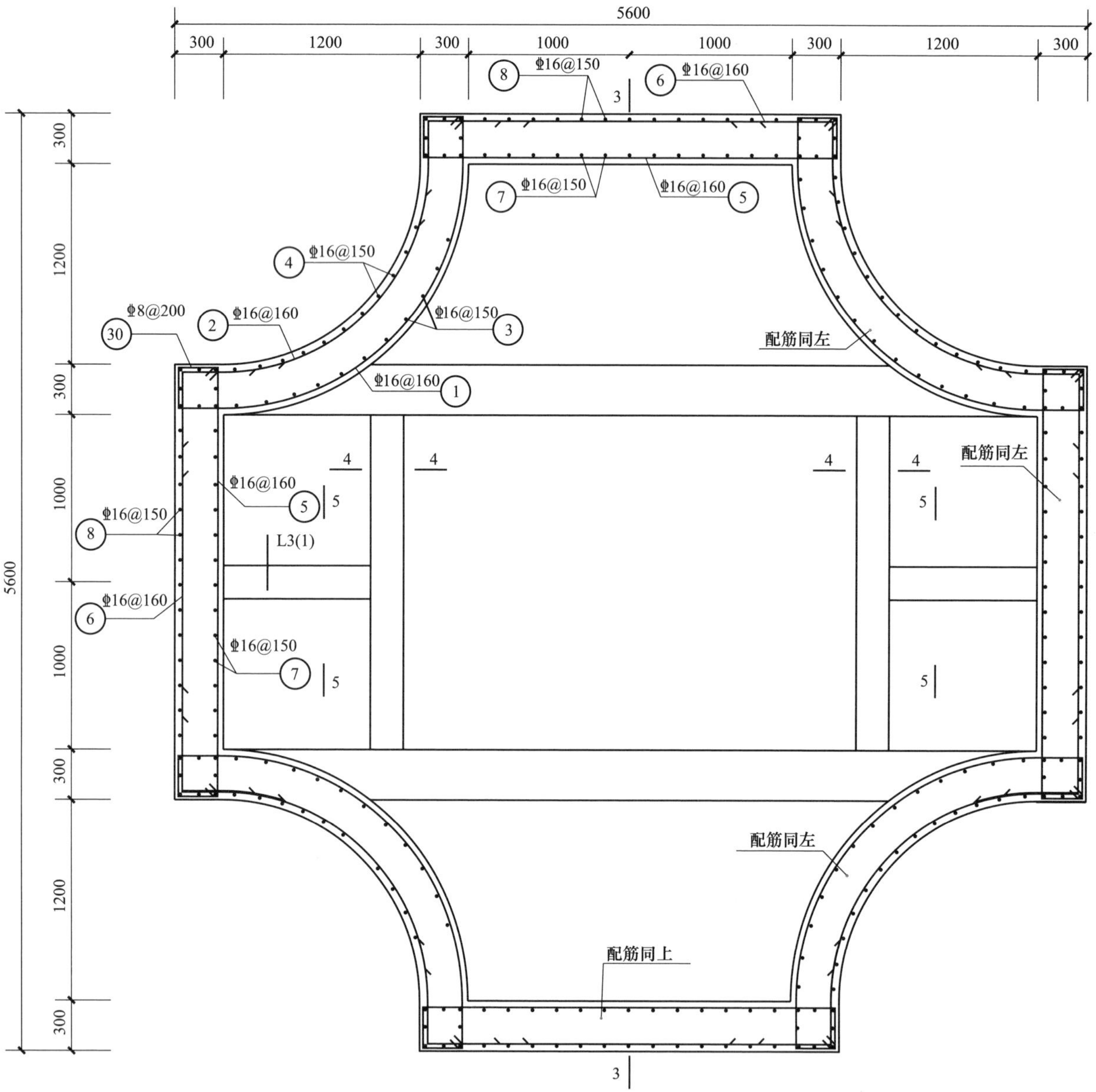

井壁配筋图

图 12-64　5.0×(2.0/2.0)×1.9 钢筋混凝土四通电缆井（四）（B-4-4）

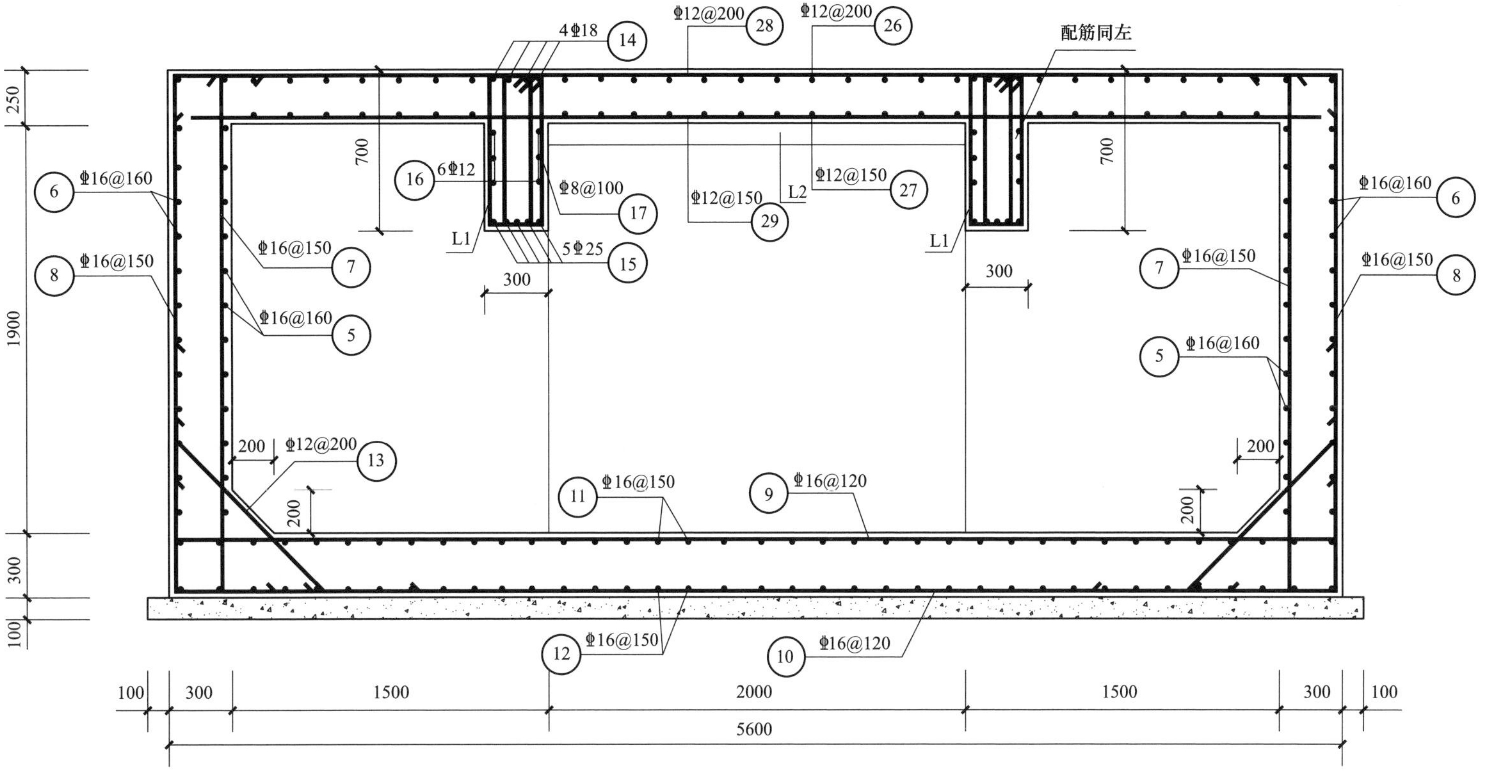

3-3

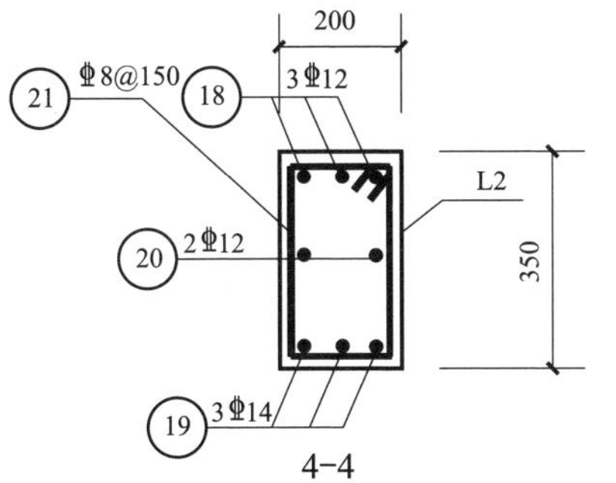

4-4

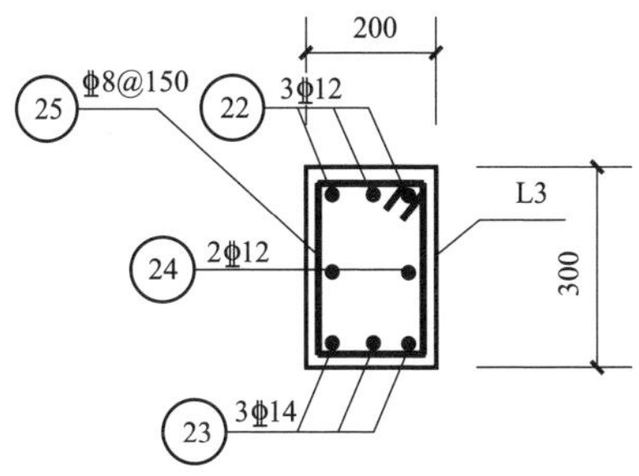

5-5

图 12-65　5.0×(2.0/2.0)×1.9 钢筋混凝土四通电缆井（五）(B-4-5)

5.0×（2.0/2.0）×1.9钢筋混凝土四通电缆井钢筋表

编号	简图	型号	长度(mm)
1	600 275 R1475 2370 275 600	Φ16@160	4120
2	600 275 R1225 1925 275 600	Φ16@160	3675
3	200 2350 600	Φ16@150	3150
4	200 2350 600	Φ16@150	3150
5	600 2550 600	Φ16@160	3750
6	600 2550 600	Φ16@160	3750
7	200 2350 600	Φ16@150	3150
8	200 2350 600	Φ16@150	3150
9	300 2550~5550 300	Φ16@120	3050~6050
9'	300 6420~8350 300	Φ16@120	7020~8950
10	300 2550~5550 300	Φ16@120	3050~6050
10′	300 6420~8350 300	Φ16@120	7020~8950
11	300 2550~5550 300	Φ16@120	3150~6150
11′	300 8350 300	Φ16@120	8950
12	300 2550~5550 300	Φ16@120	3150~6150
12′	300 8350 300	Φ16@120	8950
13	300 1010 300	Φ12@200	1610
14	300 5550 300	Φ18	6150
15	5550	Φ25	5550
16	5550	Φ12	5550
17	250 650 250 650	Φ8@100	1800
18	200 2550 200	Φ12	2950
19	2550	Φ14	2550
20	2550	Φ12	2550
21	150 300 150 300	Φ8@150	900
22	200 1350 200	Φ12	1750
23	1350	Φ14	1350
24	1350	Φ12	1350
25	150 250 150 250	Φ8@150	800
26	200 2550~5550 200	Φ12@200	2950~5950
27	3000~5300	Φ12@150	2250~5250
28	200 1350~5550 200	Φ12@200	1750~5950
29	1150~5300	Φ12@150	1150~5300
30	250 250 250 250	Φ8@200	1000
31	井壁、底板(含集水坑)混凝土量(不含井圈壁)	25.78m³	
32	垫层混凝土量	2.58m³	

说明：每米钢筋用量表中列出的材料为统计工程量时的参考值，准确材料量以施工时的实际用量为准。

图 12-66　5.0×(2.0/2.0)×1.9 钢筋混凝土四通电缆井（六）（B-4-6）

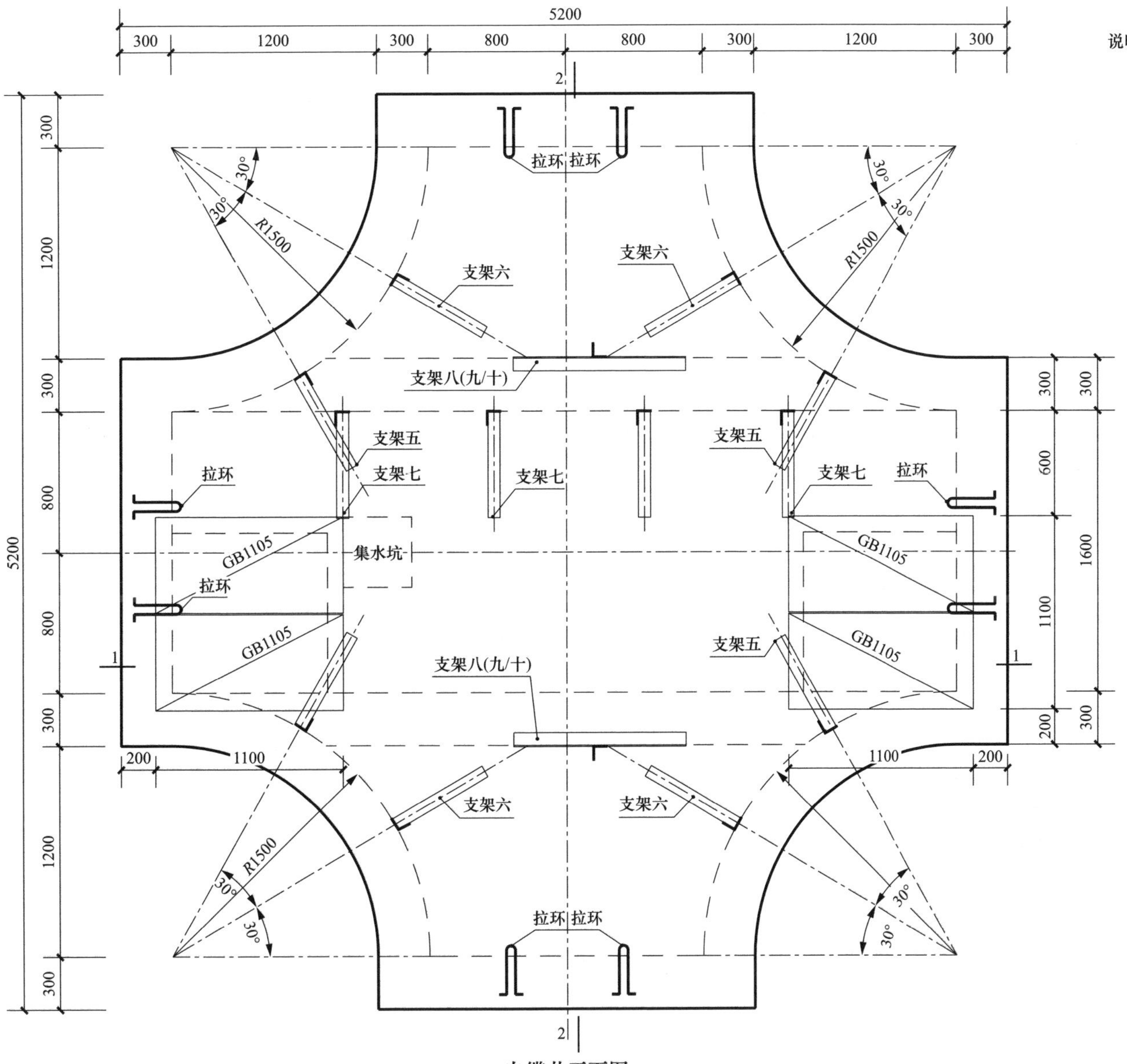

说明：1. 混凝土强度等级C30；素混凝土垫层C20；主体混凝土抗渗等级P6。

2. 钢筋ф为HPB300，钢筋ф为HRB400，型钢采用Q235B，电焊条用E43型，焊缝高度6mm。

3. 受力钢筋的保护层厚度不小于35mm，其余部分均为25mm，未标注的纵筋锚固长度为35*d*，详见图集《22G101-1》。

4. 电缆井预埋件，所有外露铁件均需镀锌处理，现场施焊后，对焊缝焊后均需刷两道防锈漆，两道银粉漆。

5. 电缆井采用清水模板施工，一次浇筑，不再二次抹面。

6. 预埋铁M1面与沟壁抹灰面平，电缆支架面应与沟壁贴紧。

7. 侧壁设梅花布置@=500的ф8拉结筋，底板设马凳筋。

8. 地基处理：

(1) 地层为原状黄土层（无湿陷性）、砂砾（角砾）层、岩石层等承载力不小于100kPa时，电缆井垫层下无需再做地基处理。

(2) 地层为素填土、湿陷性黄土等承载力小于100kPa时，电缆井垫层下换填500mm厚3：7灰土，换填范围外扩垫层每边各300mm，压实系数不小于0.97。

(3) 如地基存在软弱下卧层、淤泥、盐渍土、冻土等不良地质现象，应根据具体工程地质条件，按相关规范要求进行处理。

9. 电缆井井壁应提前预埋电缆进出线套管，避免穿缆时后开洞，破坏主体结构及防水。埋管位置可根据现场实际情况进行预留和调整，电缆穿过埋管后采用沥青油麻丝灌缝等防水做法，具体做法详见《110kV及以下电缆敷设》（12D101-5）标准图集。

10. 电缆井底板按0.5%纵向找坡，坡向集水坑，少量集水可定期抽排。

11. 电缆支架采用角钢支架，角钢需采用热镀锌处理。

12. 电缆支架800~1000mm设置一处。

13. 人孔井位置可根据工程实际情况进行调整。

图 12-67　5.0×(1.6/1.6)×1.9 钢筋混凝土四通电缆井（一）(B-4-7)

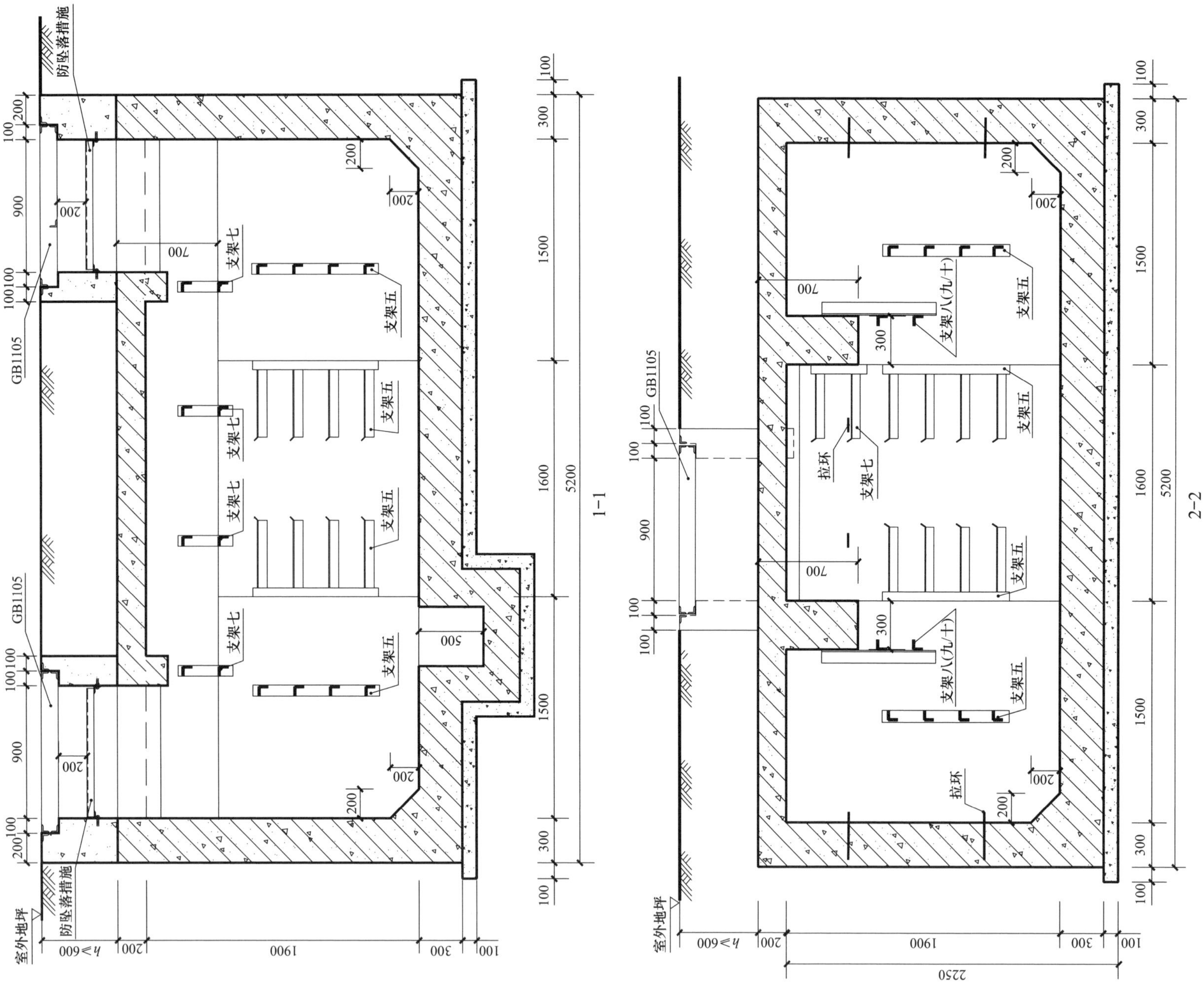

图 12-68 5.0×(1.6/1.6)×1.9 钢筋混凝土四通电缆井（二）（B-4-8）

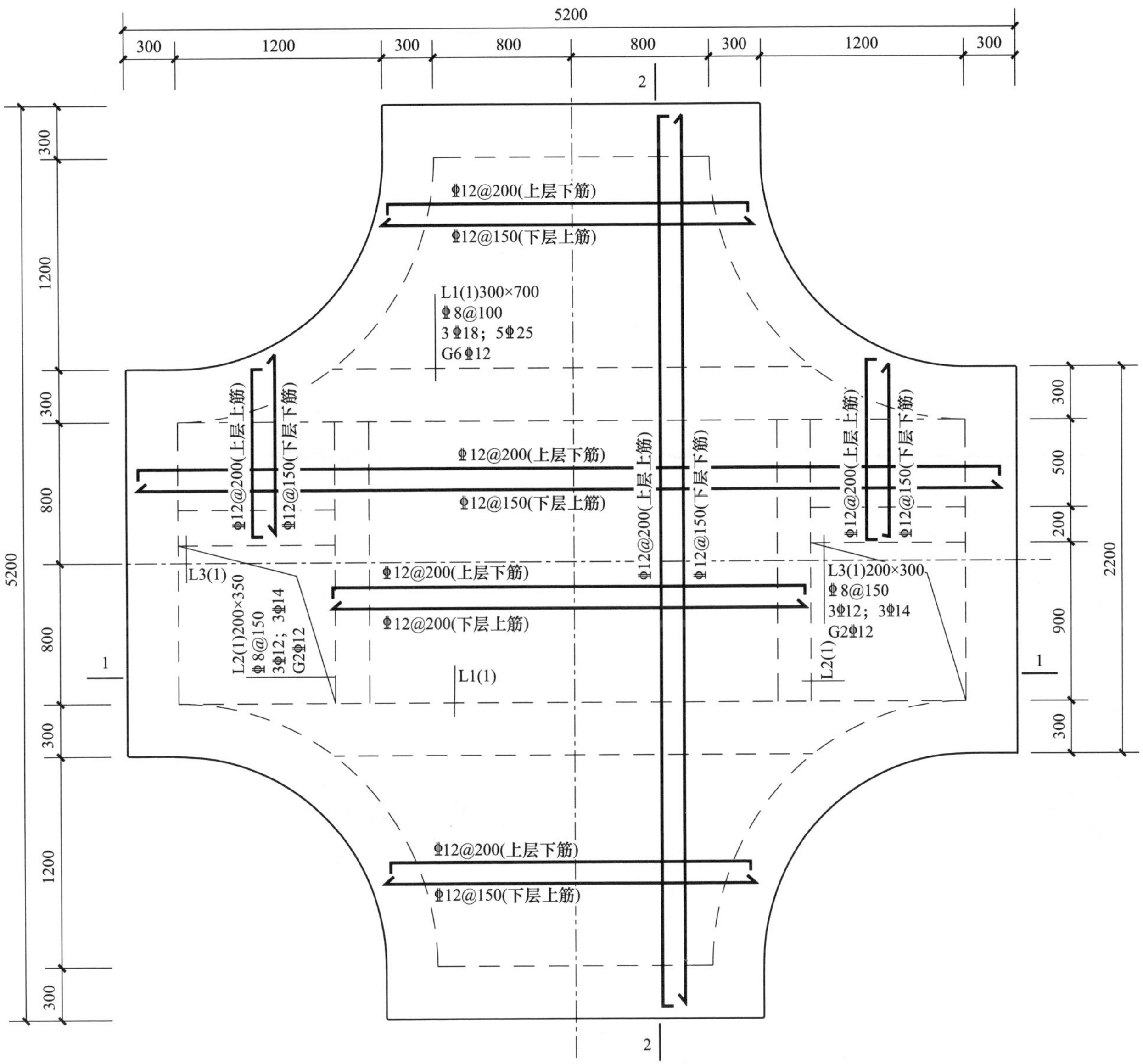

顶板配筋图

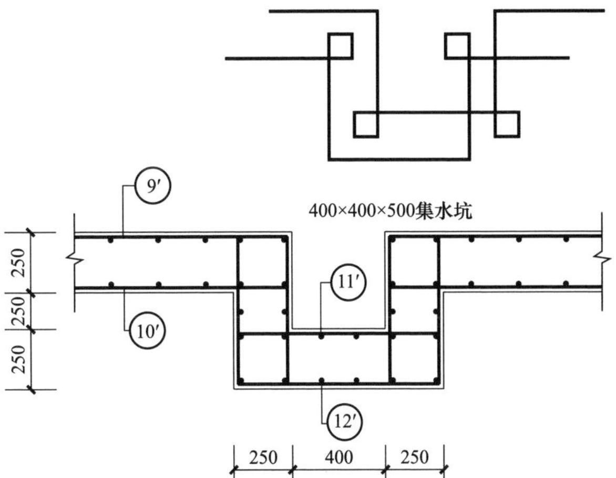

集水坑配筋图

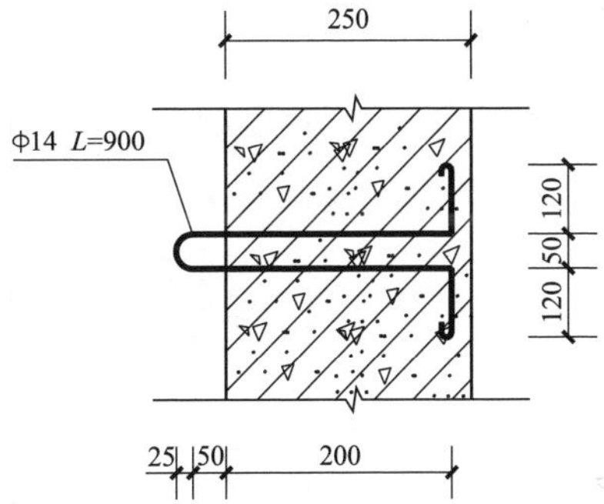

拉环

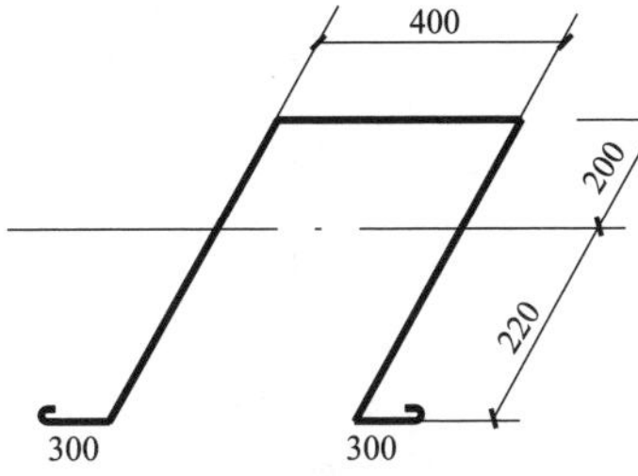

钢爬梯详图

图 12-69　5.0×(1.6/1.6)×1.9 钢筋混凝土四通电缆井（三）(B-4-9)

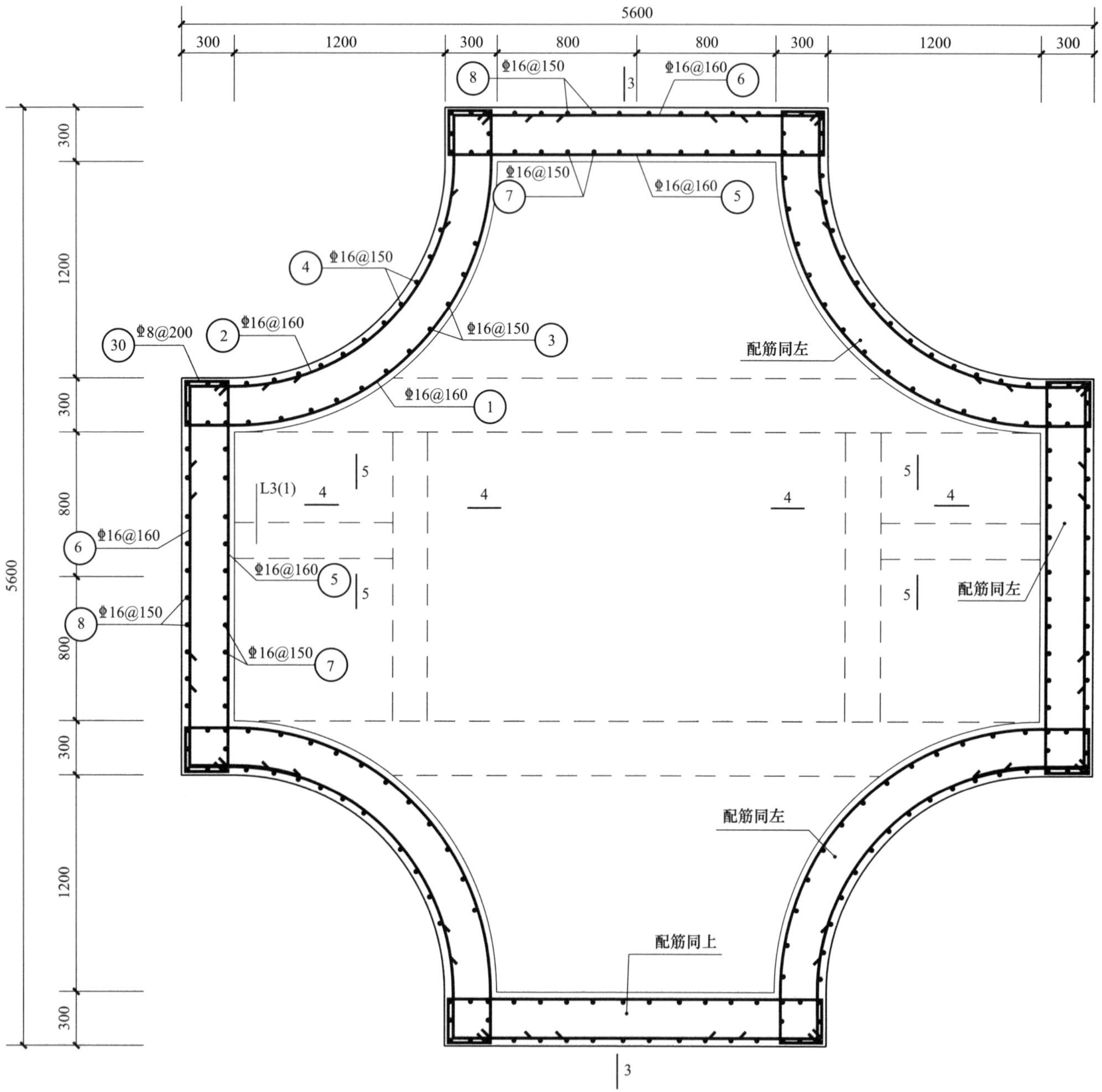

井壁配筋图

图 12-70　5.0×(1.6/1.6)×1.9 钢筋混凝土四通电缆井（四）(B-4-10)

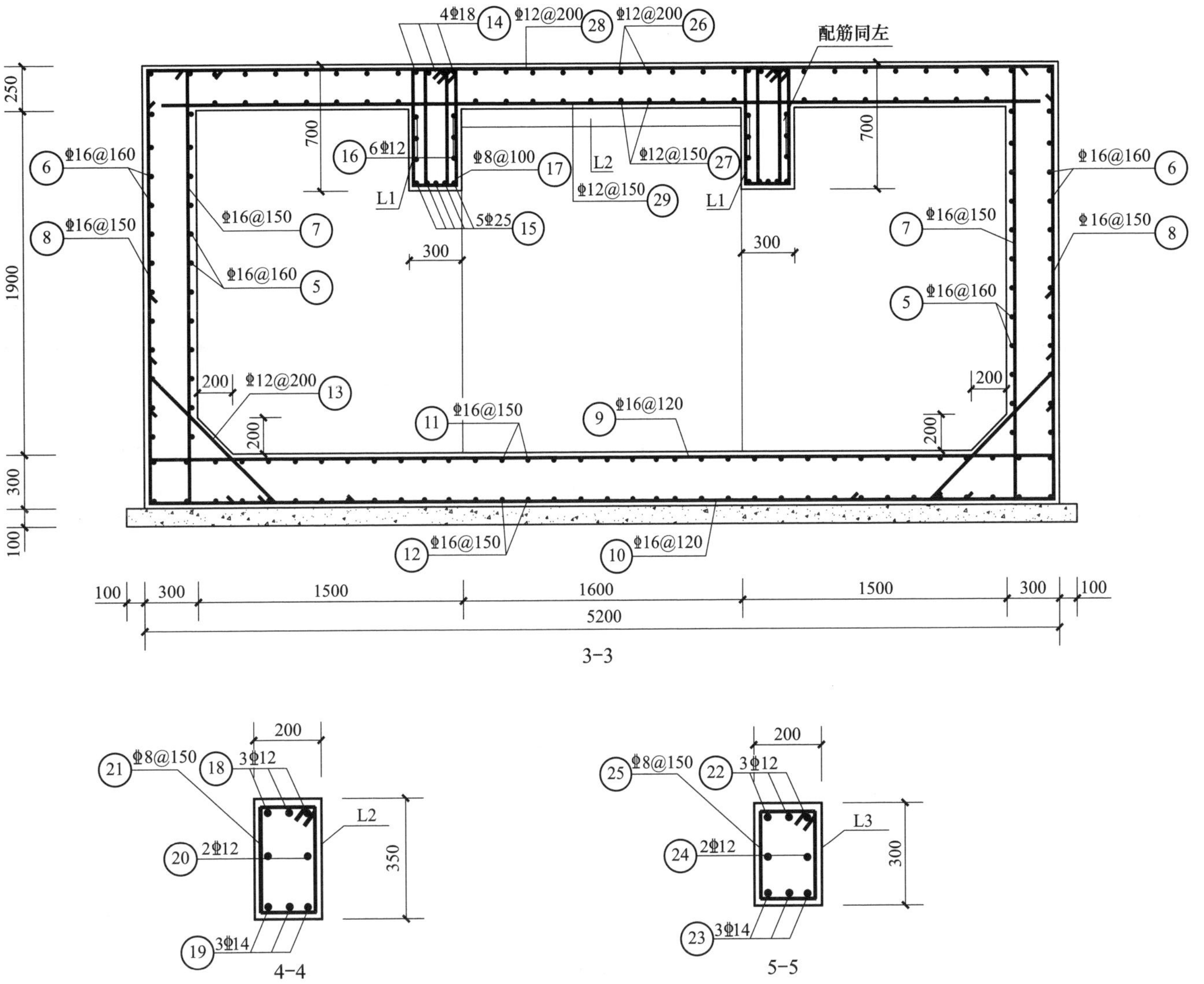

图 12-71　5.0×(1.6/1.6)×1.9 钢筋混凝土四通电缆井（五）（B-4-11）

5.0×(1.6/1.6)×1.9钢筋混凝土四通电缆井钢筋表

编号	简图	型号	长度(mm)
1	600 275 R1475 2370 275 600	Φ16@160	4120
2	600 275 R1225 1925 275 600	Φ16@160	3675
3	200 2350 600	Φ16@150	3150
4	200 2350 600	Φ16@150	3150
5	600 2150 600	Φ16@160	3350
6	600 2150 600	Φ16@160	3350
7	200 2350 600	Φ16@150	3150
8	200 2350 600	Φ16@150	3150
9	300 2150~5150 300	Φ16@120	2750~5750
9′	300 6010~7950 300	Φ16@120	6610~8550
10	300 2150~5150 300	Φ16@120	2750~5750
10′	300 6010~7950 300	Φ16@120	6610~8550
11	300 2150~5150 300	Φ16@120	2750~5750
11′	300 7850 300	Φ16@120	8450
12	300 2050~5050 300	Φ16@120	2750~5750
12'	300 7850 300	Φ16@120	8450
13	300 1010 300	Φ12@200	1610
14	300 5150 300	Φ18	5750
15	5150	Φ25	5150
16	5150	Φ12	5150
17	250 650 250 650	Φ8@100	1800
18	200 2150 200	3Φ12	2550
19	2150	3Φ14	2150
20	2150	Φ12	2150
21	150 300 150 300	Φ8@150	900
22	200 1350 200	Φ12	1750
23	1350	Φ14	1350
24	1350	Φ12	1350
25	150 250 150 250	Φ8@150	800
26	200 2150~5150 200	Φ12@200	2550~5550
27	1900~4900	Φ12@150	1900~4900
28	200 950~5050 200	Φ12@200	1350~5450
29	750~4900	Φ12@150	750~4900
30	250 250 250 250	Φ8@200	1000
31	井壁、底板(含集水坑)混凝土量(不含井圈壁)	24.16m³	
32	垫层混凝土量	2.12m³	

说明：每米钢筋用量表中列出的材料为统计工程量时的参考值，准确材料量以施工时的实际用量为准。

图 12-72　5.0×(1.6/1.6)×1.9 钢筋混凝土四通电缆井（六）(B-4-12)

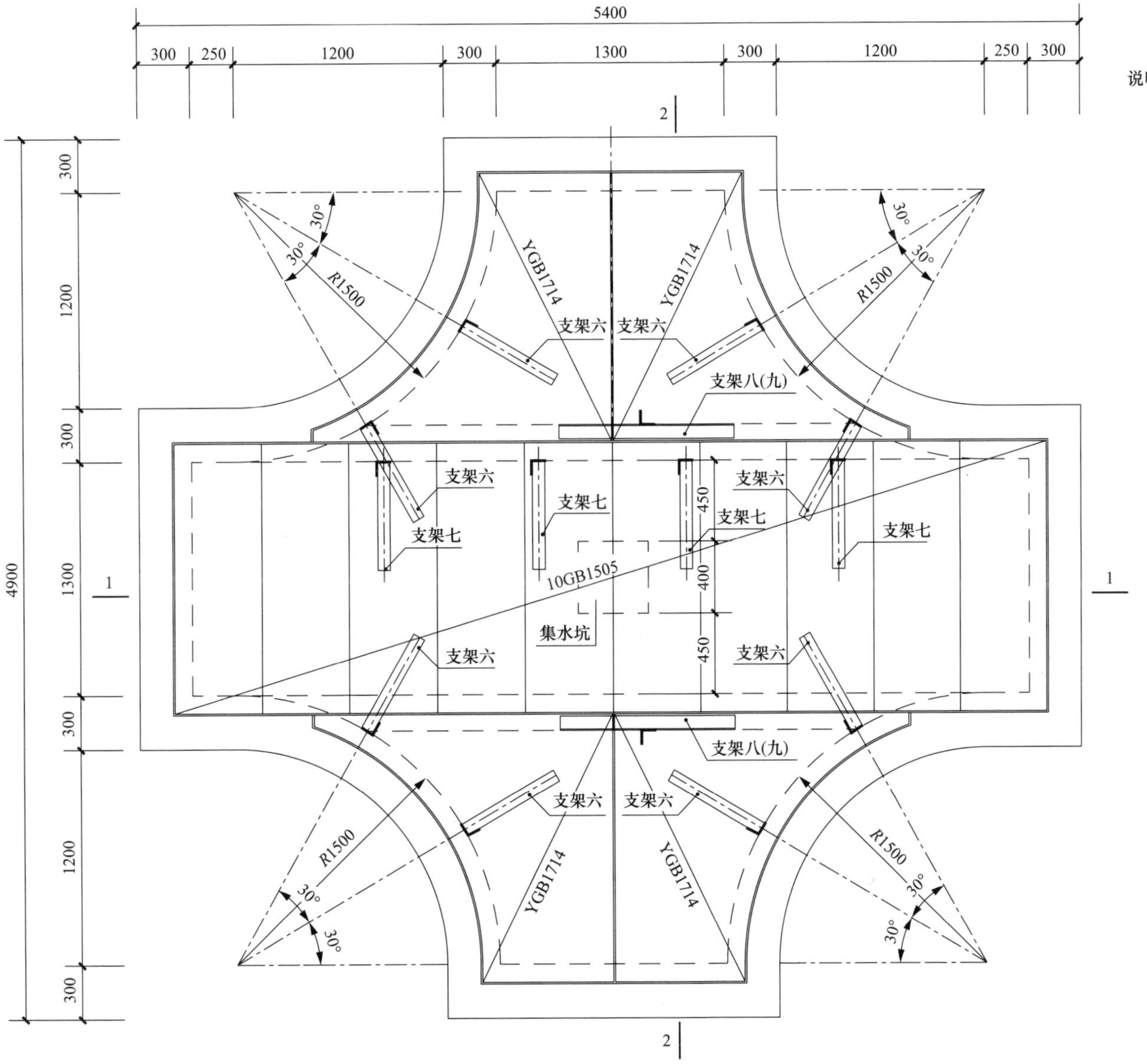

电缆井平面图

说明：1. 混凝土强度等级C30；素混凝土垫层C20；主体混凝土抗渗等级P6。

2. 钢筋Φ为HPB300，钢筋Φ为HRB400，型钢采用Q235B，电焊条用E43型，焊缝高度6mm。

3. 受力钢筋的保护层厚度不小于35mm，其余部分均为25mm，未标注的纵筋锚固长度为35*d*，详见图集《22G101-1》。

4. 电缆井预埋件，所有外露铁件均需镀锌处理，现场施焊后，对焊缝焊后均需刷两道防锈漆，两道银粉漆。

5. 电缆井采用清水模板施工，一次浇筑，不再二次抹面。

6. 预埋铁M1面与沟壁抹灰面平，电缆支架面应与沟壁贴紧。

7. 侧壁设梅花布置@=500的Φ8拉结筋，底板设马凳筋。

8. 地基处理：

(1) 地层为原状黄土层（无湿陷性）、砂砾（角砾）层、岩石层等承载力不小于100kPa时，电缆井垫层下无需再做地基处理。

(2) 地层为素填土、湿陷性黄土等承载力小于100kPa时，电缆井垫层下换填500mm厚3∶7灰土，换填范围外扩垫层每边各300mm，压实系数不小于0.97。

(3) 如地基存在软弱下卧层、淤泥、盐渍土、冻土等不良地质现象，应根据具体工程地质条件，按相关规范要求进行处理。

9. 电缆井井壁应提前预埋电缆进出线套管，避免穿缆时后开洞，破坏主体结构及防水。埋管位置可根据现场实际情况进行预留和调整，电缆穿过埋管后采用沥青油麻丝灌缝等防水做法，具体做法详见《110kV及以下电缆敷设》(12D101-5) 标准图集。

10. 电缆井底板按0.5%纵向找坡，坡向集水坑，少量集水可定期抽排。

11. 电缆支架采用角钢支架，角钢需采用热镀锌处理。

12. 电缆支架800~1000mm设置一处。

图 12-73　5.0×(1.3/1.3)×1.5 钢筋混凝土四通电缆井（盖板开启式）（一）（B-4-13）

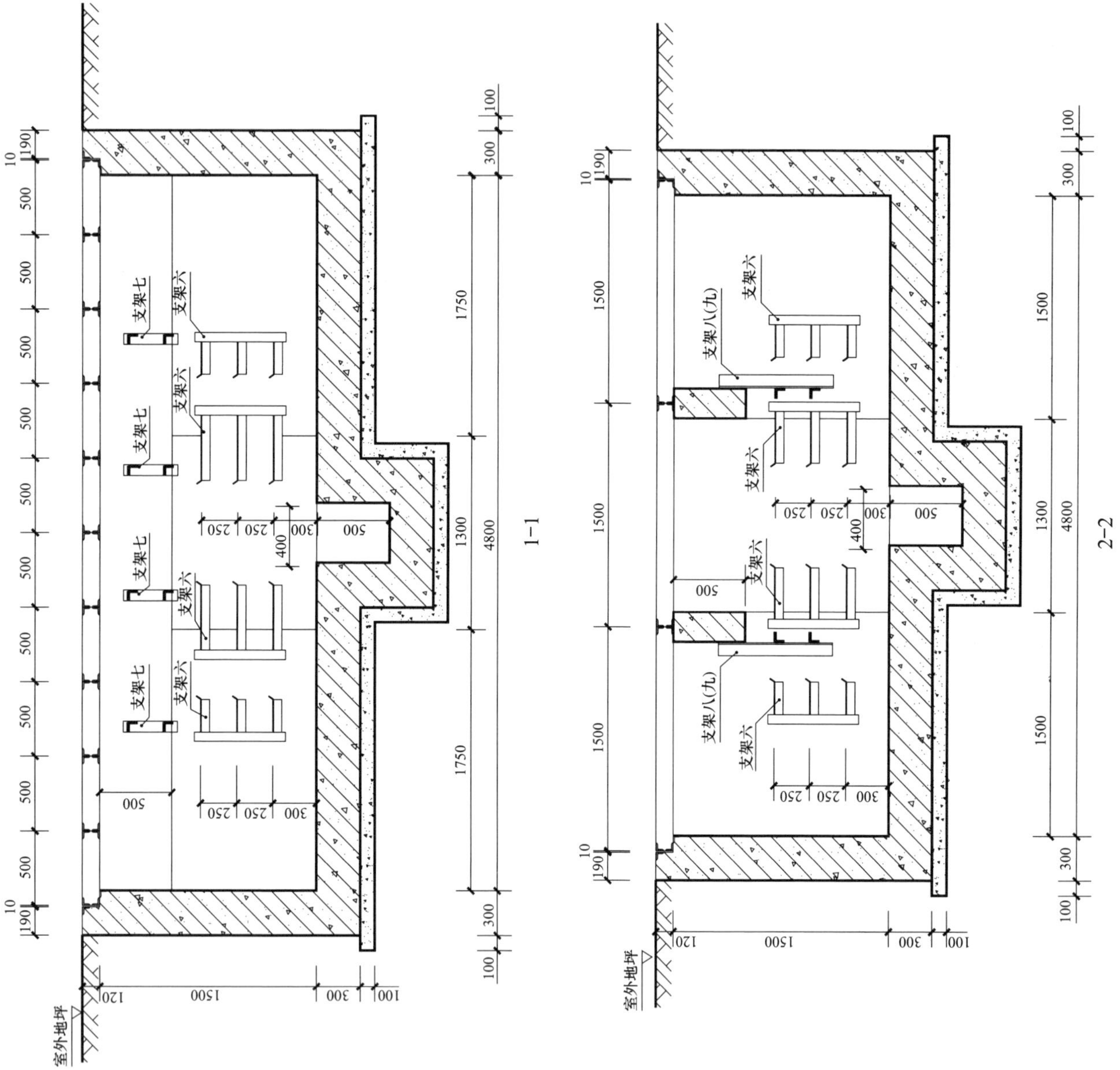

图 12-74　5.0×(1.3/1.3)×1.5 钢筋混凝土四通电缆井（盖板开启式）（二）（B-4-14）

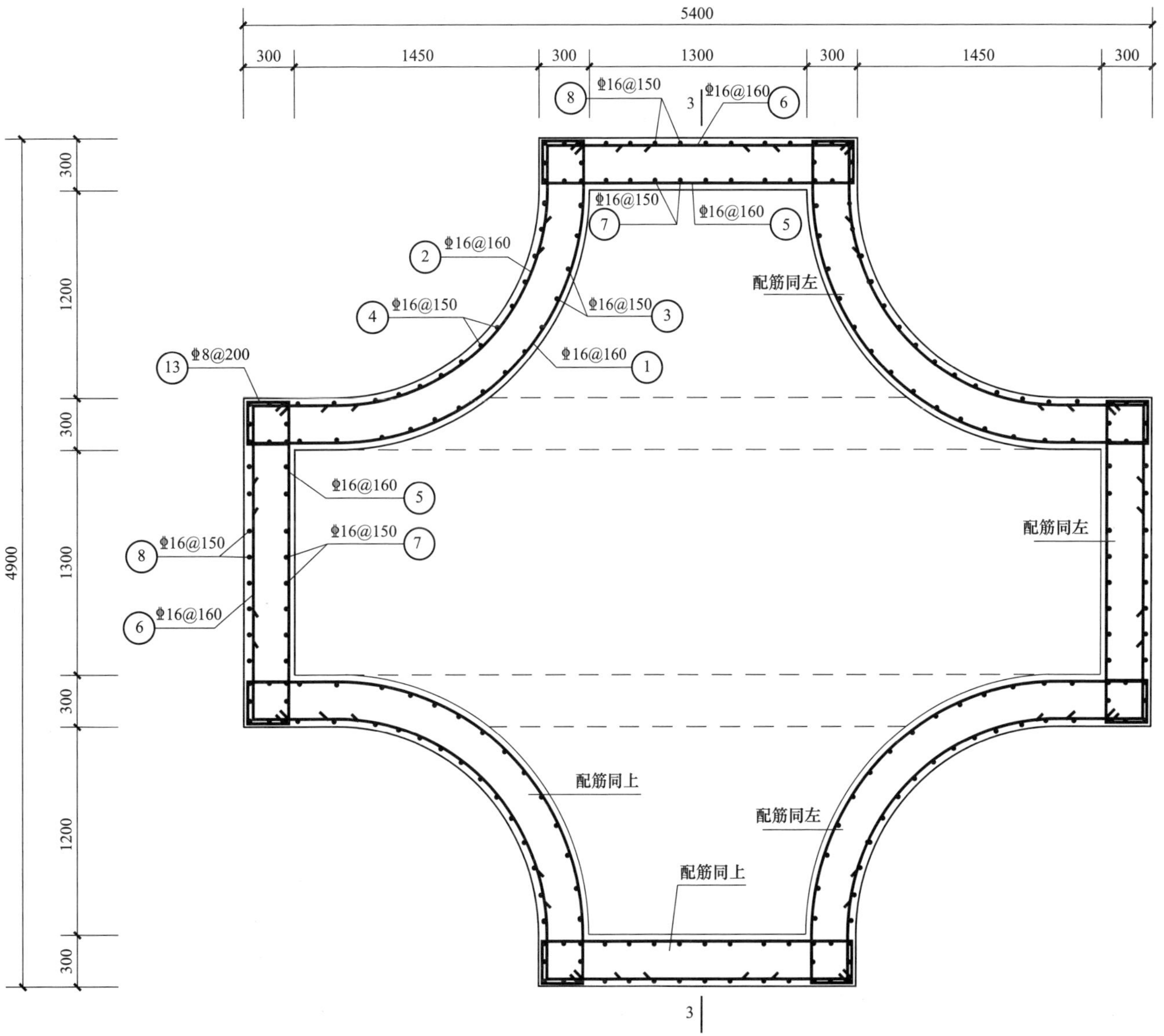

结构平面图

图 12-75　5.0×(1.3/1.3)×1.5 钢筋混凝土四通电缆井（盖板开启式）（三）（B-4-15）

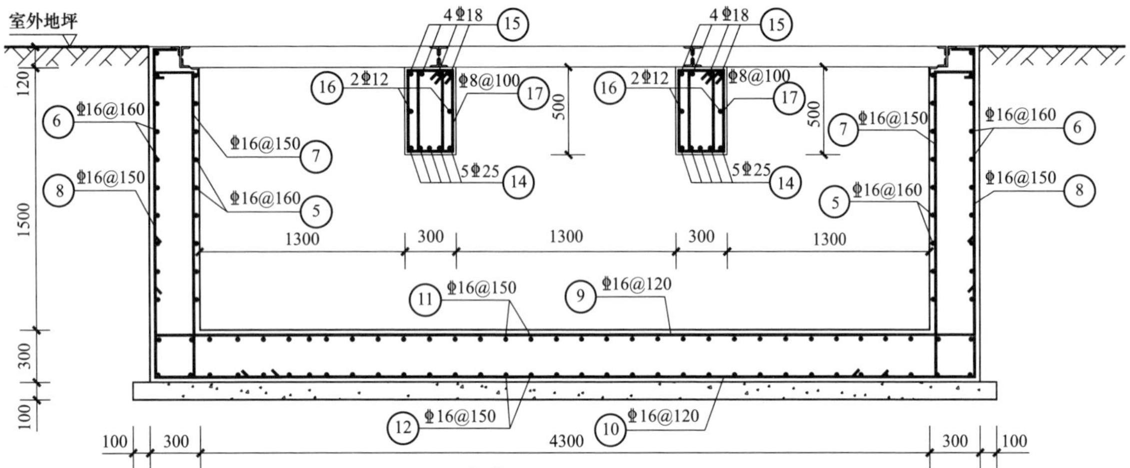

3-3

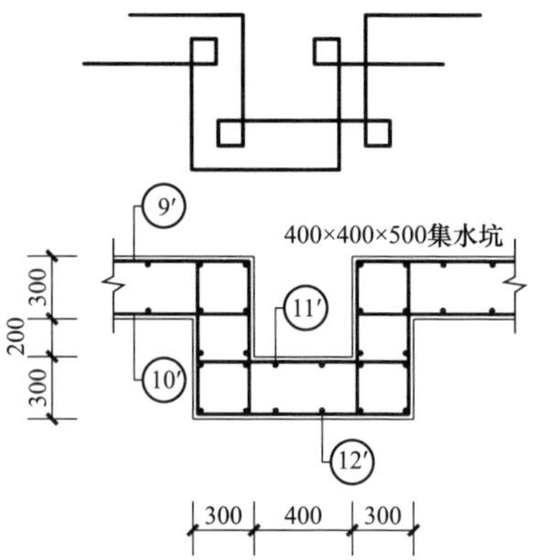

集水坑配筋图

5.0×(1.3/1.3)×1.5四通电缆井钢筋表

编号	简图	型号	长度(mm)
1	600, 525, R1475, 2320, 275, 600	Φ16@160	4320
2	600, 525, R1225, 1925, 275, 600	Φ16@160	3925
3	250, 1750, 600	Φ16@150	2600
4	150, 1870, 600	Φ16@150	2620
5	600, 1850, 600	Φ16@160	3050
6	600, 1850, 600	Φ16@160	3050
7	250, 1750, 600	Φ16@150	2600
8	150, 1870, 600	Φ16@150	2620
9	600, 1850~4850, 600	Φ16@160	3050~6050
9′	600, 7650, 600	Φ14@150	8850
10	600, 1850~4850, 600	Φ14@150	2850~6350
10′	600, 7650, 600	Φ16@120	8850
11	600, 1850~5350, 600	Φ16@150	3050~6550
11′	600, 8150, 600	Φ16@150	9350
12	600, 1850~5350, 600	Φ16@150	3050~6550
12′	600, 8150, 600	Φ16@150	9350
13	250, 250, 250, 250	Φ8@200	1000
14	5350	3Φ25	5350
15	300, 5350, 300	3Φ18	5950
16	5350	2Φ12	5350
17	250, 450, 450, 250	Φ8@100	1400
18	井壁、底板(含集水坑)混凝土量(不含井圈壁)	10.81m³	
19	垫层混凝土量	1.82m³	

说明：每米钢筋用量表中列出的材料为统计工程量时的参考值，准确材料量以施工时的实际用量为准。

图 12-76 5.0×(1.3/1.3)×1.5 钢筋混凝土四通电缆井（盖板开启式）（四）（B-4-16）

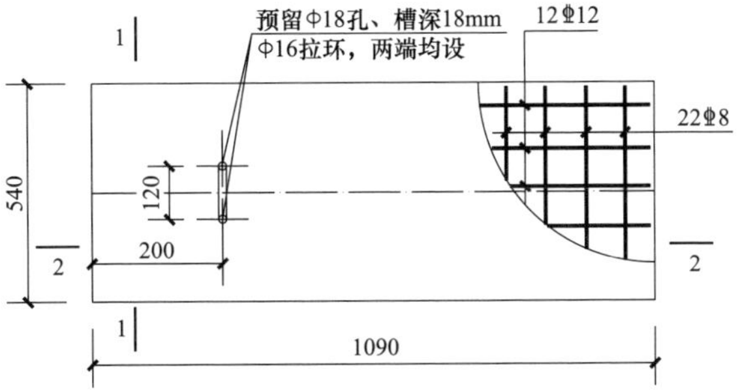

GB1105盖板平面图

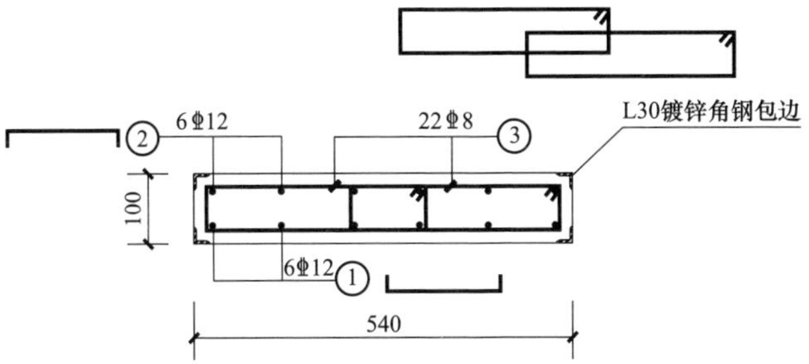

1-1

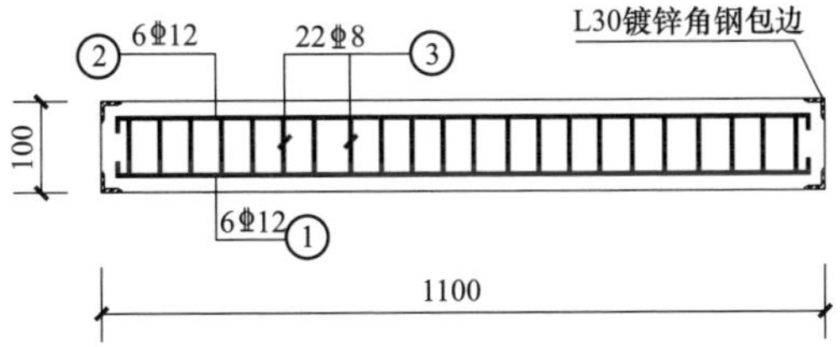

2-2

说明：1. 材料采用C30混凝土，HRB400级钢筋。
2. 钢筋保护层厚度应根据环境条件和耐久性要求等确定，且不应小于30mm。
3. 材料表中钢筋长度是指单根钢筋长度。
4. 盖板采用镀锌角钢加强边角保护。
5. 盖板必需按照设计图纸制作，安装应注意正反面，吊环一侧在上面。
6. 每块盖板均设置吊环，便于安装开启。

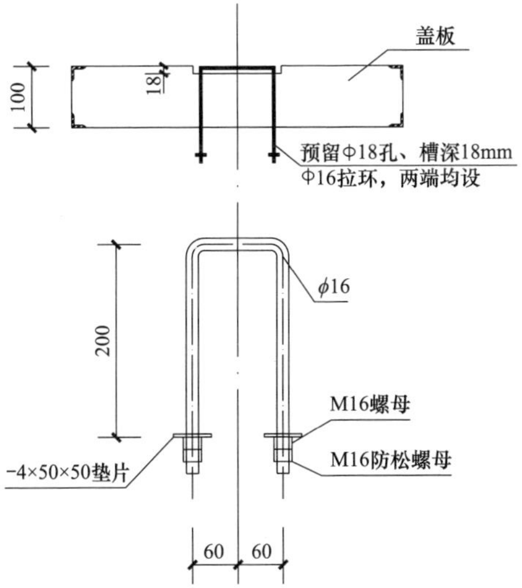

拉环详图

图 12-77　GB1105 盖板加工图（B-T-1）

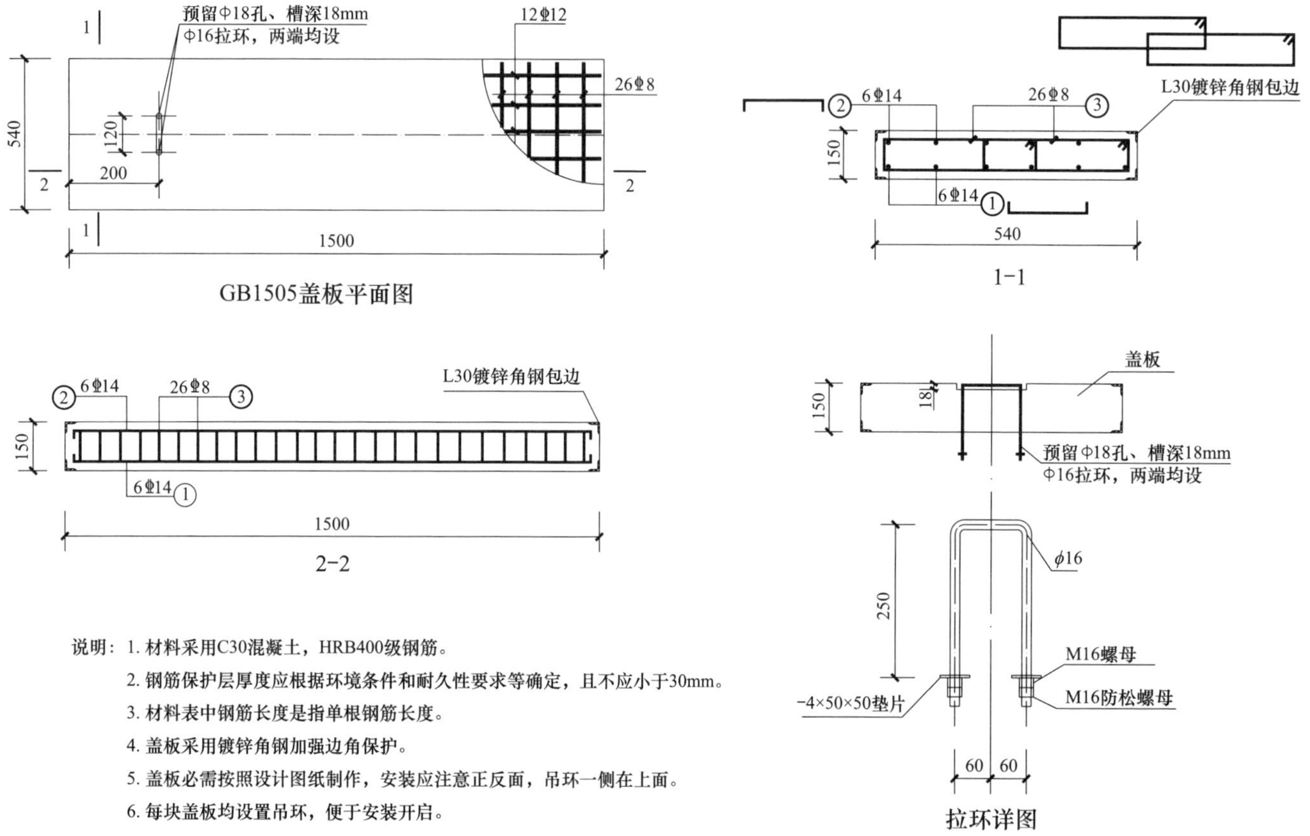

说明：1. 材料采用C30混凝土，HRB400级钢筋。
2. 钢筋保护层厚度应根据环境条件和耐久性要求等确定，且不应小于30mm。
3. 材料表中钢筋长度是指单根钢筋长度。
4. 盖板采用镀锌角钢加强边角保护。
5. 盖板必需按照设计图纸制作，安装应注意正反面，吊环一侧在上面。
6. 每块盖板均设置吊环，便于安装开启。

图 12-78　GB1505 盖板加工图（B-T-2）

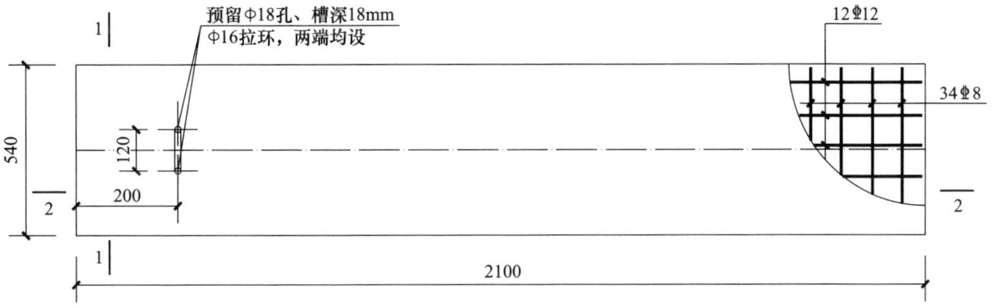

GB2105盖板平面图

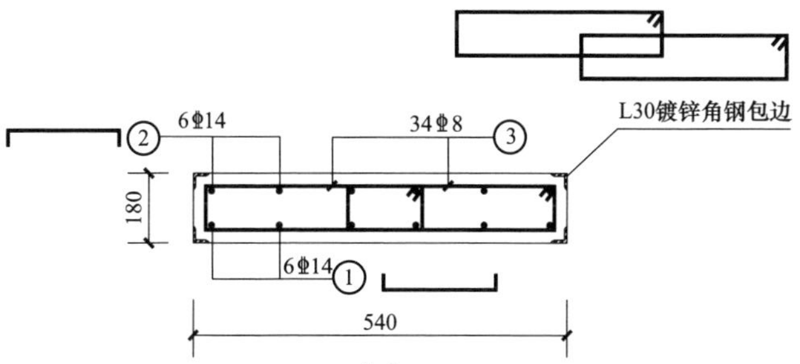

1-1

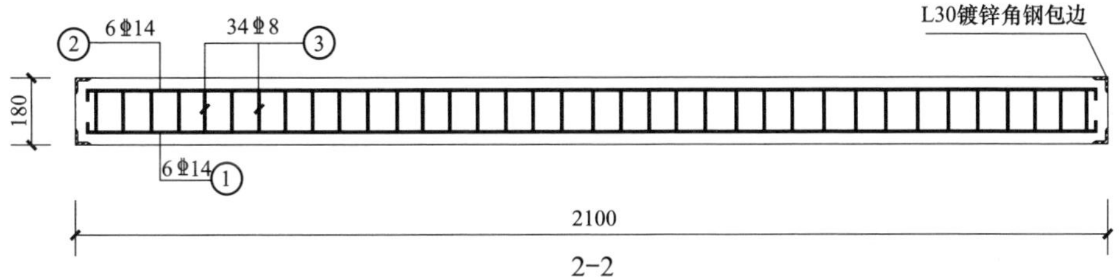

2-2

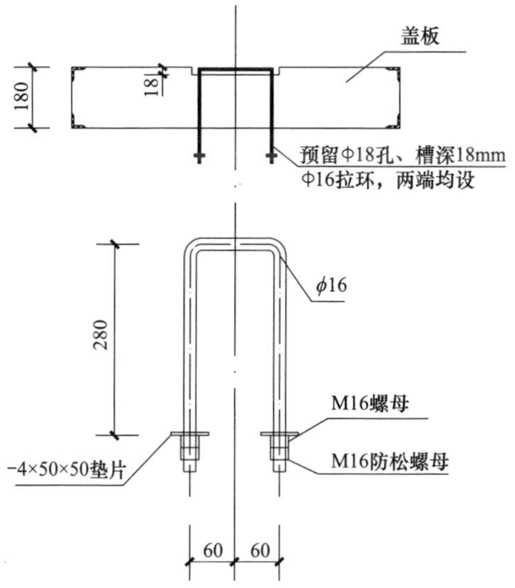

拉环详图

说明：1. 材料采用C30混凝土，HRB400级钢筋。
2. 钢筋保护层厚度应根据环境条件和耐久性要求等确定，且不应小于30mm。
3. 材料表中钢筋长度是指单根钢筋长度。
4. 盖板采用镀锌角钢加强边角保护。
5. 盖板必需按照设计图纸制作，安装应注意正反面，吊环一侧在上面。
6. 每块盖板均设置吊环，便于安装开启。

图 12-79 GB2105 盖板加工图（B-T-3）

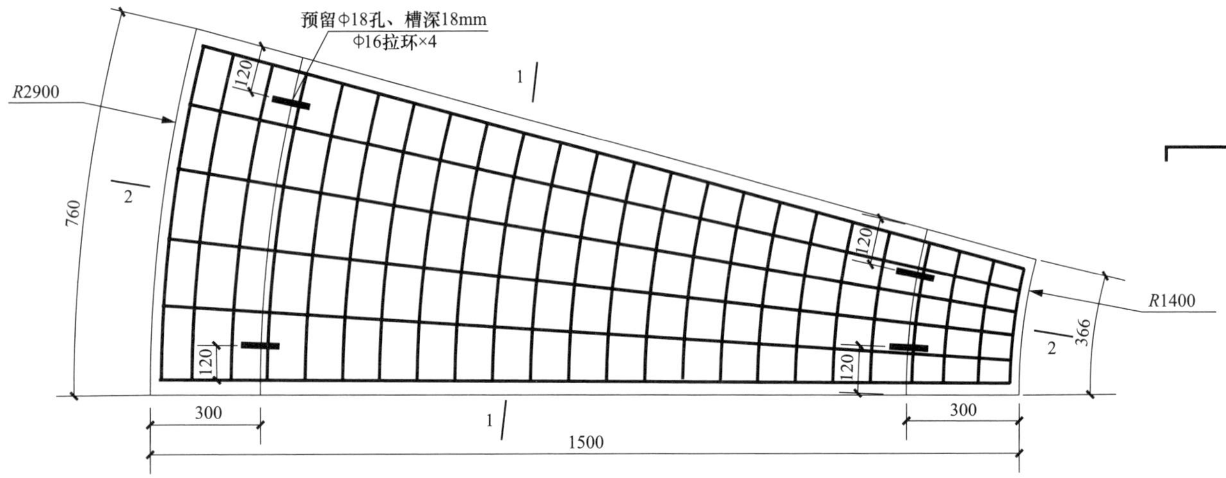

YGB1507盖板平面图

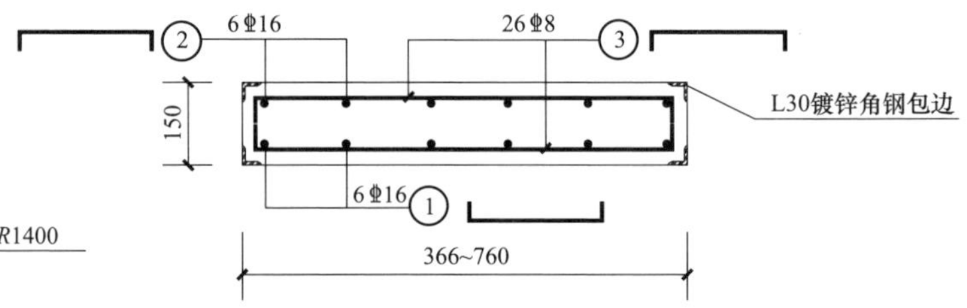

1-1

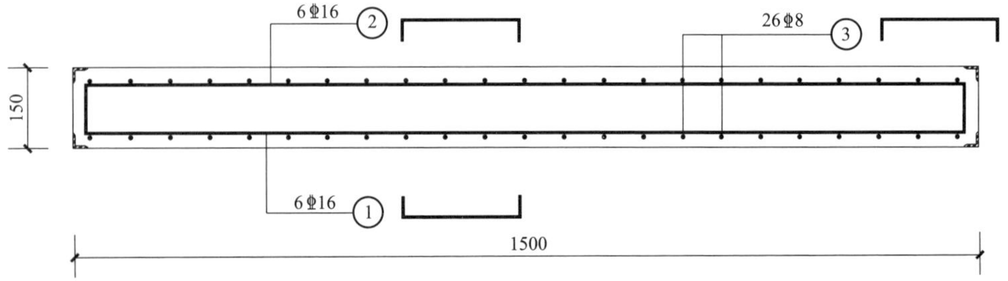

2-2

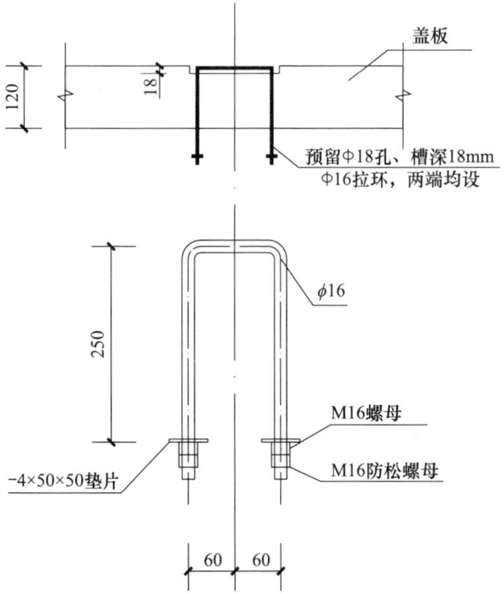

拉环详图

说明：1. 材料采用C30混凝土，HRB400级钢筋。
2. 钢筋保护层厚度应根据环境条件和耐久性要求等确定，且不应小于30mm。
3. 材料表中钢筋长度是指单根钢筋长度。
4. 盖板采用镀锌角钢加强边角保护。
5. 盖板必需按照设计图纸制作，安装应注意正反面，吊环一侧在上面。
6. 每块盖板均设置吊环，便于安装开启。

图 12-80　YGB1507 盖板加工图（B-T-4）

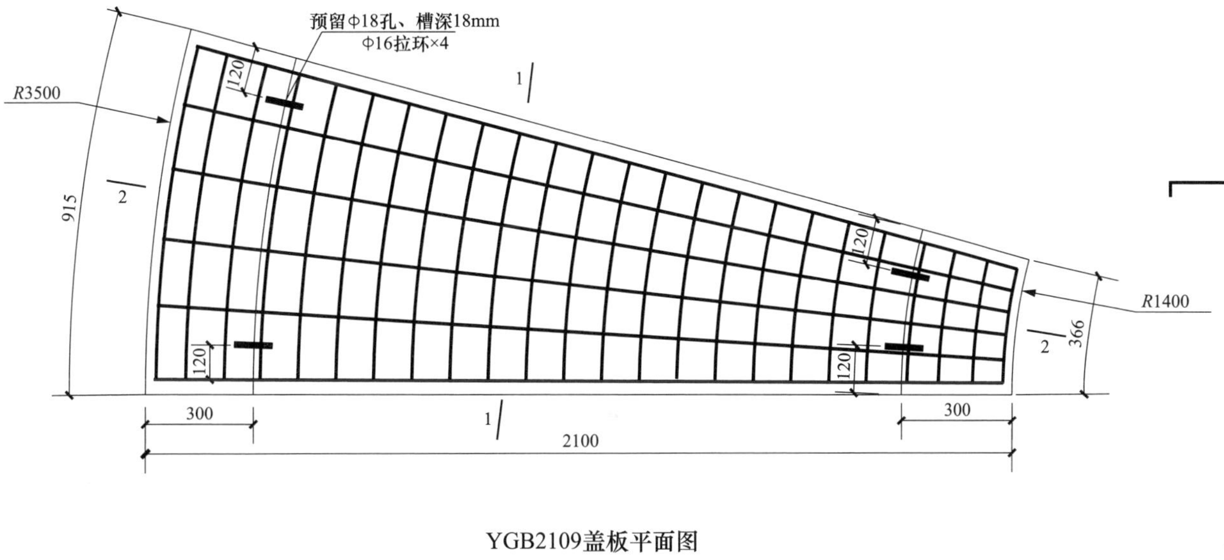

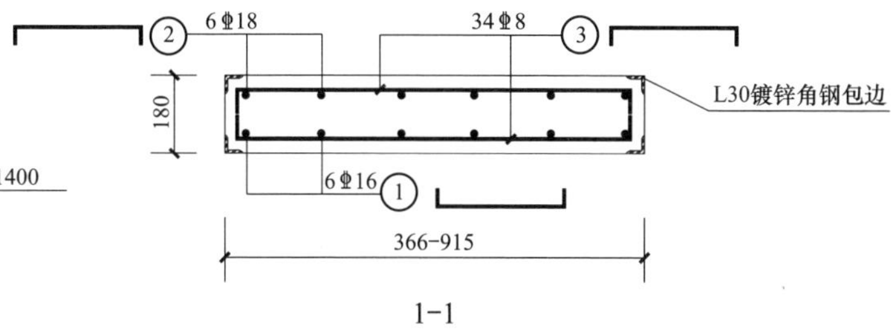

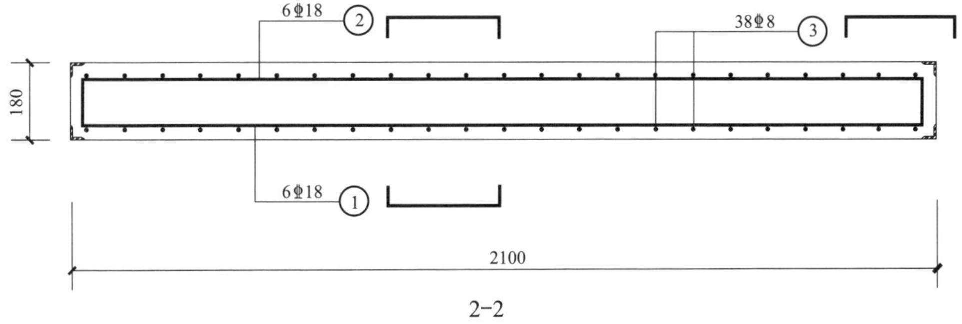

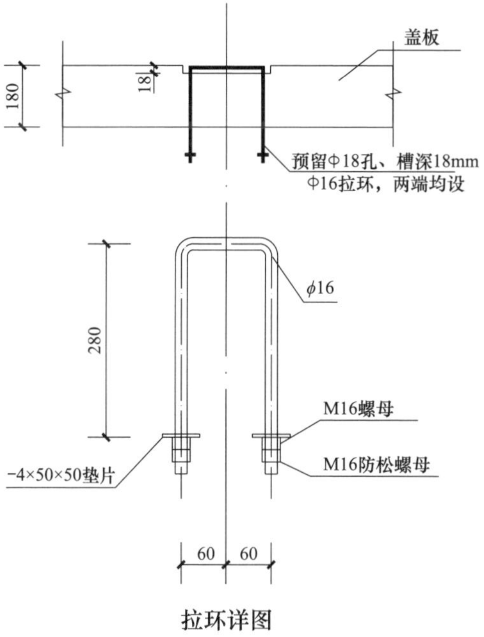

说明：1. 材料采用C30混凝土，HRB400级钢筋。
2. 钢筋保护层厚度应根据环境条件和耐久性要求等确定，且不应小于30mm。
3. 材料表中钢筋长度是指单根钢筋长度。
4. 盖板采用镀锌角钢加强边角保护。
5. 盖板必需按照设计图纸制作，安装应注意正反面，吊环一侧在上面。
6. 每块盖板均设置吊环，便于安装开启。

图 12-81　YGB2109 盖板加工图（B-T-5）

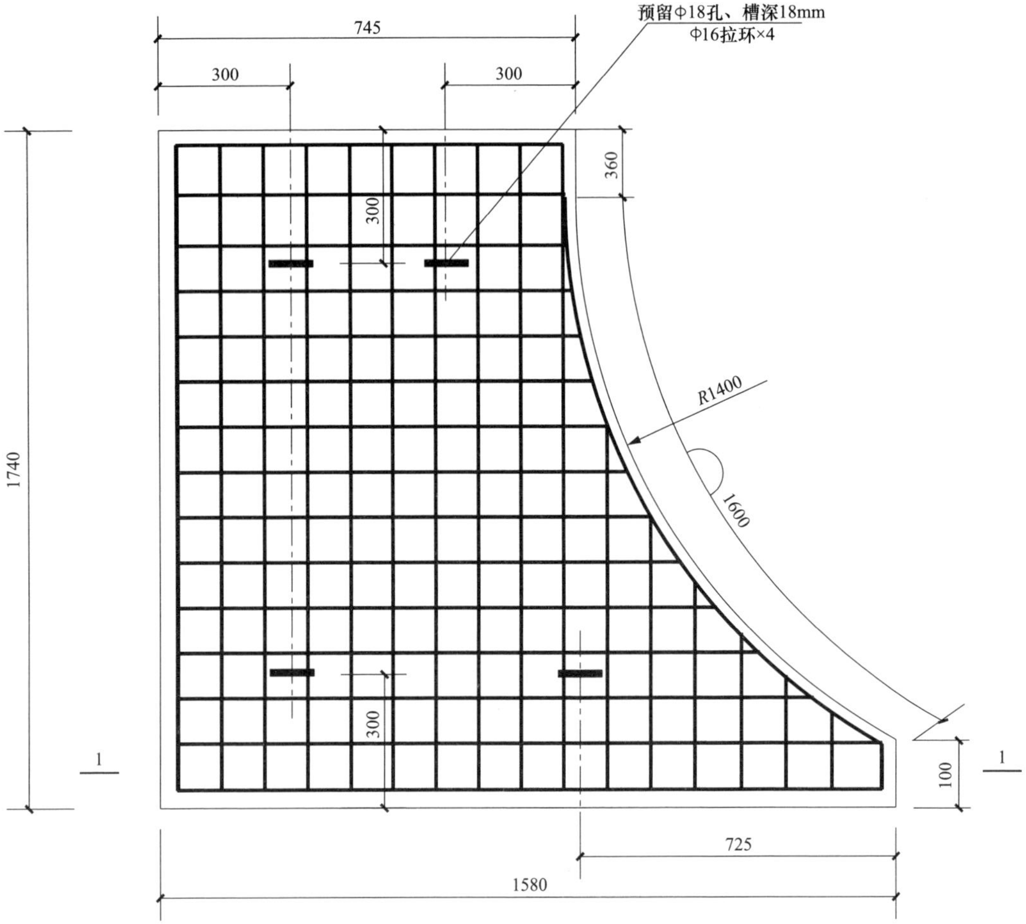

YGB1517盖板平面图

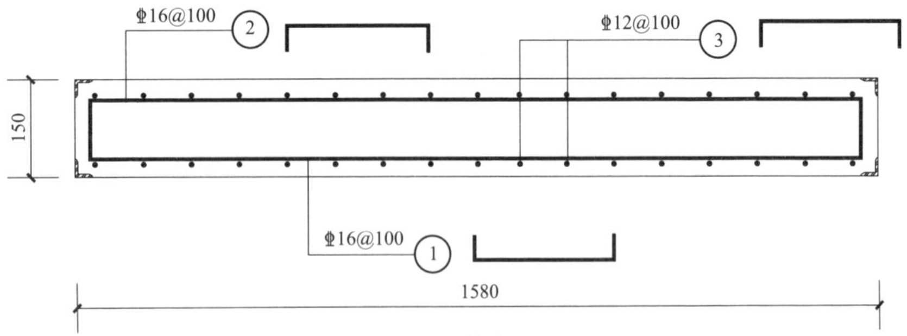

1-1

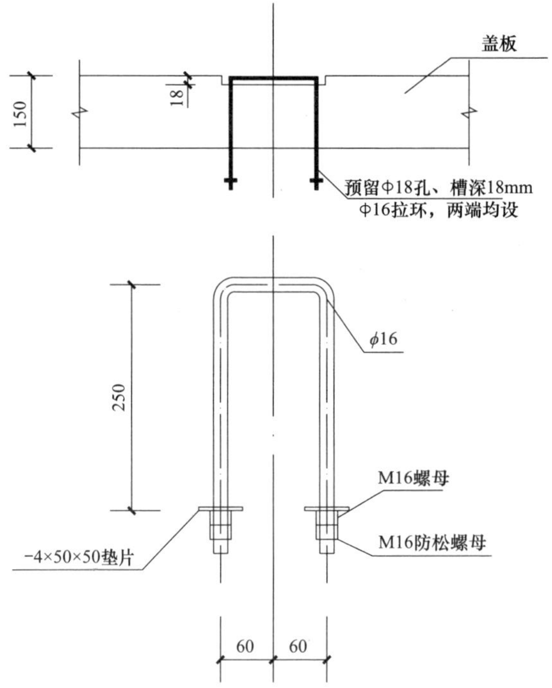

拉环详图

说明：1. 混凝土材料等级：C30。
2. 混凝土保护层厚度为25mm。
3. 钢筋等级：Φ为HPB300级，Φ为HRB400级。
4. 盖板除弧形外边外，均采用镀锌角钢加强边角保护。
5. 盖板必需按照设计图纸制作，安装应注意正反面，吊环一侧在上面。
6. 每块盖板均设置吊环，便于安装开启。

图 12-82　YGB1517 盖板加工图（B-T-6）

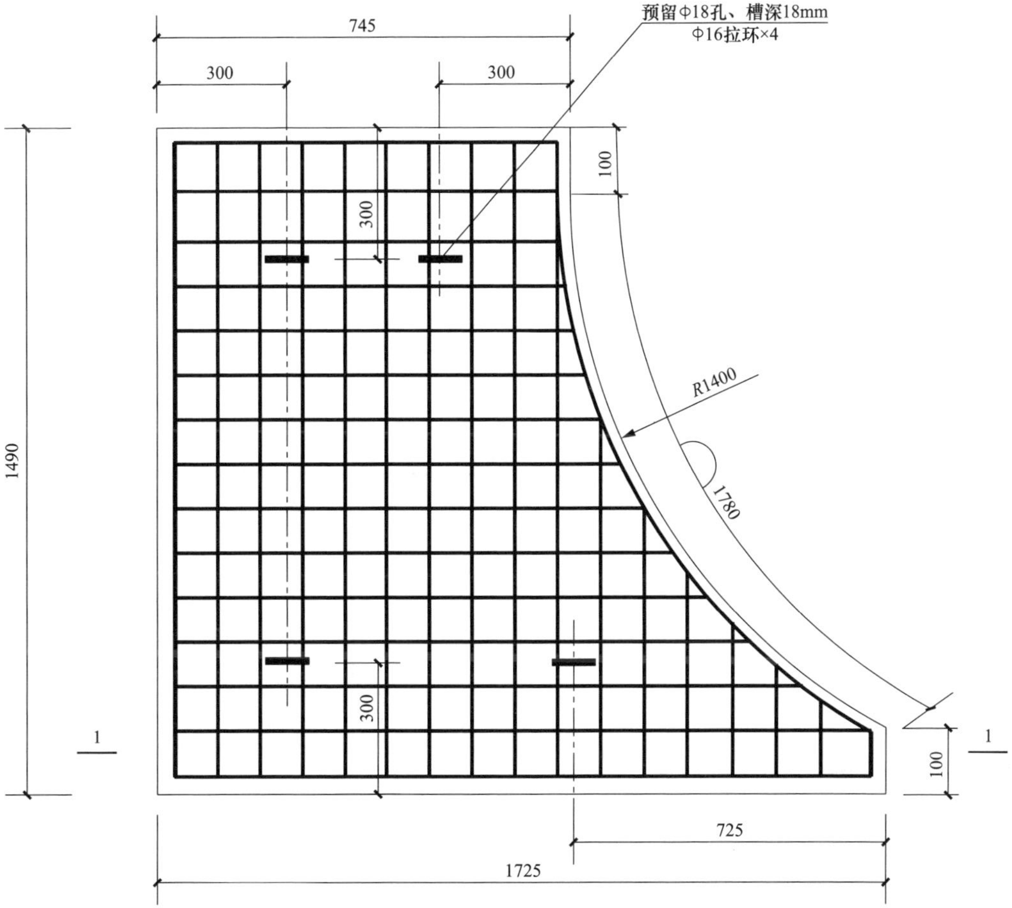

YGB1714盖板平面图

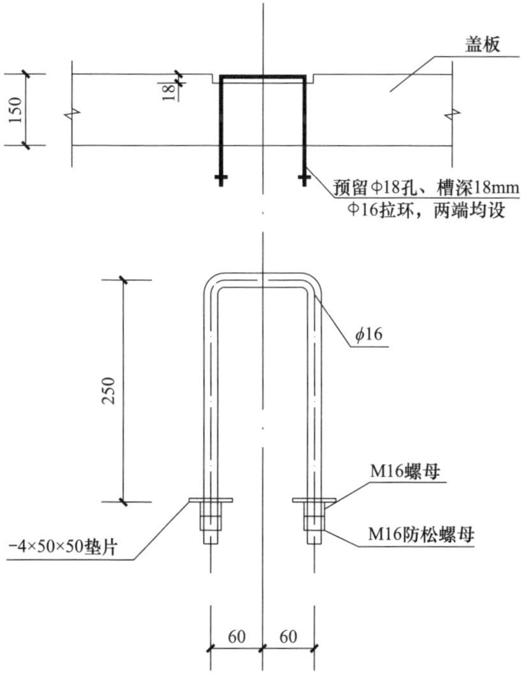

拉环详图

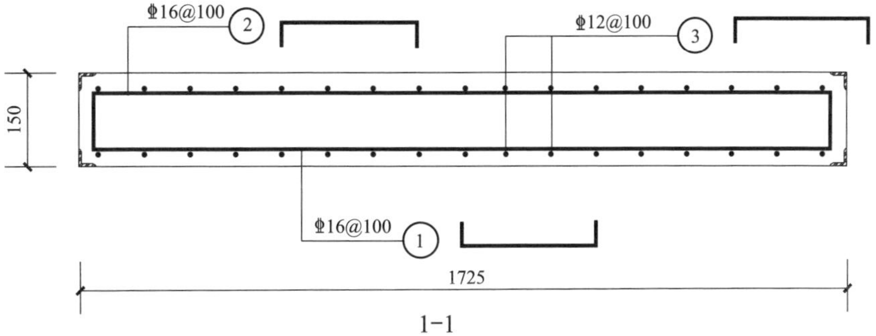

1-1

说明：1. 混凝土材料等级：C30。

2. 混凝土保护层厚度为25mm。

3. 钢筋等级：Φ为HPB300级，Φ为HRB400级。

4. 盖板除弧形外边外，均采用镀锌角钢加强边角保护。

5. 盖板必需按照设计图纸制作，安装应注意正反面，吊环一侧在上面。

6. 每块盖板均设置吊环，便于安装开启。

图 12-83　YGB1714 盖板加工图（B-T-7）

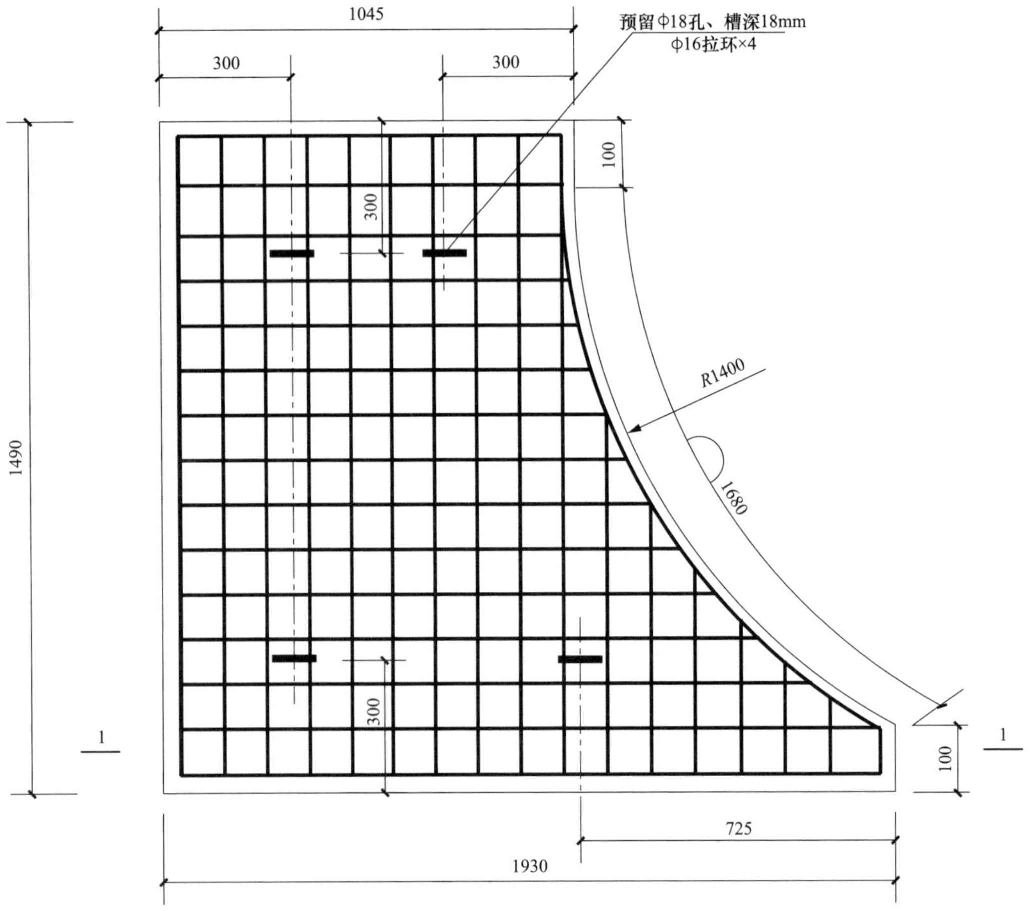

YGB1914盖板平面图

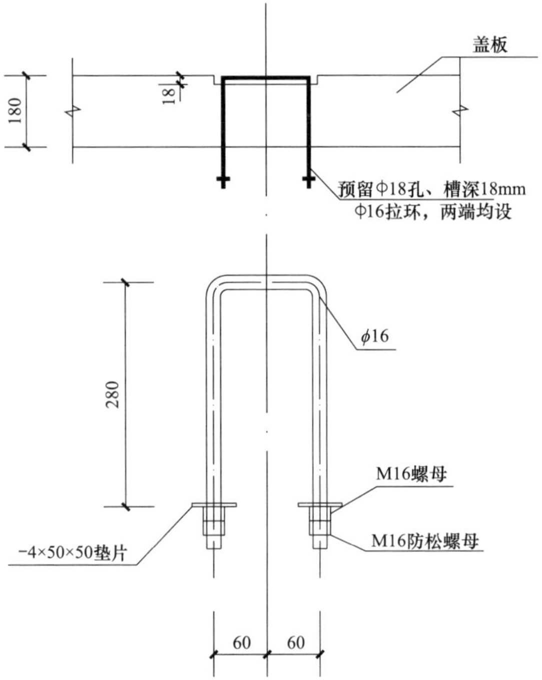

拉环详图

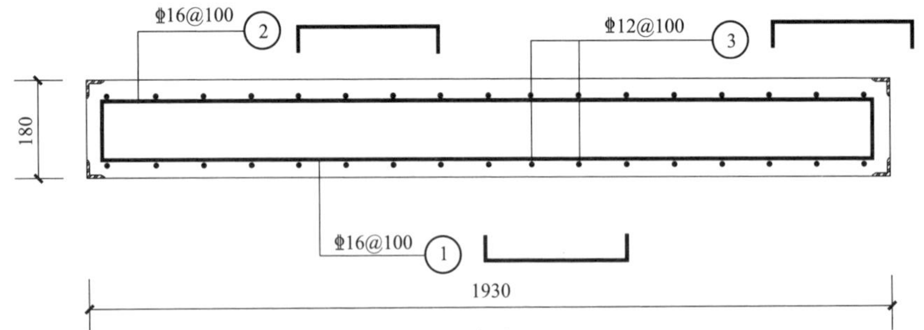

1-1

说明：1. 混凝土材料等级：C30。
2. 混凝土保护层厚度为25mm。
3. 钢筋等级：Φ为HPB300级，Φ为HRB400级。
4. 盖板除弧形外边外，均采用镀锌角钢加强边角保护。
5. 盖板必需按照设计图纸制作，安装应注意正反面，吊环一侧在上面。
6. 每块盖板均设置吊环，便于安装开启。

图 12-84　YGB1914 盖板加工图（B-T-8）

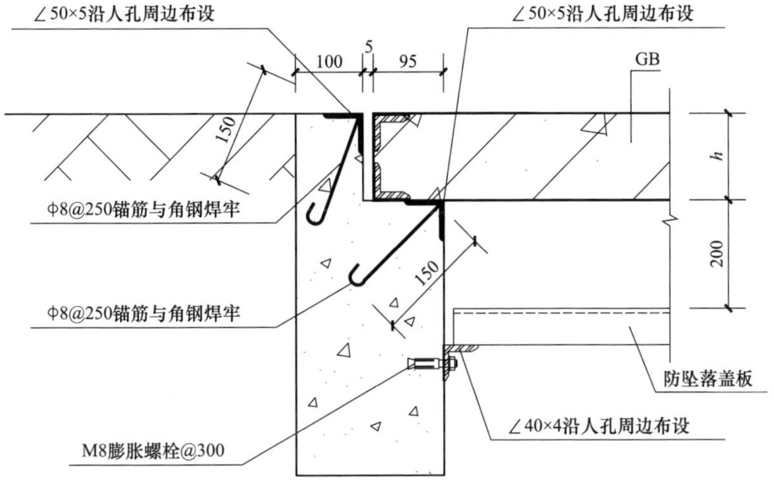

人孔井详图

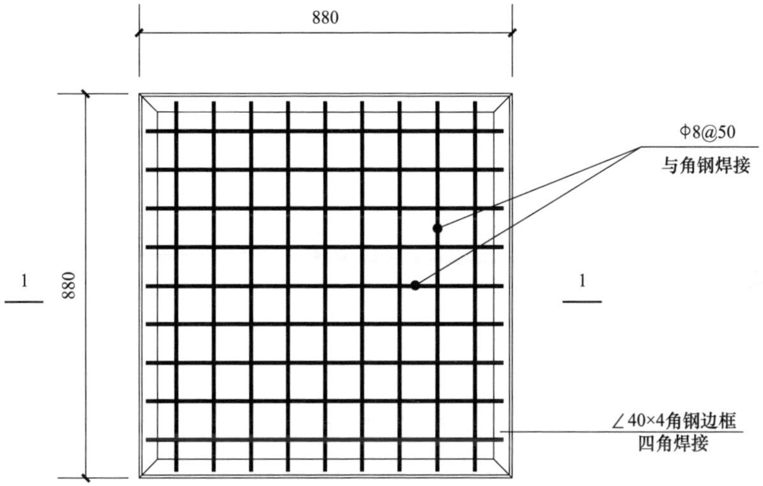

防坠落盖板详图

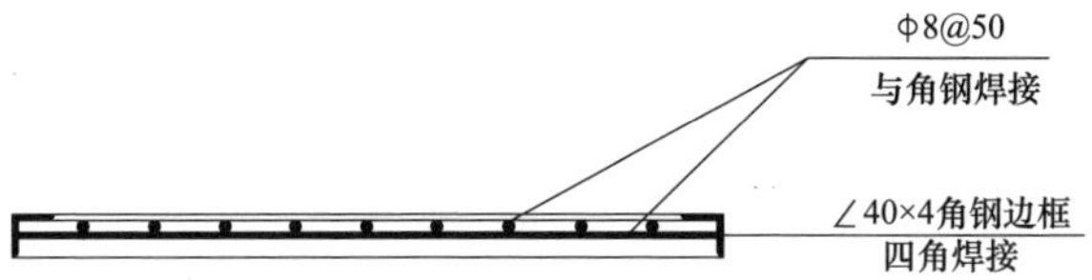

1-1

说明：1. 井壁采用C30混凝土浇筑。

2. 钢筋Φ为HPB300，型钢采用Q235B，电焊条用E43型，焊缝高度6mm。

3. 井壁预埋件及外露铁件均需镀锌处理，现场施焊后，对焊缝焊后均需刷两道防锈漆，两道银粉漆。

4. 井壁采用清水模板施工，一次浇筑，不再二次抹面。

图 12-85　人孔井详图及防坠落措施图（B-T-9）

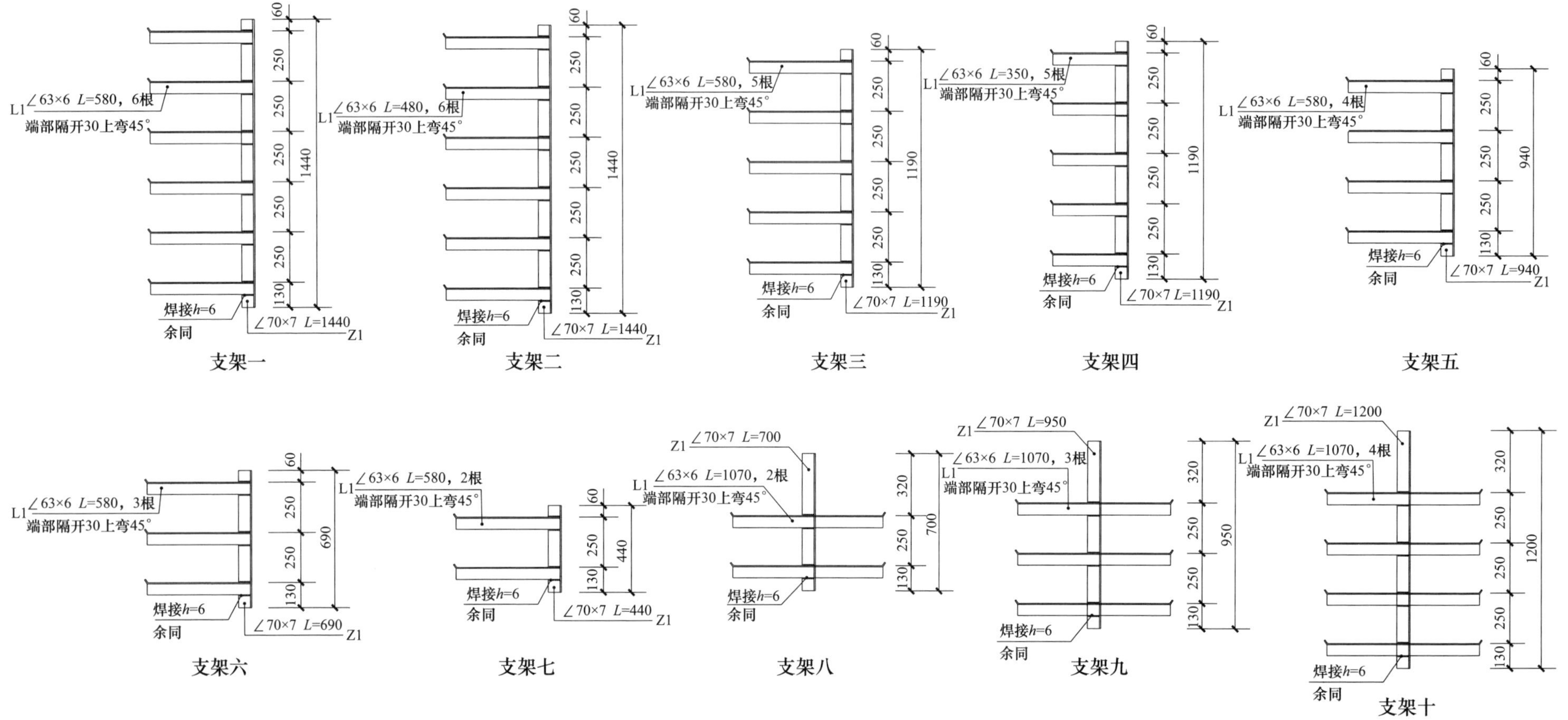

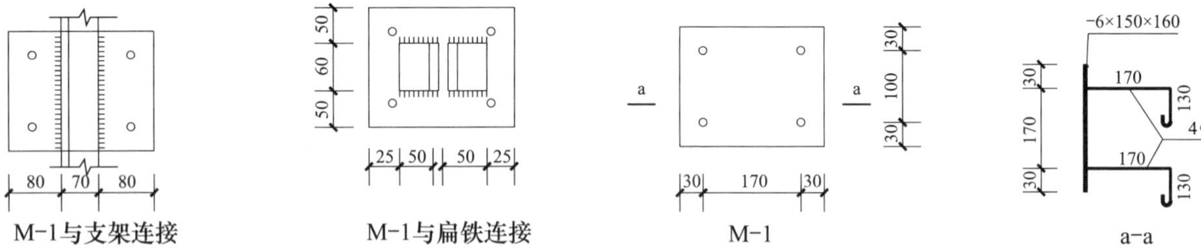

说明：1. 支架八~十根据电缆层数多少具体选择。
2. M-1为支架预埋件，沿支架纵向角钢端部开始，间距300~500设置。
3. 钢筋Φ为HPB300，型钢采用Q235B，电焊条用E43型，焊缝高度6mm。
4. 预埋件及外露铁件均需镀锌处理，现场施焊后，对焊缝焊后均需刷两道防锈漆，两道银粉漆。

图 12-86 电缆井支架加工图（一）（B-T-10）

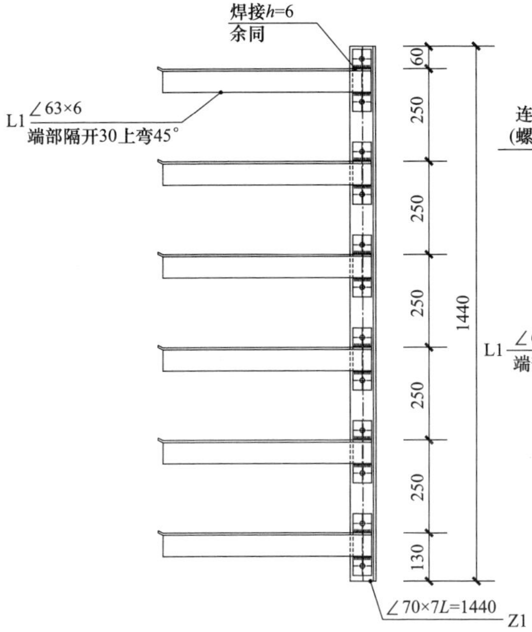

支架

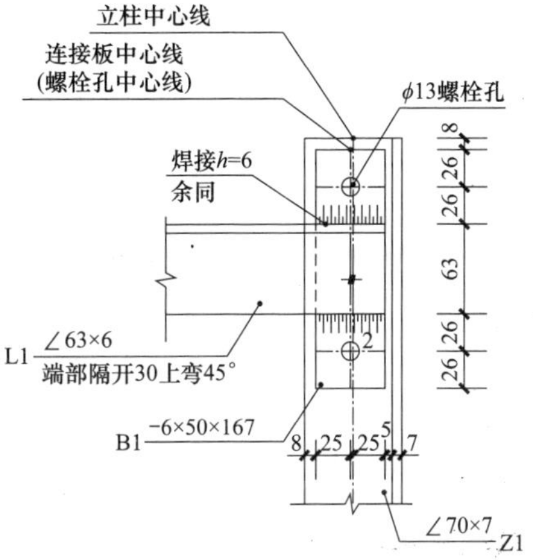

支架横担螺栓连接大样图

说明：1. 支架横担与立柱采用螺栓连接时可参考本图安装，横担与连接板出厂时焊接完毕，现场只需螺栓连接，螺栓采用M12螺栓，螺栓等级为8.8级普通螺栓，螺栓采用双帽双垫。

2. 支架横担位置如果需要根据现场实际情况进行上下调整，可采用卡槽式预埋，做法可参考《预制混凝土综合管廊》18GL204槽式预埋件示意图。

电缆井支架材料表

序号	模块	型钢编号	规格	长度(mm)	数量	单重(kg)	小计(kg)	合计(kg)
1	支架一	Z1	∠70×7	1440	1	10.66	10.66	30.58
		L2	∠63×6	580	6	3.32	19.92	
2	支架二	Z1	∠70×7	1440	1	10.66	10.66	27.14
		L2	∠63×6	480	6	2.75	16.48	
3	支架三	Z1	∠70×7	1190	1	8.81	8.81	25.41
		L2	∠63×6	580	5	3.32	16.6	
4	支架四	Z1	∠70×7	1190	1	8.81	8.81	18.86
		L2	∠63×6	350	5	2.01	10.05	
5	支架五	Z1	∠70×7	940	1	6.96	6.96	20.24
		L2	∠63×6	580	4	3.32	13.28	
6	支架六	Z1	∠70×7	690	1	5.11	5.11	15.07
		L2	∠63×6	580	3	3.32	9.96	
7	支架七	Z1	∠70×7	440	1	3.26	3.26	9.9
		L2	∠63×6	580	2	3.32	6.64	
8	支架八	Z1	∠70×7	700	1	5.18	5.18	17.44
		L2	∠63×6	1070	2	6.13	12.26	
9	支架九	Z1	∠70×7	950	1	7.03	7.03	25.42
		L2	∠63×6	1070	3	6.13	18.39	
10	支架十	Z1	∠70×7	1200	1	8.88	8.88	33.4
		L2	∠63×6	1070	4	6.13	24.52	

注：本表不含支架如采用螺栓连接时连接板的材料量。

图 12-87　电缆井支架加工图（二）（B-T-11）

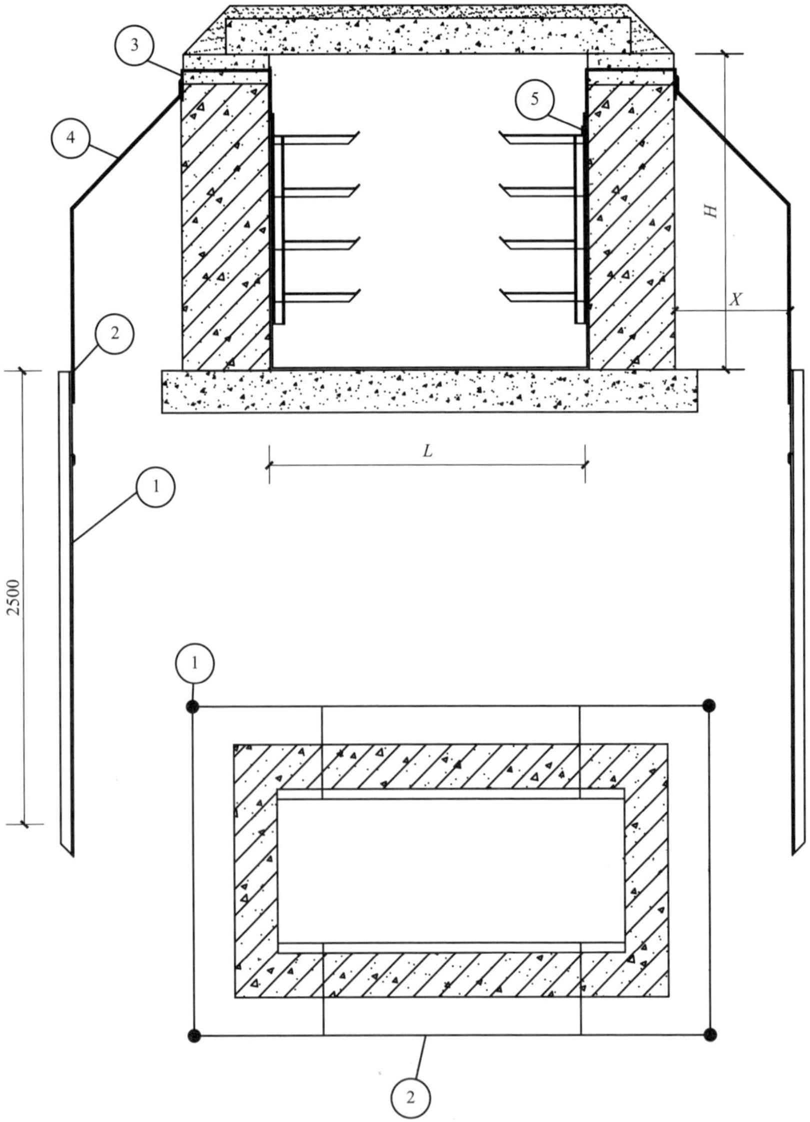

说明：1. 接地材料型钢采用Q235B，电焊条用E43型，焊缝高度6mn。
2. 接地铁件均需热镀锌处理，现场施焊后，对焊缝焊后均需刷两道防锈漆，两道银粉漆。
3. 部件之间、长件连接处全部双焊，焊接厚度不小于母材厚度。
4. 焊接后，清除焊渣，焊接处涂一层防腐漆，两层银色油漆。
5. 接地带沿全井内外两侧周围敷设，工井四周各设接地极一处。
6. 外接地极处距工井X=300mm。

电缆接地装置材料表

编号	名称	规格	长度(m)	单位	数量	质量(kg)	备注
1	接地极	∠50×5	2.5	根	4	37.8	与外接地带焊接
2	外接地带	-5×50	—	m	1	—	与接地极焊接工井周围布置
3	预埋件	-5×50	0.9	根	4	7.1	四角各一道预埋墙台帽内
4	连接带	-5×50	2.8	根	4	22.1	与预埋件焊接、与接地极焊接
5	内接地带	-5×50	与内墙通长	根	2	—	与电缆支架焊接

注：外接地带长度应根据选用井型尺寸确定，沿工井四周布置。内接地带遇单侧支架布置时，根数减半。

图 12-88　电缆井接地图（B-T-12）

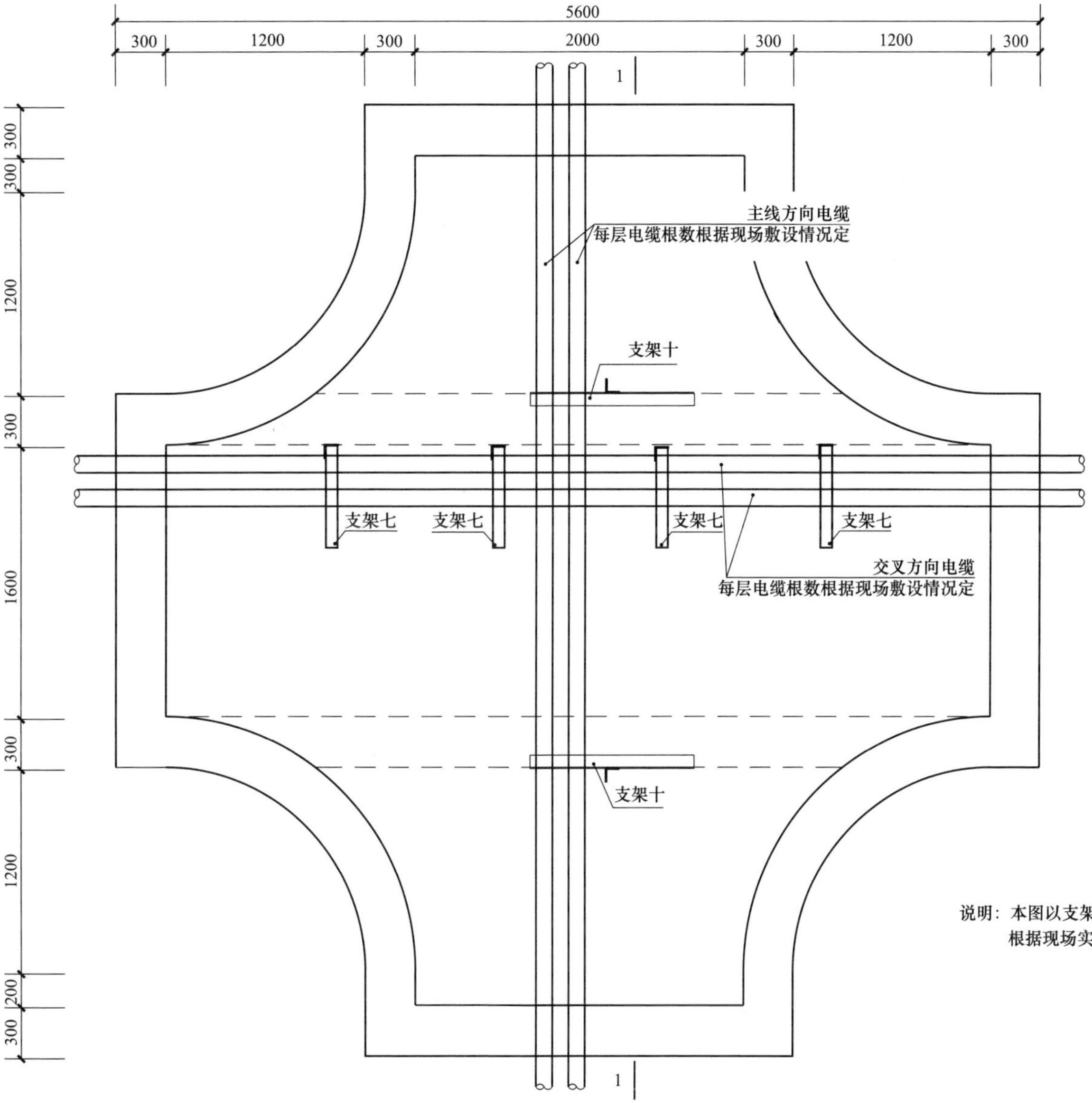

说明：本图以支架七与支架十组合为例，每层支架根数根据现场实际情况定，现以每层两根为例。

图 12-89　四通电缆井电缆交叉示意图（一）（B-T-13）

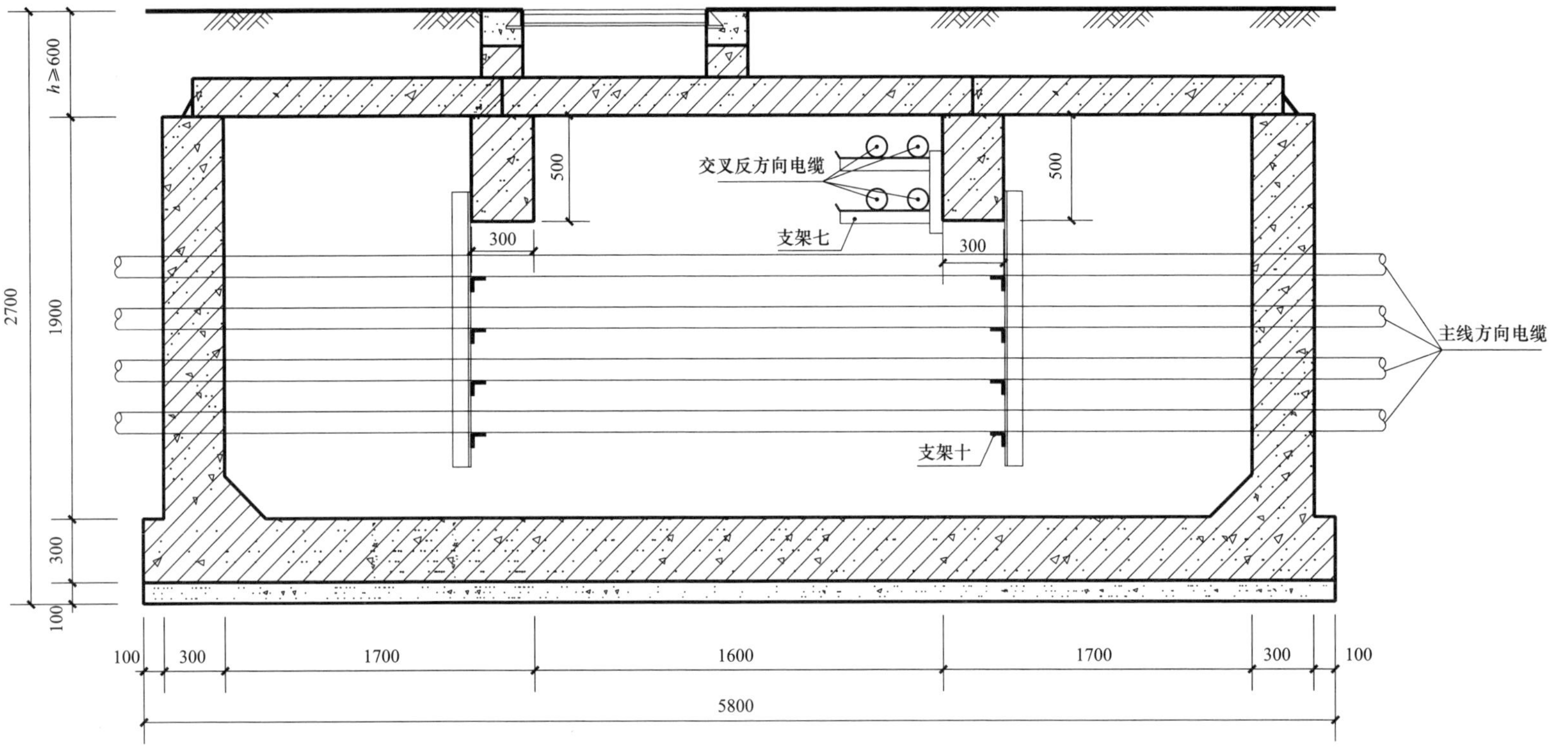

1-1

电缆交叉断面图(主线方向四层/交叉方向两层)

图 12-90 四通电缆井电缆交叉示意图（二）（B-T-14）

第13章 电缆沟道方案

13.1 概述

电缆沟道方案（C模块）分为现浇钢筋混凝土电缆沟（C-1子模块）和预制钢筋混凝土电缆沟（C-2子模块）两种方案。

电缆沟道与电缆保护管、电缆井等进行相互配合使用，适用于变电站出线、绿化带、人行道、小区道路、电缆较多、道路弯曲或地坪高程变化较大的地段。

电缆沟道敷设的优点是检修、更换电缆较方便，灵活多样，转弯方便，可根据地坪高程变化调整电缆敷设高程。其缺点是施工、巡检及更换电缆时须搬运大量盖板，施工时外物不慎落入沟时易将电缆碰伤。

13.2 技术要求

电缆沟尺寸除了按规划敷设电缆根数选择，还需考虑光缆通信及备用电缆敷设用量。遵循结构安全可靠、经济合理、施工简便等原则。电缆沟采用钢筋混凝土结构，应满足可能承受的荷载和符合环境耐久性的要求。

13.2.1 C-1子模块：现浇钢筋混凝土电缆沟

（1）地基处理。

1）地层为原状黄土层（无湿陷性）、砂砾（角砾）层、岩石层时，电缆沟下无需再做地基处理。

2）地层为素填土、湿陷性黄土时，电缆沟下换填500mm厚3∶7灰土，换填范围外扩垫层每边各300mm。

3）如地基存在软弱下卧层、淤泥、盐渍土、冻土等不良地质现象，应根据具体工程地质条件，按相关规范要求进行处理。

（2）电缆沟采用C25混凝土，盖板采用C30混凝土，抗渗等级均为P6，垫层采用C20混凝土。

（3）受力钢筋选用HRB400级钢筋，非受力钢筋可采用HPB300级钢筋，其他钢材等级为Q235，焊条E43型，焊缝高度6mm。

（4）电缆沟采用清水模板施工，一次浇筑，不再二次抹面。

（5）电缆沟钢筋的混凝土保护层厚度不小于30mm。

（6）电缆沟底板按照0.5%找坡，坡向集水坑。

（7）电缆沟预埋件，所有外露铁件均需镀锌处理，现场施焊后，对焊缝焊后均需刷两道防锈漆，两道银粉漆。

（8）电缆支架采用角钢支架，角钢需采用热镀锌处理。

（9）电缆沟内电缆支架等所有铁附件均需可靠接地，其接地电阻不大于10Ω。

（10）现浇混凝土电缆沟变形缝间距不宜超过20m，缝宽宜为30mm，且应贯通全截面，变形缝处应采取有效的防水措施。

（11）电缆沟盖板宽为500mm，长度分别为1350、1450、1850mm，厚度为120mm（人行道、绿化带）。

（12）若土壤或地下水对混凝土及钢筋有腐蚀时，根据腐蚀等级采用相应的防腐处理措施。

（13）当盖板位于绿化带内，盖板顶面需高出绿化带地面150mm，避免绿化用水灌入电缆沟内。

（14）电缆沟防火措施。

1）在变电站出线侧，电缆沟与站内沟道衔接处，在主沟道分支出口处，在长距离沟道中相隔200m处，均应进行防火封堵。封堵时可以采用无机防火堵料与有机防火堵料组合封堵或者采用阻火隔墙封堵的方式。

2）修建阻火隔墙，厚度不宜小于150mm，阻火隔墙与电缆之间的缝隙用有机防火堵料封堵密实。

3）在阻火隔墙两侧1m区段内涂刷电缆防火涂料，涂层厚度不小于1mm。

13.2.2 C-2子模块：预制钢筋混凝土电缆沟

（1）预制钢筋混凝土电缆沟混凝土采用C40混凝土，垫层采用C20混凝土，主体混凝土抗渗等级P6。

（2）预制电缆沟道接缝处配置弹性密封圈，密封圈寿命应具有国家权威监测机构检测试的相关测试报告。弹性橡胶密封圈应紧贴混凝土表面，橡胶密封圈长度应以具体试验为依据，按照位置偏差不应超过2mm，且无下垂现象。

（3）密封胶应与基材具有相溶性，以及规定的抗剪力和伸缩变形能力；密封胶应具有防霉、防水、防火、耐候等性能；硅酮、聚氨酯、聚硫建筑密封胶应分别符合GB/T 14683、JC/T 482、JC/T 483的规定。止水条性能指标应符合GB 18173.2中J型的规定。

（4）预制电缆沟节段接口所使用的防水材料的品种、规格、性能等必须符合国家或行业产品标准和设计要求。防水材料必须具备“三证”“一标志”，进场后必须现场取样抽检。防水材料应获得中国环境标志认证证书，并获得相关材料标准的检测机构的检验报告。

（5）预制电缆沟道内外表面应平整、无麻面、蜂窝、粘皮，局部凹坑深度不应大于 5mm；表面不应有贯穿壁厚的裂缝存在，内表面裂缝宽度不超过 0.2mm；端部及外棱角不应有伤痕。

（6）预制电缆沟道通用埋件为锚板、锚筋、内埋式螺母等。预埋件各部分尺寸要求制作精确，埋设应符合规范要求。预埋件需严格按照设计施工图纸加工预埋，并在批量生产前做力学性能试验，合格后方可批量生产。电缆支架若采用阴螺母安装工艺，螺栓采用 M16 的，8.8 级，阴螺母应做拉拔实验。

（7）预制电缆沟道对接口，满足 18GL204、18GL205 等相关国家规范的要求。预制构件与现浇构件连接处，采取预埋止水带、锚固钢筋等连接构造措施。接缝处密封胶嵌填应连续、均匀、饱满，与基层粘结牢固，表面应光滑，缝边应顺直，不应有气泡、孔洞、开裂、剥离等现象。

（8）其他未特殊要求的技术条件同现浇钢筋混凝土电缆沟（C-1 子模块）。

13.3 模块使用范围

13.3.1 C-1 子模块：现浇钢筋混凝土电缆沟

电缆沟（C-1 子模块）与电缆保护管、电缆井等进行相互配合使用，适用于变电站出线、小区道路、电缆较多、道路弯曲或地坪高程变化较大的地段。

现浇钢筋混凝土电缆沟有 8 种方案，分别为：1.1m×1.1m、1.1m×1.35m、1.1m×1.6m、1.2m×1.1m、1.2m×1.35m、1.2m×1.6m、1.6m×1.35m、1.6m×1.6m。电缆沟出地面，盖板与地面平齐，适用于人行道、绿化带等非机动车道，需具有良好的排水条件。

电缆沟支架有 8 种布置方案，分别为：3×350mm 单侧支架、4×350mm 单侧支架、5×350mm 单侧支架、3×500mm 单侧支架、4×500mm 单侧支架、5×500mm 单侧支架、4×350mm 双侧支架、5×350mm 双侧支架。支架分单侧和双侧两种布置形式，支架宽度分 350mm 和 500mm 两种规格，支架层数分 3 层、4 层、5 层三种布置方式。

13.3.2 C-2 子模块：预制钢筋混凝土电缆沟

预制钢筋混凝土电缆沟截面尺寸和支架布置形式与现浇钢筋混凝土电缆沟（C-1 子模块）相同。预制钢筋混凝土电缆沟工厂化生产，外形美观、色泽一致，减少现场湿作业，生态环保。因此可根据工程环境，施工条件，工程性质等因素，选择使用，但不适用于地质条件较差的场地。

13.4 模块方案说明

电缆沟方案（C 模块）的适用条件如下，若遇到其他工况，请根据相关规范进行差异化设计。

（1）电缆沟无覆土，顶面与自然地坪平齐。

（2）电缆沟适用于无地下水、无冻土、无盐渍土、微腐蚀的地下环境。

（3）电缆沟适用于人行道、绿化带、小型车辆到达区域。

C 模块技术参数一览表见表 13-1。

表 13-1　　C 模块技术参数一览表

序号	结构	支架层数	电缆根数	支架长度（mm）	断面编号
1	钢筋混凝土	单侧 3 层	6	350	C-1-1
2	钢筋混凝土	单侧 4 层	8	350	C-1-2
3	钢筋混凝土	单侧 5 层	10	350	C-1-3
4	钢筋混凝土	单侧 3 层	9	500	C-1-4
5	钢筋混凝土	单侧 4 层	12	500	C-1-5
6	钢筋混凝土	单侧 5 层	15	500	C-1-6
7	钢筋混凝土	双侧 4 层	16	350	C-1-7
8	钢筋混凝土	双侧 5 层	20	350	C-1-8

13.5 设计图

C 模块设计图清单见表 13-2，图中标高单位为 m。图名中的数字表示支架层数×支架宽度（mm）。

表 13-2　　C 模块设计图清单

图号	图纸名称	模块编号
图 13-1	3×350mm 单侧支架现浇钢筋混凝土电缆沟	C-1-1
图 13-2	4×350mm 单侧支架现浇钢筋混凝土电缆沟	C-1-2
图 13-3	5×350mm 单侧支架现浇钢筋混凝土电缆沟	C-1-3
图 13-4	3×500mm 单侧支架现浇钢筋混凝土电缆沟	C-1-4
图 13-5	4×500mm 单侧支架现浇钢筋混凝土电缆沟	C-1-5
图 13-6	5×500mm 单侧支架现浇钢筋混凝土电缆沟	C-1-6
图 13-7	4×350mm 双侧支架现浇钢筋混凝土电缆沟	C-1-7
图 13-8	5×350mm 双侧支架现浇钢筋混凝土电缆沟	C-1-8
图 13-9	电缆沟集水坑做法图	C-T-1
图 13-10	电缆盖板制作图	C-T-2
图 13-11	电缆沟支架加工图	C-T-3
图 13-12	电缆沟接地装置图	C-T-4

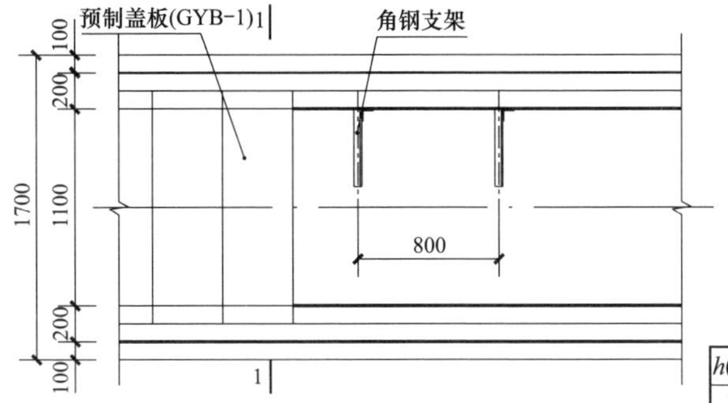

平面图

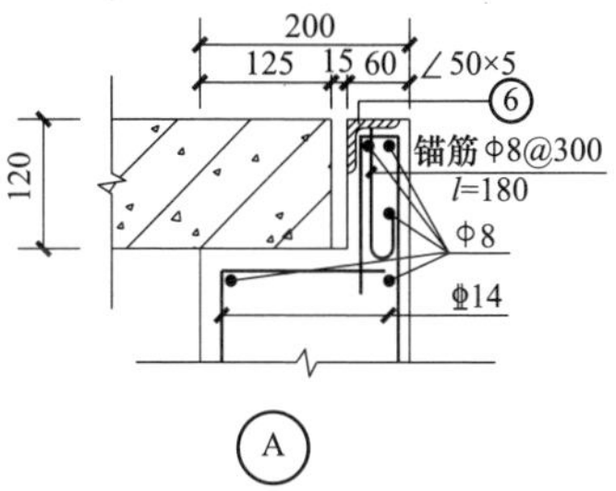

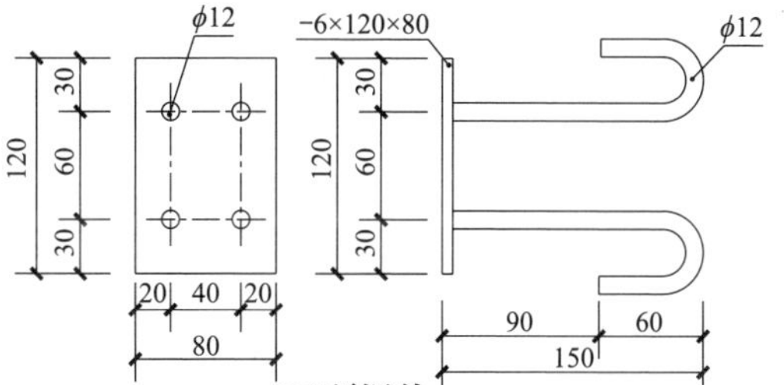

P1预埋件

盖板选择表

h(mm)	适用范围	盖板规格
120	人行横道，绿化带	GYB-1

每米钢筋量用表

编号	直径	型式	长度	数量	总长度	质量(kg)
1	Φ14	470 1440 470	2380	7	16660	20.16
2	Φ14	1440	1440	7	10080	12.20
3	Φ14	620 1190	1810	7	12670	15.33
4	Φ14	1040 140	1180	7	8260	10.01
5	Φ8		1000	44	44000	17.38
6		∠50×5	1000	2	2000	7.54
总质量(kg)：82.63						

注：混凝土的强度等级为C30。

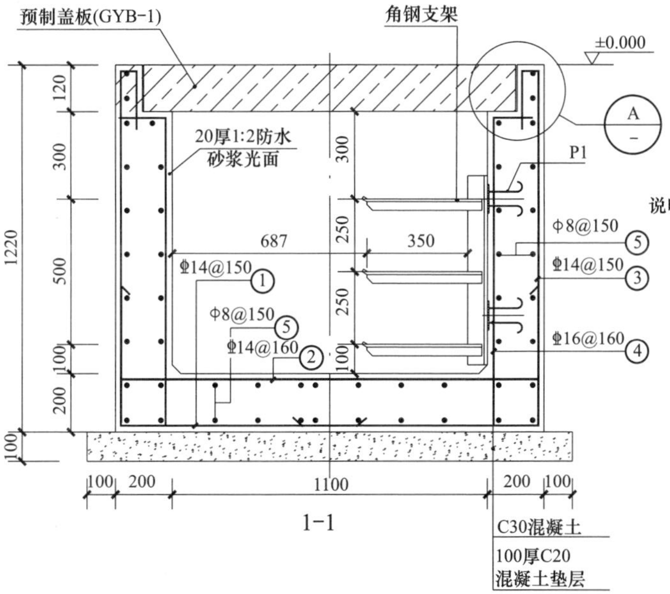

1-1

说明：1. 混凝土强度等级C25；素混凝土垫层C20；主体混凝土抗渗等级P6。

2. 钢筋Φ为HPB300，钢筋Φ为HRB400，型钢采用Q235B，电焊条用E43型，焊缝高度6mm。

3. 钢筋的保护层厚度不小于30mm。

4. 电缆沟预埋件，所有外露铁件均需镀锌处理，现场施焊后，对焊缝焊后均需刷两道防锈漆，两道银粉漆。

5. 电缆沟采用清水模板施工，一次浇筑，不再二次抹面。

6. 预埋铁M1面与沟壁抹灰面平，电缆支架面应与沟壁贴紧。支架安装也可采用内埋式螺母（阴螺母安装工工艺）替代M1，埋设应符合规范要求，螺栓采用M12，8.8级。

7. 电缆沟内壁采用20厚1∶2防水砂浆抹面。

8. 侧壁设梅花布置@=500的Φ8拉结筋，底板设马凳筋。

9. 电缆沟需根据工程实际做好防排水措施，电缆沟底板按照0.5%找坡， 坡向集水坑。

10. 现浇混凝土电缆沟变形缝间距不宜超过20m，缝宽宜为30mm。

11. 当采用预制电缆沟时：电缆沟工厂化预制，现场安装；混凝土等级采用C40，电气预埋铁件的位置、大样、间距，需提前核实、确认，避免现场与厂家生产预留脱节，造成不必要的返工与经济损失。预制电缆沟相关吊装、安装、施工工艺除满足国家相关规范、国标图集等的基本要求外，确保接缝、防水等工艺安全可靠，达到设计质量要求。

12. 地基处理：

(1) 地层为原状黄土层（无湿陷性）、砂砾（角砾）层、岩石层时，沟道垫层下无需再做地基处理。

(2) 地层为素填土、湿陷性黄土时，沟道垫层下换填500mm厚3∶7灰土，换填范围外扩垫层每边各300mm，压实系数不小于0.97。

(3) 如地基存在软弱下卧层、淤泥、盐渍土、冻土等不良地质现象，应根据具体工程地质条件，按相关规范要求进行处理。

13. 电缆支架采用角钢支架，角钢需采用热镀锌处理。

14. 每米钢筋用量表中列出的材料为统计工程量时的参考值，准确材料量以施工时的实际用量为准。电缆沟盖板配筋见电缆盖板制作图。

图 13-1　3×350mm 单侧支架现浇钢筋混凝土电缆沟（C-1-1）

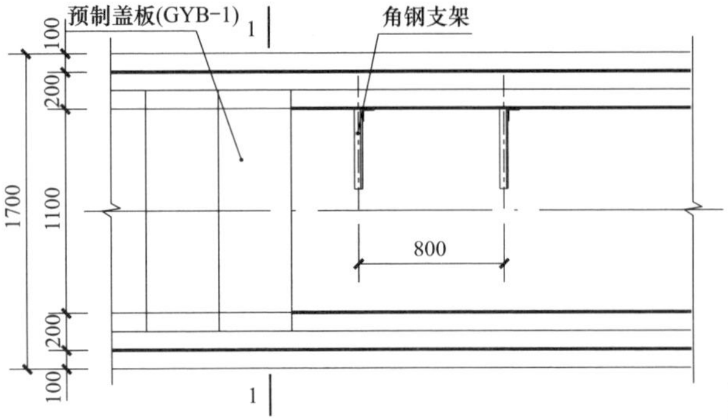

平面图

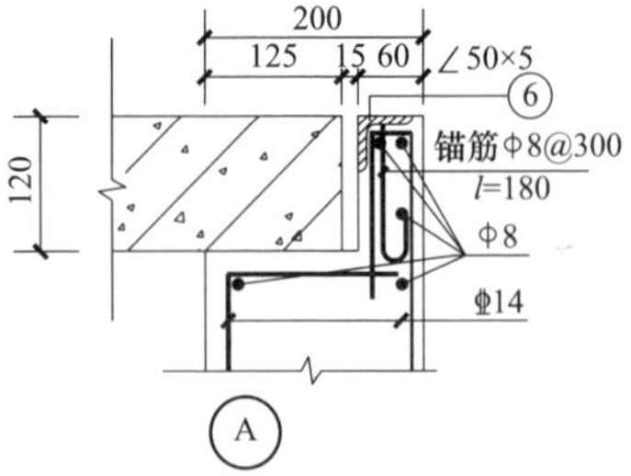

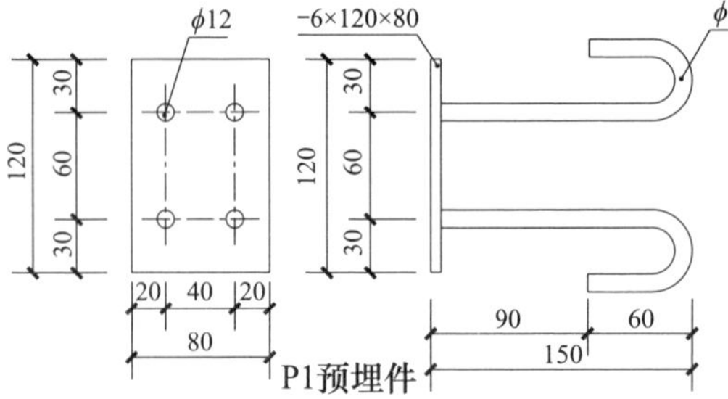

P1预埋件

盖板选择表

h(mm)	适用范围	盖板规格
120	人行横道，绿化带	GYB-1

每米钢筋量用表

编号	直径	型式	长度	数量	总长度	质量(kg)
1	Φ14	470 1440 470	2380	7	16660	20.16
2	Φ14	1440	1440	7	10080	12.20
3	Φ14	620 1440	2060	7	14400	17.43
4	Φ14	1290 140	1430	7	10010	12.11
5	Φ8		1000	52	52000	20.54
6		∠50×5	1000	2	2000	7.54
总质量(kg)：89.98						

注：混凝土的强度等级为C30。

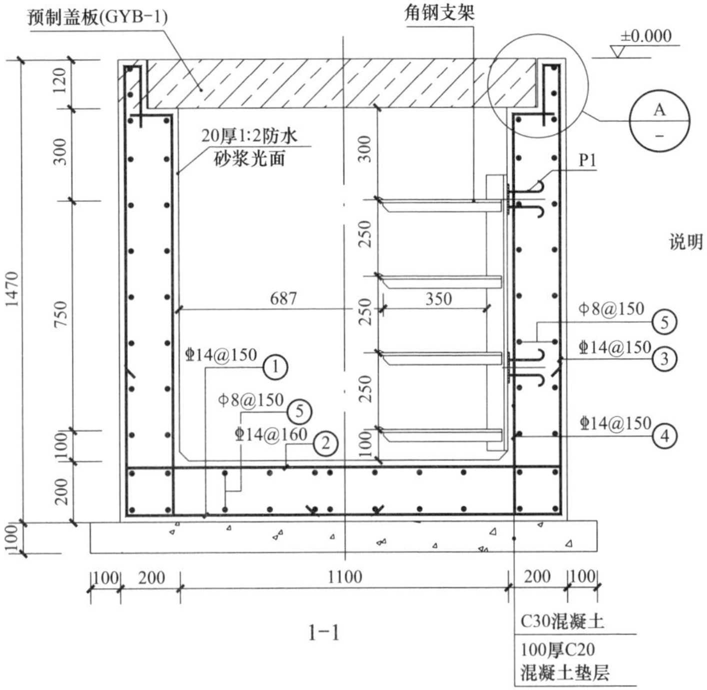

1-1

说明：1. 混凝土强度等级C25；素混凝土垫层C20；主体混凝土抗渗等级P6。
2. 钢筋Φ为HPB300，钢筋Φ为HRB400，型钢采用Q235B，电焊条用E43型，焊缝高度6mm。
3. 钢筋的保护层厚度不小于30mm。
4. 电缆沟预埋件，所有外露铁件均需镀锌处理，现场施焊后，对焊缝焊后均需刷两道防锈漆，两道银粉漆。
5. 电缆沟采用清水模板施工，一次浇筑，不再二次抹面。
6. 预埋铁M1面与沟壁抹灰面平，电缆支架面应与沟壁贴紧。支架安装也可采用内埋式螺母（阴螺母安装工艺）替代M1，埋设应符合规范要求，螺栓采用M12，8.8级。
7. 电缆沟内壁采用20厚1:2防水砂浆抹面。
8. 侧壁设梅花布置@=500的Φ8拉结筋，底板设马凳筋。
9. 电缆沟需根据工程实际做好防排水措施，电缆沟底板按照0.5%找坡，坡向集水坑。
10. 现浇混凝土电缆沟变形缝间距不宜超过20m，缝宽宜为30mm。
11. 当采用预制电缆沟时：电缆沟工厂化预制，现场安装；混凝土等级采用C40，电气预埋铁件的位置、大样、间距，需提前核实、确认，避免现场与厂家生产预留脱节，造成不必要的返工与经济损失。预制电缆沟相关吊装、安装、施工工艺除满足国家相关规范、国标图集等的基本要求外，确保接缝、防水等工艺安全可靠，达到设计质量要求。
12. 地基处理：
(1) 地层为原状黄土层（无湿陷性）、砂砾（角砾）层、岩石层时，沟道垫层下无需再做地基处理。
(2) 地层为素填土、湿陷性黄土时，沟道垫层下换填500mm厚3:7灰土，换填范围外扩垫层每边各300mm，压实系数不小于0.97。
(3) 如地基存在软弱下卧层、淤泥、盐渍土、冻土等不良地质现象，应根据具体工程地质条件，按相关规范要求进行处理。
13. 电缆支架采用角钢支架，角钢需采用热镀锌处理。
14. 每米钢筋用量表中列出的材料为统计工程量时的参考值，准确材料量以施工时的实际用量为准。电缆沟盖板配筋见电缆盖板制作图。

图 13-2　4×350mm 单侧支架现浇钢筋混凝土电缆沟（C-1-2）

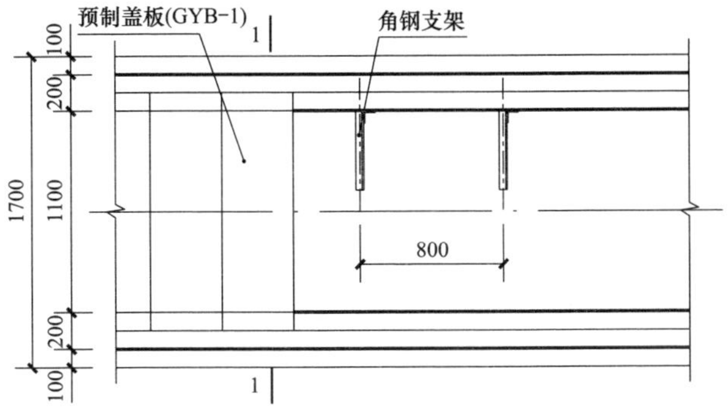

平面图

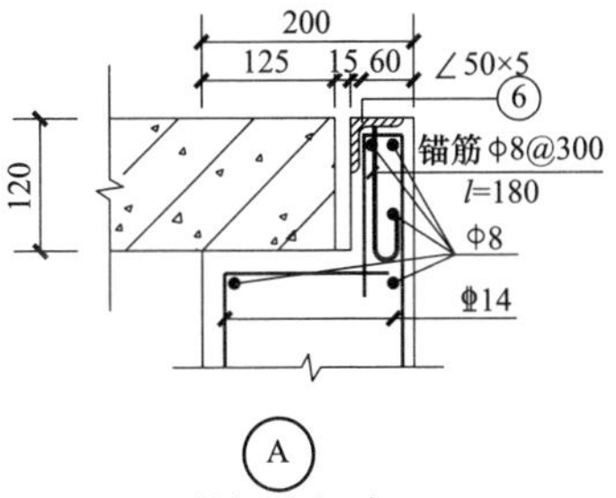

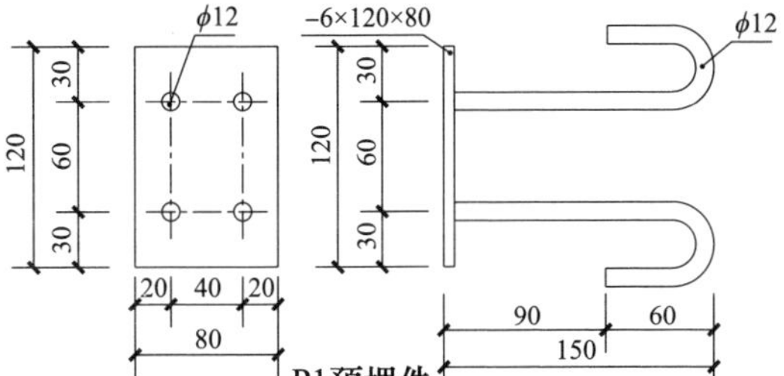

P1预埋件

盖板选择表

h(mm)	适用范围	盖板规格
120	人行横道，绿化带	GYB-1

每米钢筋量用表

编号	直径	型式	长度	数量	总长度	质量(kg)
1	Φ14	470 1440 470	2380	7	16660	20.16
2	Φ14	1440	1440	7	10080	12.20
3	Φ14	620 1690	2310	7	16170	19.57
4	Φ14	1540 140	1680	7	11760	14.23
5	Φ8	——	1000	52	52000	20.54
6		∠50×5	1000	2	2000	7.54
总质量(kg)：94.24						

注：混凝土的强度等级为C30。

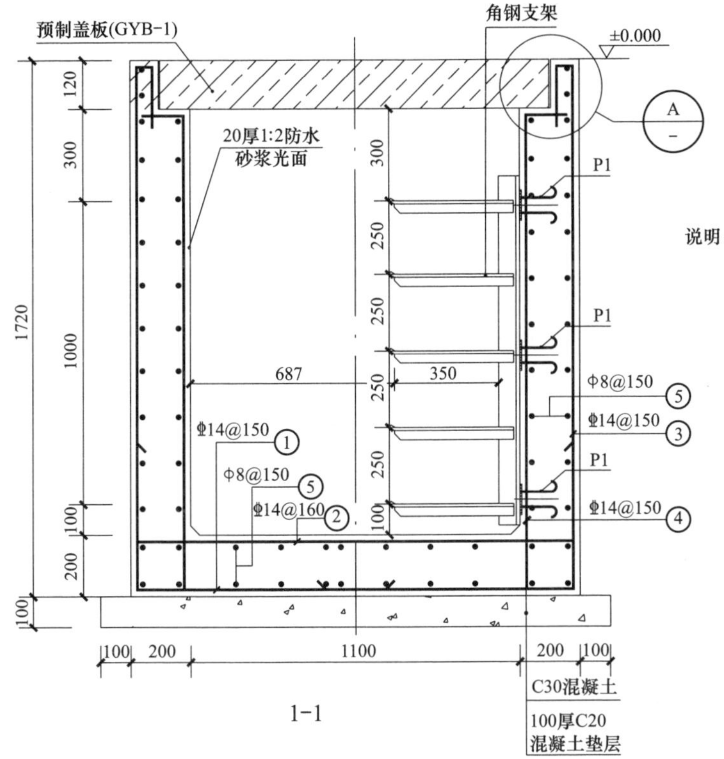

1-1

说明：1. 混凝土强度等级C25；素混凝土垫层C20；主体混凝土抗渗等级P6。

2. 钢筋Φ为HPB300，钢筋Φ为HRB400，型钢采用Q235B，电焊条用E43型，焊缝高度6mm。

3. 钢筋的保护层厚度不小于30mm。

4. 电缆沟预埋件，所有外露铁件均需镀锌处理，现场施焊后，对焊缝焊后均需刷两道防锈漆，两道银粉漆。

5. 电缆沟采用清水模板施工，一次浇筑，不再二次抹面。

6. 预埋铁M1面与沟壁抹灰面平，电缆支架面应与沟壁贴紧。支架安装也可采用内埋式螺母（阴螺母安装工艺）替代M1，埋设应符合规范要求，螺栓采用M12，8.8级。

7. 电缆沟内壁采用20厚1:2防水砂浆抹面。

8. 侧壁设梅花布置@=500的Φ8拉结筋，底板设马凳筋。

9. 电缆沟需根据工程实际做好防排水措施，电缆沟底板按照0.5%找坡，坡向集水坑。

10. 现浇混凝土电缆沟变形缝间距不宜超过20m，缝宽宜为30mm。

11. 当采用预制电缆沟时：电缆沟工厂化预制，现场安装；混凝土等级采用C40，电气预埋铁件的位置、大样、间距，需提前核实、确认，避免现场与厂家生产预留脱节，造成不必要的返工与经济损失。预制电缆沟相关吊装、安装、施工工艺除满足国家相关规范、国标图集等的基本要求外，确保接缝、防水等工艺安全可靠，达到设计质量要求。

12. 地基处理：

(1) 地层为原状黄土层（无湿陷性）、砂砾（角砾）层、岩石层时，沟道垫层下无需再做地基处理。

(2) 地层为素填土、湿陷性黄土时，沟道垫层下换填500mm厚3:7灰土，换填范围外扩垫层每边各300mm，压实系数不小于0.97。

(3) 如地基存在软弱下卧层、淤泥、盐渍土、冻土等不良地质现象，应根据具体工程地质条件，按相关规范要求进行处理。

13. 电缆支架采用角钢支架，角钢需采用热镀锌处理。

14. 每米钢筋用量表中列出的材料为统计工程量时的参考值，准确材料量以施工时的实际用量为准。电缆沟盖板配筋见电缆盖板制作图。

图 13-3　5×350mm 单侧支架现浇钢筋混凝土电缆沟（C-1-3）

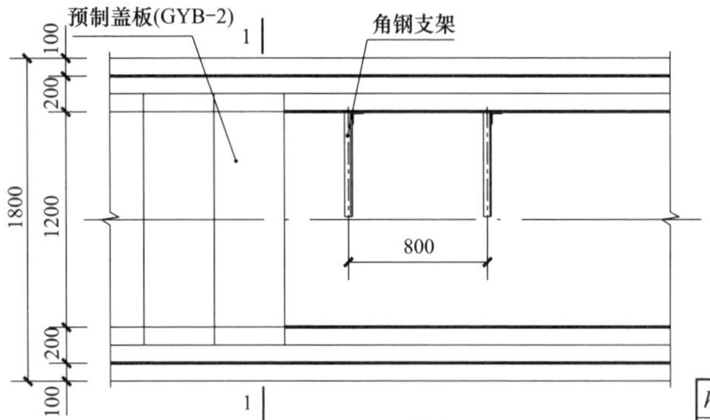

平面图

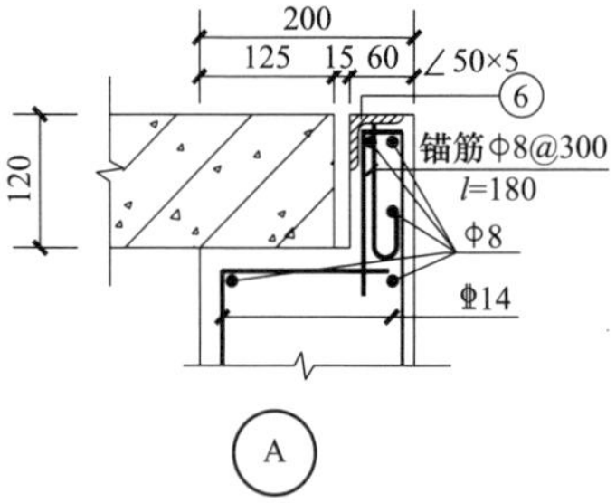

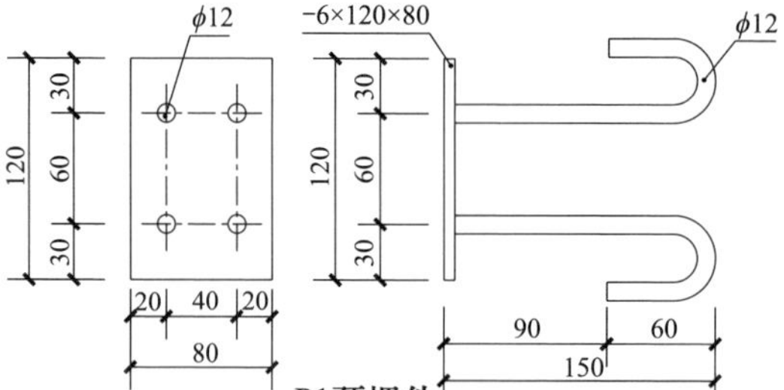

P1预埋件

盖板选择表

h(mm)	适用范围	盖板规格
120	人行横道，绿化带	GYB-2

每米钢筋量用表

编号	直径	型式	长度	数量	总长度	质量(kg)
1	Φ14	470 1540 470	2480	7	17360	21.02
2	Φ14	1540	1540	7	10780	13.05
3	Φ14	620 1190	1810	7	12670	15.33
4	Φ14	1040 140	1180	7	8260	10.01
5	Φ8	——	1000	50	50000	19.77
6		∠50×5	1000	2	2000	7.54
总质量(kg)：86.72						

注：混凝土的强度等级为C30。

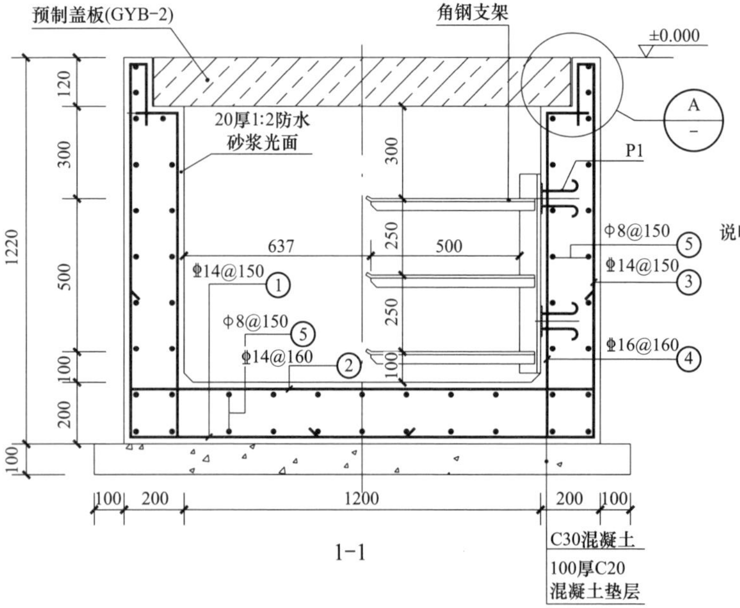

1-1

说明：1. 混凝土强度等级C25；素混凝土垫层C20；主体混凝土抗渗等级P6。

2. 钢筋Φ为HPB300，钢筋Φ为HRB400，型钢采用Q235B，电焊条用E43型，焊缝高度6mm。
3. 钢筋的保护层厚度不小于30mm。
4. 电缆沟预埋件，所有外露铁件均需镀锌处理，现场施焊后，对焊缝焊后均需刷两道防锈漆，两道银粉漆。
5. 电缆沟采用清水模板施工，一次浇筑，不再二次抹面。
6. 预埋铁M1面与沟壁抹灰面平，电缆支架面应与沟壁贴紧。支架安装也可采用内埋式螺母（阴螺母安装工艺）替代M1，埋设应符合规范要求，螺栓采用M12，8.8级。
7. 电缆沟内壁采用20厚1∶2防水砂浆抹面。
8. 侧壁设梅花布置@=500的Φ8拉结筋，底板设马凳筋。
9. 电缆沟需根据工程实际做好防排水措施，电缆沟底板按照0.5%找坡，坡向集水坑。
10. 现浇混凝土电缆沟变形缝间距不宜超过20m，缝宽宜为30mm。
11. 当采用预制电缆沟时：电缆沟工厂化预制，现场安装；混凝土等级采用C40，电气预埋铁件的位置、大样、间距，需提前核实、确认，避免现场与厂家生产预留脱节，造成不必要的返工与经济损失。预制电缆沟相关吊装、安装、施工工艺除满足国家相关规范、国标图集等的基本要求外，确保接缝、防水等工艺安全可靠，达到设计质量要求。
12. 地基处理：
    (1) 地层为原状黄土层（无湿陷性）、砂砾（角砾）层、岩石层时，沟道垫层下无需再做地基处理。
    (2) 地层为素填土、湿陷性黄土时，沟道垫层下换填500mm厚3∶7灰土，换填范围外扩垫层每边各300mm，压实系数不小于0.97。
    (3) 如地基存在软弱下卧层、淤泥、盐渍土、冻土等不良地质现象，应根据具体工程地质条件，按相关规范要求进行处理。
13. 电缆支架采用角钢支架，角钢需采用热镀锌处理。
14. 每米钢筋用量表中列出的材料为统计工程量时的参考值，准确材料量以施工时的实际用量为准。电缆沟盖板配筋见电缆盖板制作图。

图 13-4　3×500mm 单侧支架现浇钢筋混凝土电缆沟（C-1-4）

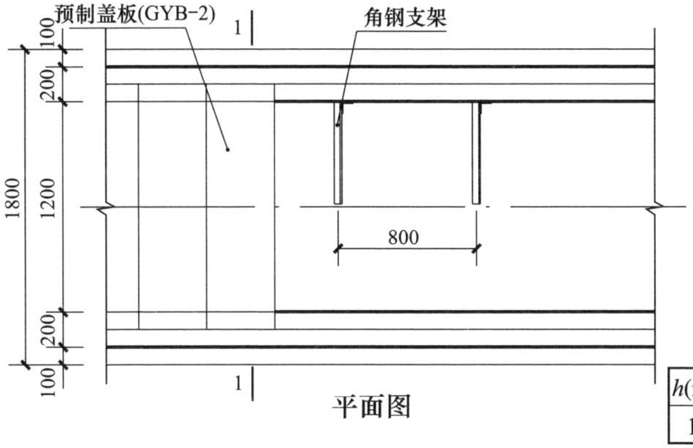

平面图

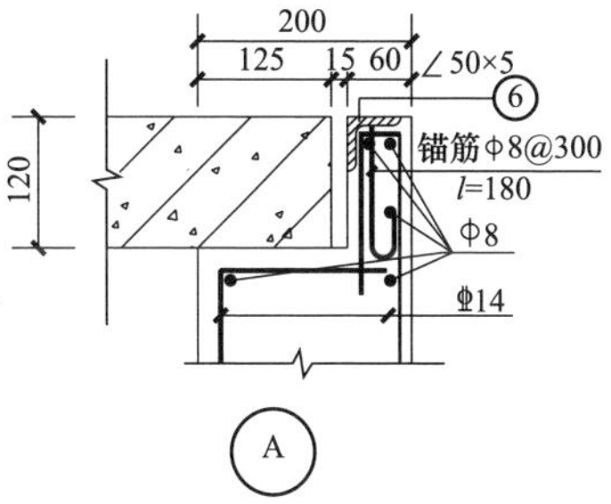

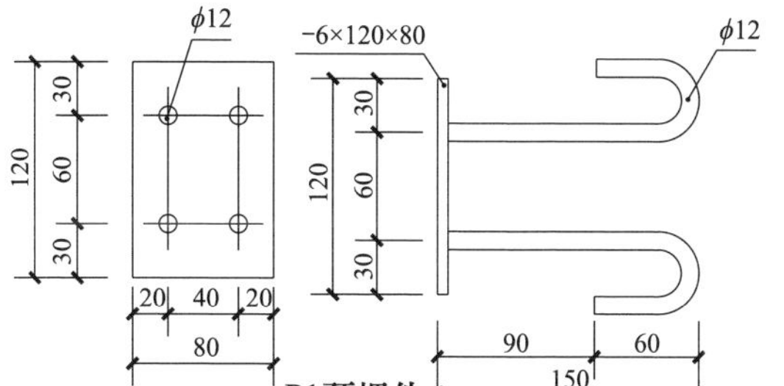

P1预埋件

盖板选择表

h(mm)	适用范围	盖板规格
120	人行横道，绿化带	GYB-2

每米钢筋量用表

编号	直径	型式	长度	数量	总长度	质量(kg)
1	Φ14	470 1540 470	2480	7	17360	21.02
2	Φ14	1540	1540	7	10780	13.05
3	Φ14	620 1440	2060	7	14400	17.43
4	Φ14	1290 140	1430	7	10010	12.11
5	Φ8		1000	58	58000	22.93
6		∠50×5	1000	2	1000	7.54
总质量(kg)：94.08						

注：混凝土的强度等级为C30。

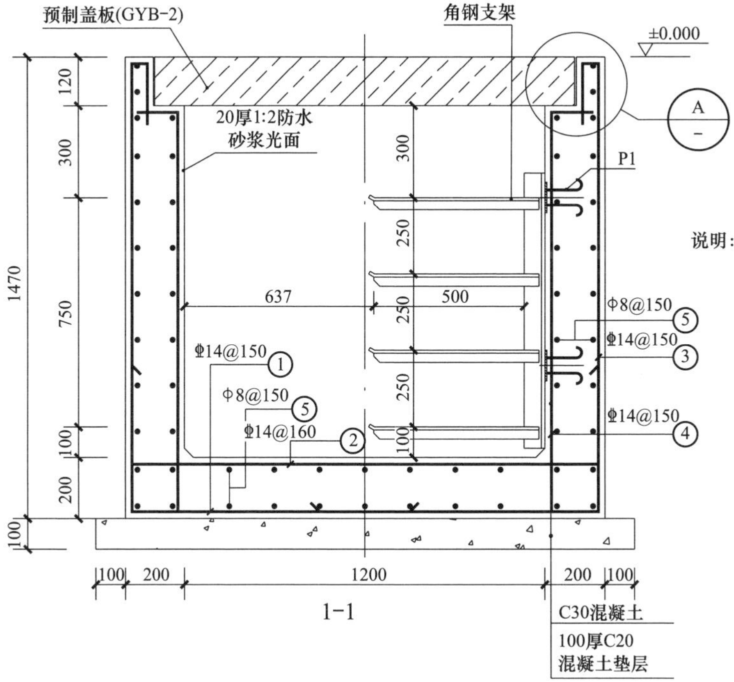

1-1

说明：1. 混凝土强度等级C25；素混凝土垫层C20；主体混凝土抗渗等级P6。

2. 钢筋Φ为HPB300，钢筋Φ为HRB400，型钢采用Q235B，电焊条用E43型，焊缝高度6mm。
3. 钢筋的保护层厚度不小于30mm。
4. 电缆沟预埋件，所有外露铁件均需镀锌处理，现场施焊后，对焊缝焊后均需刷两道防锈漆，两道银粉漆。
5. 电缆沟采用清水模板施工，一次浇筑，不再二次抹面。
6. 预埋铁M1面与沟壁抹灰面平，电缆支架面应与沟壁贴紧。支架安装也可采用内埋式螺母（阴螺母安装工艺）替代M1，埋设应符合规范要求，螺栓采用M12，8.8级。
7. 电缆沟内壁采用20厚1:2防水砂浆抹面。
8. 侧壁设梅花布置@=500的Φ8拉结筋，底板设马凳筋。
9. 电缆沟需根据工程实际做好防排水措施，电缆沟底板按照0.5%找坡，坡向集水坑。
10. 现浇混凝土电缆沟变形缝间距不宜超过20m，缝宽宜为30mm。
11. 当采用预制电缆沟时：电缆沟工厂化预制，现场安装；混凝土等级采用C40，电气预埋铁件的位置、大样、间距，需提前核实、确认，避免现场与厂家生产预留脱节，造成不必要的返工与经济损失。预制电缆沟相关吊装、安装、施工工艺除满足国家相关规范、国标图集等的基本要求外，确保接缝、防水等工艺安全可靠，达到设计质量要求。
12. 地基处理：
   (1) 地层为原状黄土层（无湿陷性）、砂砾（角砾）层、岩石层时，沟道垫层下无需再做地基处理。
   (2) 地层为素填土、湿陷性黄土时，沟道垫层下换填500mm厚3:7灰土，换填范围外扩垫层每边各300mm，压实系数不小于0.97。
   (3) 如地基存在软弱下卧层、淤泥、盐渍土、冻土等不良地质现象，应根据具体工程地质条件，按相关规范要求进行处理。
13. 电缆支架采用角钢支架，角钢需采用热镀锌处理。
14. 每米钢筋用量表中列出的材料为统计工程量时的参考值，准确材料量以施工时的实际用量为准。电缆沟盖板配筋见电缆盖板制作图。

图 13-5　4×500mm 单侧支架现浇钢筋混凝土电缆沟（C-1-5）

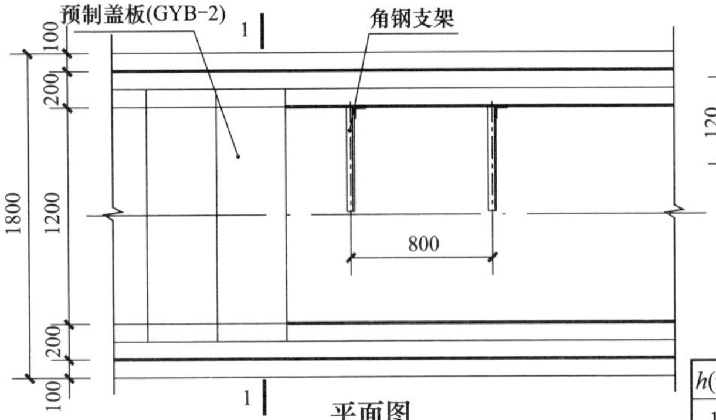

平面图

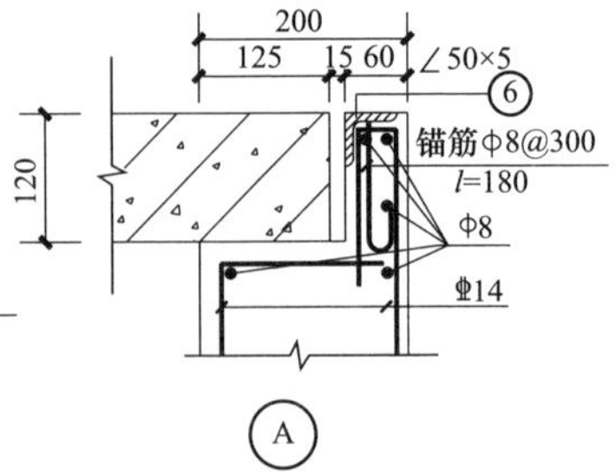

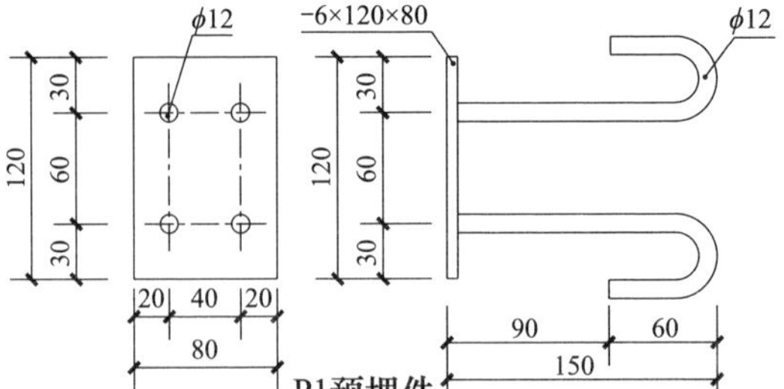

P1预埋件

盖板选择表

h(mm)	适用范围	盖板规格
120	人行横道，绿化带	GYB-2

每米钢筋量用表

编号	直径	型式	长度	数量	总长度	质量(kg)
1	Φ14	470 1540 470	2480	7	17360	21.02
2	Φ14	1540	1540	7	10780	13.05
3	Φ14	620 1690	2310	7	16170	19.57
4	Φ14	1540 140	1680	7	11760	14.23
5	ϕ8		1000	58	58000	22.93
6		∠50×5	1000	2	1000	7.54
总质量(kg)：98.34						

注：混凝土的强度等级为C30。

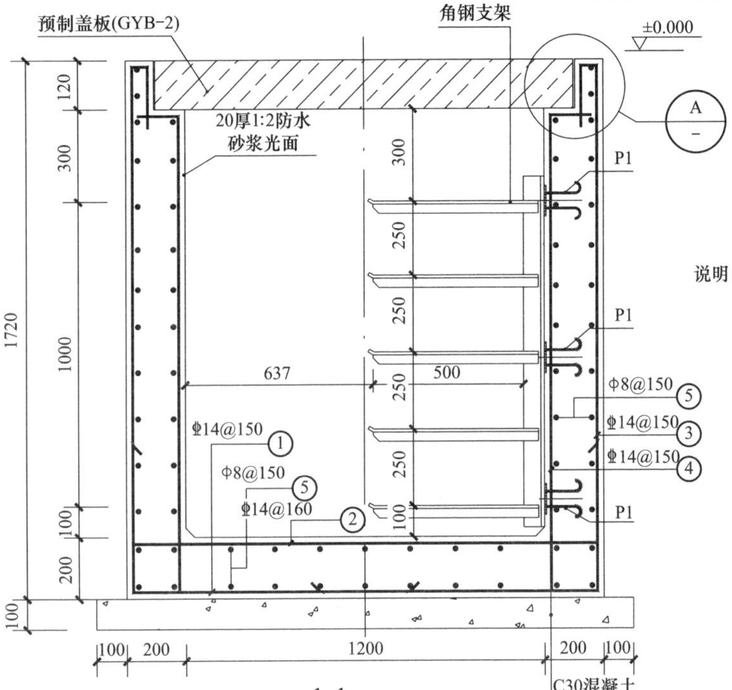

1-1

说明：1. 混凝土强度等级C25；素混凝土垫层C20；主体混凝土抗渗等级P6。

2. 钢筋ϕ为HPB300，钢筋Φ为HRB400，型钢采用Q235B，电焊条用E43型，焊缝高度6mm。
3. 钢筋的保护层厚度不小于30mm。
4. 电缆沟预埋件，所有外露铁件均需镀锌处理，现场施焊后，对焊缝焊后均需刷两道防锈漆，两道银粉漆。
5. 电缆沟采用清水模板施工，一次浇筑，不再二次抹面。
6. 预埋铁M1面与沟壁抹灰面平，电缆支架面应与沟壁贴紧。支架安装也可采用内埋式螺母（阴螺母安装工艺）替代M1，埋设应符合规范要求，螺栓采用M12，8.8级。
7. 电缆沟内壁采用20厚1:2防水砂浆抹面。
8. 侧壁设梅花布置@=500的ϕ8拉结筋，底板设马凳筋。
9. 电缆沟需根据工程实际做好防排水措施，电缆沟底板按照0.5%找坡，坡向集水坑。
10. 现浇混凝土电缆沟变形缝间距不宜超过20m，缝宽宜为30mm。
11. 当采用预制电缆沟时：电缆沟工厂化预制，现场安装；混凝土等级采用C40，电气预埋铁件的位置、大样、间距，需提前核实、确认，避免现场与厂家生产预留脱节，造成不必要的返工与经济损失。预制电缆沟相关吊装、安装、施工工艺除满足国家相关规范、国标图集等的基本要求外，确保接缝、防水等工艺安全可靠，达到设计质量要求。
12. 地基处理：
    (1) 地层为原状黄土层（无湿陷性）、砂砾（角砾）层、岩石层时，沟道垫层下无需再做地基处理。
    (2) 地层为素填土、湿陷性黄土时，沟道垫层下换填500mm厚3:7灰土，换填范围外扩垫层每边各300mm，压实系数不小于0.97。
    (3) 如地基存在软弱下卧层、淤泥、盐渍土、冻土等不良地质现象，应根据具体工程地质条件，按相关规范要求进行处理。
13. 电缆支架采用角钢支架，角钢需采用热镀锌处理。
14. 每米钢筋用量表中列出的材料为统计工程量时的参考值，准确材料量以施工时的实际用量为准。电缆沟盖板配筋见电缆盖板制作图。

图 13-6　5×500mm 单侧支架现浇钢筋混凝土电缆沟（C-1-6）

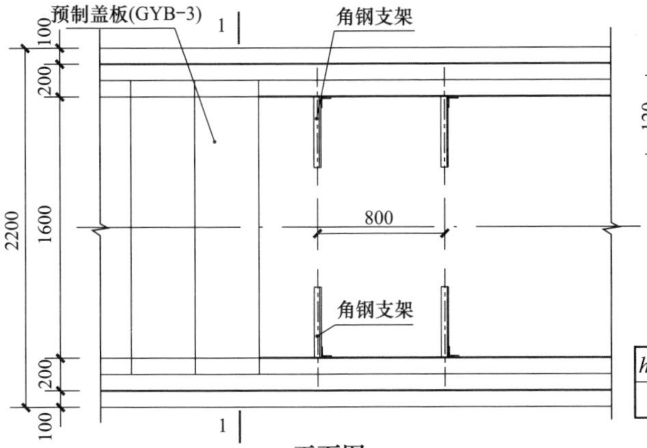

平面图

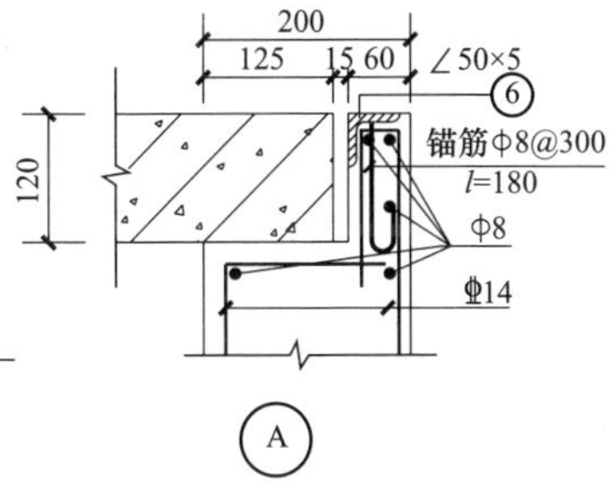

盖板选择表

h(mm)	适用范围	盖板规格
120	人行横道，绿化带	GYB-3

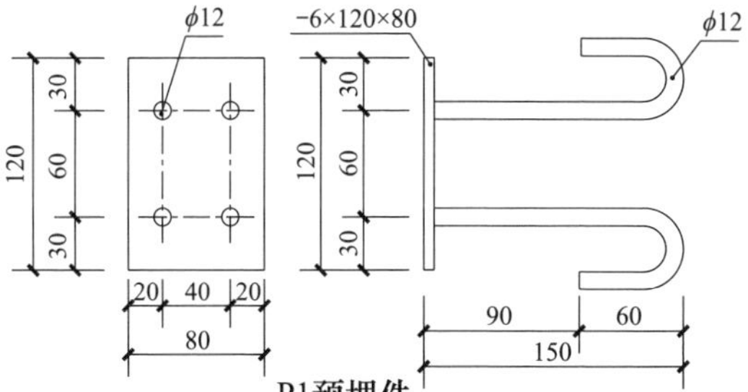

P1预埋件

每米钢筋量用表

编号	直径	型式	长度	数量	总长度	质量(kg)
1	Φ14	470 1940 470	2880	7	20160	24.39
2	Φ14	1940	1940	7	13580	16.43
3	Φ14	620 1440	2060	7	14400	17.43
4	Φ14	1290 140	1430	7	10010	12.11
5	ф8		1000	60	60000	23.70
6		∠50×5	1000	2	2000	7.54
总质量(kg)：101.6						

注：混凝土的强度等级为C30。

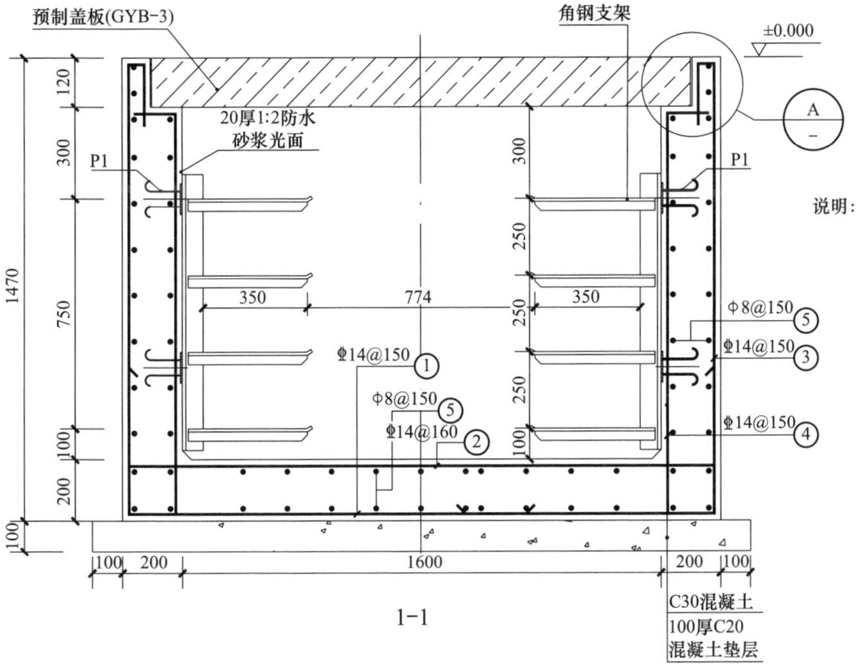

1-1

说明：1. 混凝土强度等级C25；素混凝土垫层C20；主体混凝土抗渗等级P6。

2. 钢筋ф为HPB300，钢筋Φ为HRB400，型钢采用Q235B，电焊条用E43型，焊缝高度6mm。

3. 钢筋的保护层厚度不小于30mm。

4. 电缆沟预埋件，所有外露铁件均需镀锌处理，现场施焊后，对焊缝焊后均需刷两道防锈漆，两道银粉漆。

5. 电缆沟采用清水模板施工，一次浇筑，不再二次抹面。

6. 预埋铁M1面与沟壁抹灰面平，电缆支架面应与沟壁贴紧。支架安装也可采用内埋式螺母（阴螺母安装工艺）替代M1，埋设应符合规范要求，螺栓采用M12，8.8级。

7. 电缆沟内壁采用20厚1:2防水砂浆抹面。

8. 侧壁设梅花布置@=500的ф8拉结筋,底板设马凳筋。

9. 电缆沟需根据工程实际做好防排水措施，电缆沟底板按照0.5%找坡，坡向集水坑。

10. 现浇混凝土电缆沟变形缝间距不宜超过20m，缝宽宜为30mm。

11. 当采用预制电缆沟时：电缆沟工厂化预制，现场安装；混凝土等级采用C40，电气预埋铁件的位置、大样、间距，需提前核实、确认，避免现场与厂家生产预留脱节，造成不必要的返工与经济损失。预制电缆沟相关吊装、安装、施工工艺除满足国家相关规范、国标图集等的基本要求外，确保接缝、防水等工艺安全可靠，达到设计质量要求。

12. 地基处理：

(1) 地层为原状黄土层（无湿陷性）、砂砾（角砾）层、岩石层时，沟道垫层下无需再做地基处理。

(2) 地层为素填土、湿陷性黄土时，沟道垫层下换填500mm厚3∶7灰土，换填范围外扩垫层每边各300mm，压实系数不小于0.97。

(3) 如地基存在软弱下卧层、淤泥、盐渍土、冻土等不良地质现象，应根据具体工程地质条件，按相关规范要求进行处理。

13. 电缆支架采用角钢支架，角钢需采用热镀锌处理。

14. 每米钢筋用量表中列出的材料为统计工程量时的参考值，准确材料量以施工时的实际用量为准。电缆沟盖板配筋见电缆盖板制作图。

图 13-7　4×350mm 双侧支架现浇钢筋混凝土电缆沟（C-1-7）

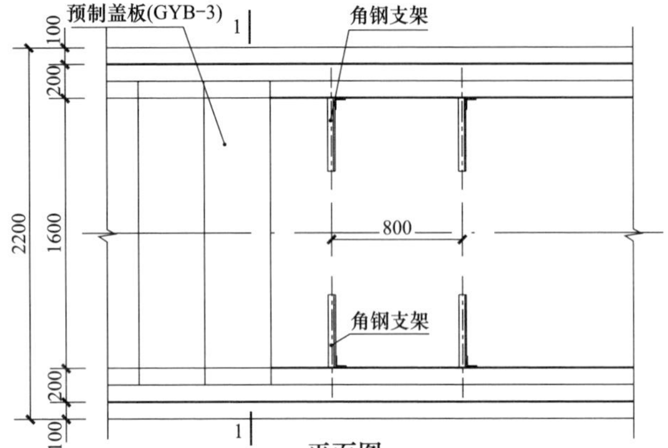

平面图

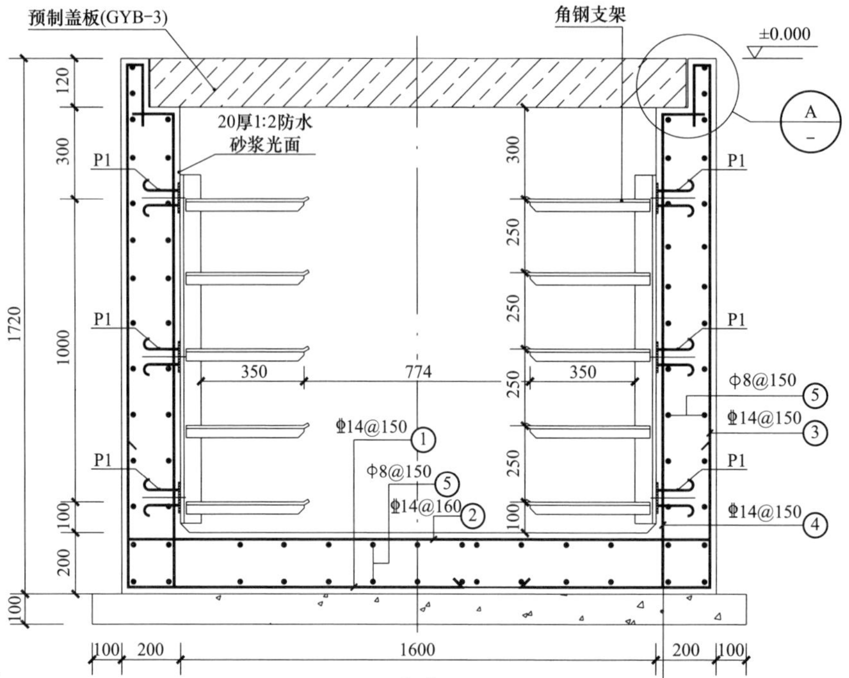

1-1

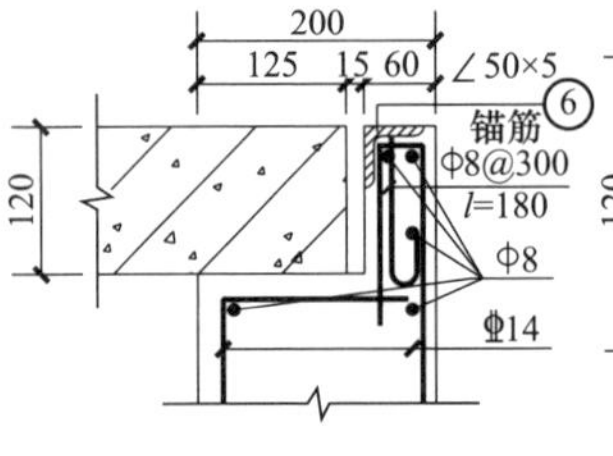

A

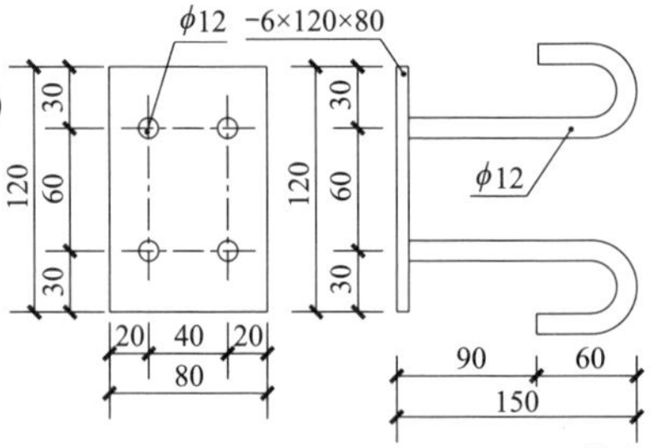

P1预埋件

说明：1. 混凝土强度等级C25；素混凝土垫层C20；主体混凝土抗渗等级P6。

2. 钢筋ф为HPB300，钢筋Φ为HRB400，型钢采用Q235B，电焊条用E43型，焊缝高度6mm。

3. 钢筋的保护层厚度不小于30mm。

4. 电缆沟预埋件，所有外露铁件均需镀锌处理，现场施焊后，对焊缝焊后均需刷两道防锈漆，两道银粉漆。

5. 电缆沟采用清水模板施工，一次浇筑，不再二次抹面。

6. 预埋铁M1面与沟壁抹灰面平，电缆支架面应与沟壁贴紧。支架安装也可采用内埋式螺母（阴螺母安装工艺）替代M1，埋设应符合规范要求，螺栓采用M12，8.8级。

7. 电缆沟内壁采用20厚1:2防水砂浆抹面。

8. 侧壁设梅花布置@=500的ф8拉结筋，底板设马凳筋。

9. 电缆沟需根据工程实际做好防排水措施，电缆沟底板按照0.5%找坡，坡向集水坑。

10. 现浇混凝土电缆沟变形缝间距不宜超过20m，缝宽宜为30mm。

11. 当采用预制电缆沟时：电缆沟工厂化预制，现场安装；混凝土等级采用C40，电气预埋铁件的位置、大样、间距，需提前核实、确认，避免现场与厂家生产预留脱节，造成不必要的返工与经济损失。预制电缆沟相关吊装、安装、施工工艺除满足国家相关规范、国标图集等的基本要求外，确保接缝、防水等工艺安全可靠，达到设计质量要求。

12. 地基处理：

(1) 地层为原状黄土层（无湿陷性）、砂砾（角砾）层、岩石层时，沟道垫层下无需再做地基处理。

(2) 地层为素填土、湿陷性黄土时，沟道垫层下换填500mm厚3:7灰土，换填范围外扩垫层每边各300mm，压实系数不小于0.97。

(3) 如地基存在软弱下卧层、淤泥、盐渍土、冻土等不良地质现象，应根据具体工程地质条件，按相关规范要求进行处理。

13. 电缆支架采用角钢支架，角钢需采用热镀锌处理。

14. 每米钢筋用量表中列出的材料为统计工程量时的参考值，准确材料量以施工时的实际用量为准。电缆沟盖板配筋见电缆盖板制作图。

每米钢筋量用表

编号	直径	型式	长度	数量	总长度	质量(kg)
1	Φ14	470 1940 470	2880	7	20160	24.39
2	Φ14	1940	1940	7	13580	16.43
3	Φ14	620 1690	2310	7	16170	21.09
4	Φ14	1540 140	1680	7	11760	14.23
5	ф8	——	1000	60	60000	23.70
6		∠50×5	1000	2	2000	7.54
总质量(kg)：107.38						

注：混凝土的强度等级为C30。

盖板选择表

h(mm)	适用范围	盖板规格
120	人行横道，绿化带	GYB-3

图 13-8　5×350mm 双侧支架现浇钢筋混凝土电缆沟（C-1-8）

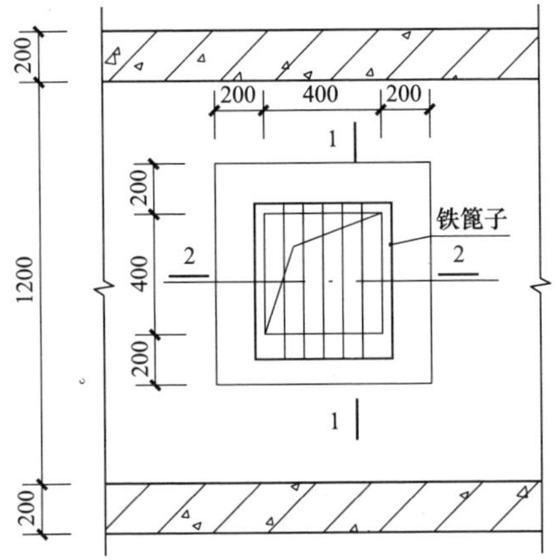

集水坑平面图

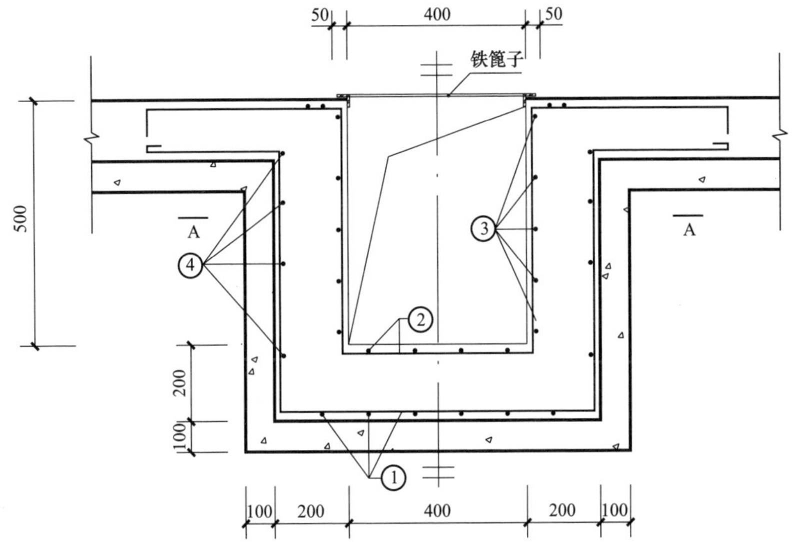

1-1

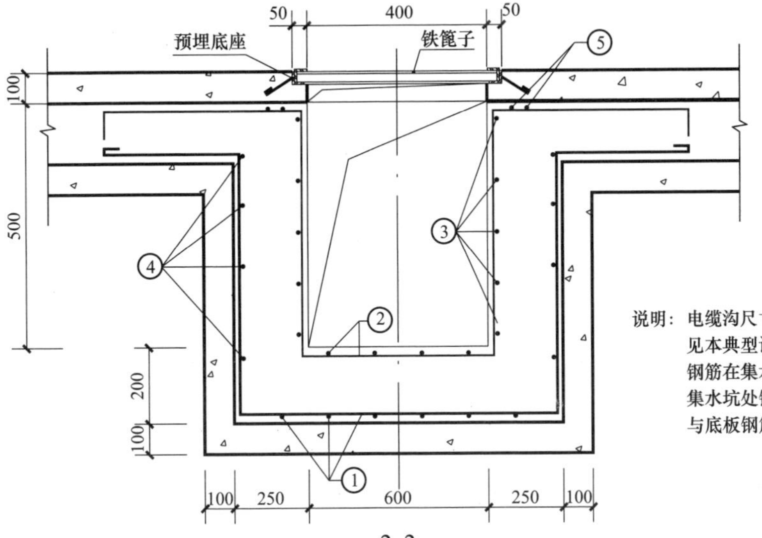

2-2

说明：电缆沟尺寸、施工要求及底板配筋见本典型设计电缆沟断面图，底板钢筋在集水坑处断开，本图仅标注集水坑处钢筋，施工时集水坑钢筋与底板钢筋必须绑扎牢固。

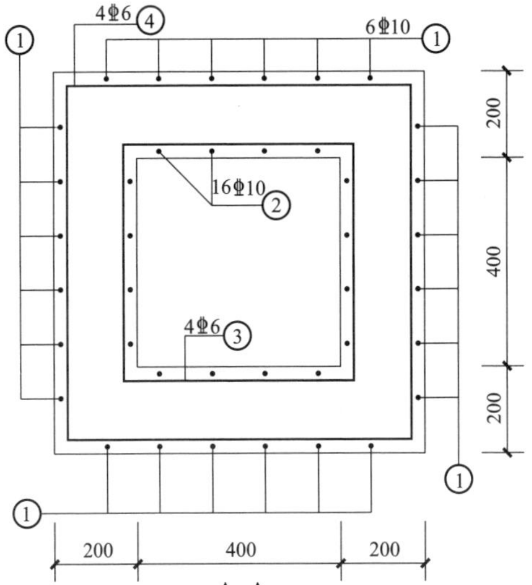

A-A

图 13-9　电缆沟集水坑做法图（C-T-1）

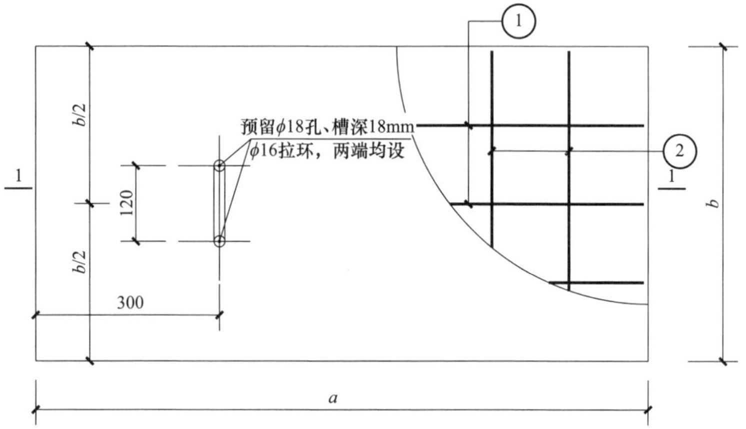

盖板

材料明细表

序号	沟净宽(mm)	编号	规格尺寸			钢筋数量及规格				备注
			a	*b*	*c*	①		②		
1	1100	GYB-1	1350	495	120	12Φ14	*l*=1290mm	16Φ8	*L*=450mm	人行横道、绿化带
2	1200	GYB-2	1450	495	120	12Φ14	*l*=1390mm	18Φ8	*L*=450mm	人行横道、绿化带
3	1600	GYB-3	1850	495	120	12Φ14	*l*=1790mm	20Φ8	*L*=450mm	人行横道、绿化带

说明：1. 材料采用C30混凝土，HRB400级钢筋。

2. 保护层厚度应根据环境条件和耐久性要求等确定，且不应小于30mm。

3. 材料表中钢筋长度是指单根钢筋长度。

4. 每块盖板均设2个拉环。

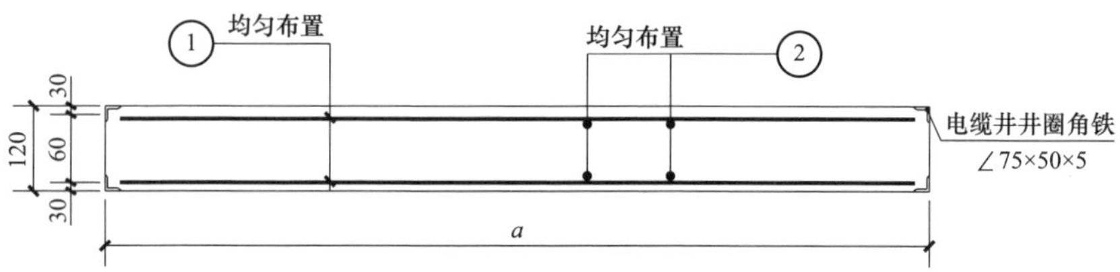

1-1

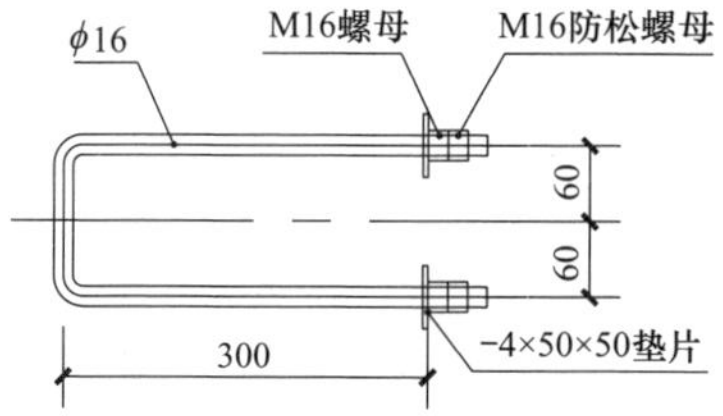

拉环详图

图 13-10　电缆盖板制作图（C-T-2）

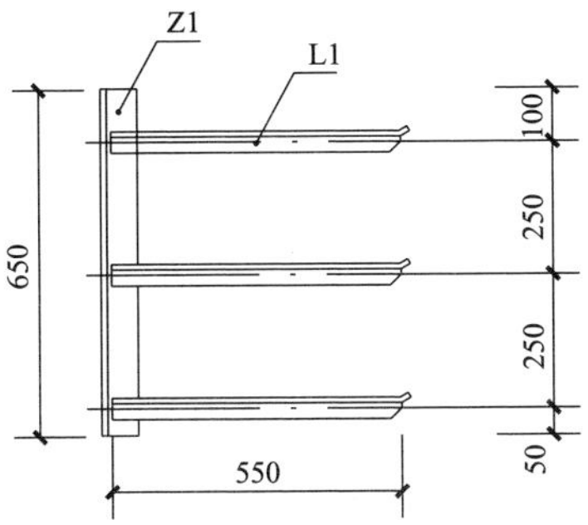

3×500mm支架加工图

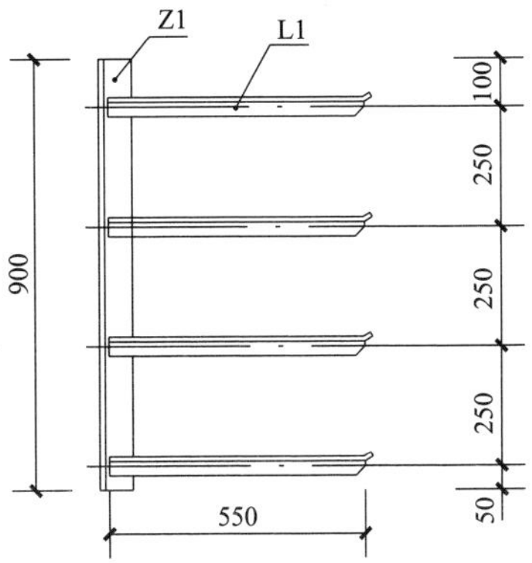

4×500mm支架加工图

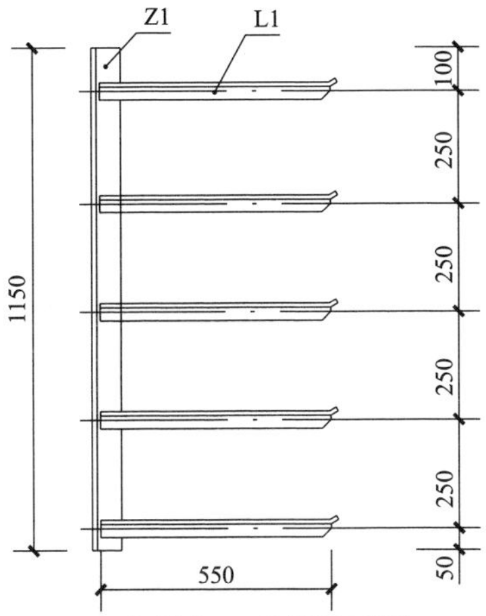

5×500mm支架加工图

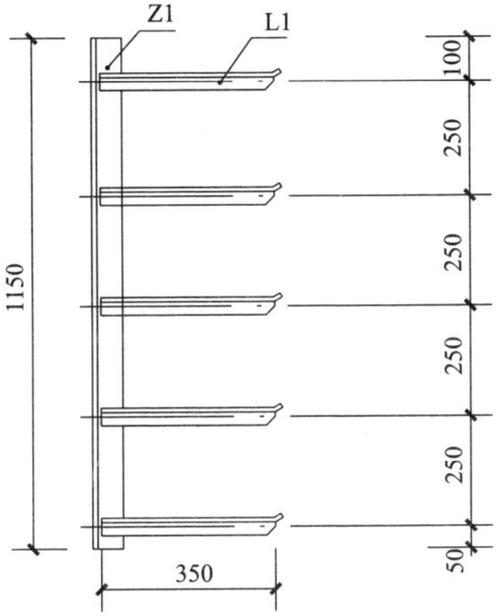

5×350mm支架加工图

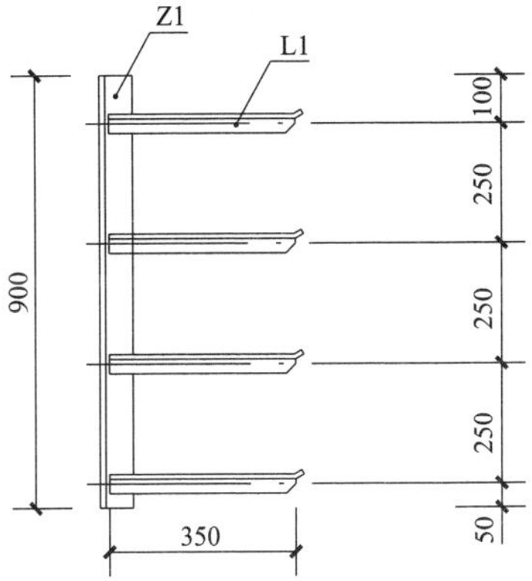

4×350mm支架加工图

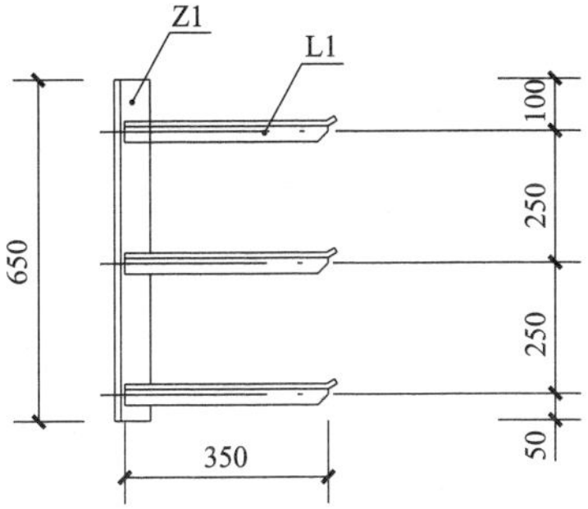

3×350mm支架加工图

电缆沟支架材料表

序号	模块	支架类型	规格	长度(mm)	数量	单重(kg)	小计(kg)	合计(kg)	序号	模块	支架类型	规格	长度(mm)	数量	单重(kg)	小计(kg)	合计(kg)
1	3×500mm支架	Z1	∠63mm×6mm	650	1	3.72	3.72	9.96	4	3×350mm支架	Z1	∠63mm×6mm	650	1	3.72	3.72	7.68
		L1	∠50mm×5mm	550	3	2.08	6.24				L1	∠50mm×5mm	350	3	1.32	3.96	
2	4×500mm支架	Z1	∠63mm×6mm	900	1	5.15	5.15	13.47	5	4×350mm支架	Z1	∠63mm×6mm	900	1	5.15	5.15	10.43
		L1	∠50mm×5mm	550	4	2.08	8.32				L1	∠50mm×5mm	350	4	1.32	5.28	
3	5×500mm支架	Z1	∠63mm×6mm	1150	1	6.58	6.58	16.98	6	5×350mm支架	Z1	∠63mm×6mm	1150	1	6.58	6.58	13.18
		L1	∠50mm×5mm	550	5	2.08	10.40				L1	∠50mm×5mm	350	5	1.32	6.60	

图 13-11　电缆沟支架加工图（C-T-3）

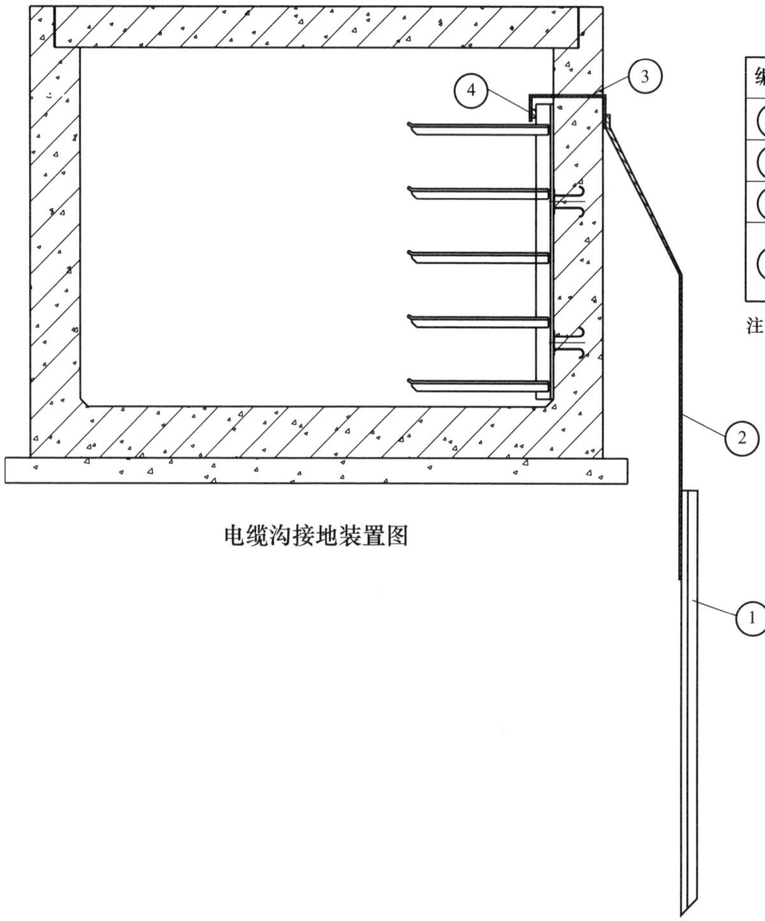

电缆沟接地装置图

电缆接地装置材料表

编号	名称	规格	长度(mm)	单位	数量	单重(kg)	小计(kg)	备注
①	接地极	∠50mm×5mm	2500	根	1	9.45	9.45	与连接带焊接
②	外连接带	-50mm×5mm	2500	根	1	4.9	4.9	与预埋件及接地极焊接
③	预埋件	-50mm×5mm	900	根	1	1.75	1.75	每50m一道，预埋沟墙台帽内
④	内接地带	-50mm×5mm	与电缆沟同长	根	1			与预埋件焊接、电缆支架焊接，电缆沟通长

注：每处接地极钢材总质量(不包含内接地带)32.2kg，当为单侧支架时重量减半。

说明：1. 接地材料型钢采用Q235B，电焊条用E43型，焊缝高度6mm。
2. 接地铁件均需热镀锌处理，现场施焊后，对焊缝焊后均需刷两道防锈漆，两道银粉漆。
3. 部件连接处全部采用双面焊，且焊接高度大于6mm。
4. 焊接完毕后，清除焊渣，并涂防腐底漆两道，面层喷锌处理。
5. 接地带沿全沟内侧通长敷设，接地极每50m设置一处。
6. 双侧支架电缆沟设置双侧接地极，单侧支架电缆沟设置单侧接地极。

图 13-12　电缆沟接地装置图（C-T-4）

第14章 电缆桥架方案

14.1 概述

本章为电缆桥梁（桥架）敷设模块（D模块）。按电缆线路敷设环境的要求及跨越河道的不同情况分为顶部悬挂（D-1）、侧壁悬挂（D-2）、专用电缆桥（D-3）三种敷设子模块。

14.2 适用范围

（1）D-1子模块：在现有桥梁没有专用电缆通道，或在民用建筑内部配电室之间不适宜地下敷设时，可选用本模块。

（2）D-2子模块：在现有桥梁没有专用电缆通道时，可选用本模块。

（3）D-3子模块：在电缆线路路径无桥梁可利用，且河道宽度较小时，可选用本模块。

14.3 方案说明

（1）顶部悬挂子模块。D-1子模块为电缆顶部悬挂敷设方式，按敷设电缆根数和敷设环境等要求分为2种断面，各断面技术条件，见表14-1。

表14-1　　D-1子模块技术条件

序号	电缆敷设根数	电缆截面（芯数×截面，mm^2）	断面规模（支架净宽）（m）
1	4	3×70～400	0.95
2	12	3×70～400	0.95

（2）侧壁悬挂子模块。D-2子模块为电缆侧部悬挂敷设方式，按敷设电缆根数和敷设环境等要求分为2种断面，各断面技术条件，见表14-2。

表14-2　　D-2子模块技术条件

序号	电缆敷设根数	电缆截面（芯数×截面，mm^2）	断面规模（支架净宽）（m）
1	4	3×70～400	0.32
2	6	3×70～400	0.47
3	6	3×70～400	0.32
4	9	3×70～400	0.47

（3）专用电缆桥子模块。D-3子模块为专用电缆桥敷设方式，按敷设电缆根数和敷设环境和电缆桥跨度等要求分为2种断面，各断面技术条件，见表14-3。

表14-3　　D-3子模块技术条件

序号	电缆敷设根数	电缆截面（芯数×截面，mm^2）	断面规模（宽×高）
1	12	3×70～400	1m×0.9m

14.4 土建部分

14.4.1 设计荷载

设计荷载按照GB 50009《建筑结构荷载规范》执行。检修荷载采用2kN（D-1子模块）和5kN（D-2子模块和D-3子模块），并于最不利处进行验算，动力系数为1.3。

14.4.2 主要建筑材料

（1）钢材：Q235。

（2）焊条：E43。

（3）膨胀型螺栓：除锥体与套筒分离的位移控制式膨胀型螺栓外，其他类型膨胀螺栓均可采用。

（4）锚固的基础混凝土强度等级应符合GB 50010《混凝土结构设计规范（2015年版）》的规定。

（5）所有钢构件均应做防腐处理。

14.5 使用说明

14.5.1 概述

本使用说明重点是对模块适用条件、选用组合条件等方面内容进行说明，以方便在具体工程设计时使用。

14.5.2 基本使用步骤

（1）内部子模块的使用和拼接。

1）本典型设计可用于具体工程中可行性研究、初步设计阶段。本模块工程实际敷设长度需因地制宜，需根据所有外部条件调整图纸，完善结构设计、设备材料配置，及本典型设计中未涉及的部分，完成工程施工图纸设计。

2）可根据具体工程的适用条件，前期工作确定的原则，从本典型设计模块中选择合适的子模块。

3）如本模块内的各子模块之间可进行组合，以满足具体工程的要求。

（2）内部子模块与本典型设计其他模块的拼接。本模块与电缆沟道、工作井模块拼接时，应注意电缆沟道、工作井的宽度应大于本模块断面的宽度。

（3）模块的调整。具体工程中，应深入了解模块的构成和特性，如果设计规模与本典型设计中的模块有差异，应根据模块的形成特点与规模差异进行调整，并注意满足相应设计规范要求。

14.6 设计图

电缆桥架设计图清单见表 14-4。

表 14-4 电缆桥架设计图清单

图号	图纸名称	模块编号
图 14-1	顶部悬挂敷设图（一）	D-1-1
图 14-2	顶部悬挂敷设图（二）	D-1-2
图 14-3	侧壁悬挂敷设图（一）	D-2-1
图 14-4	侧壁悬挂敷设图（二）	D-2-2
图 14-5	侧壁悬挂敷设图（三）	D-2-3
图 14-6	侧壁悬挂敷设图（四）	D-2-4
图 14-7	侧壁悬挂敷设图（五）	D-2-5
图 14-8	专用电缆桥敷设图（一）	D-3-1
图 14-9	专用电缆桥敷设图（二）	D-3-2

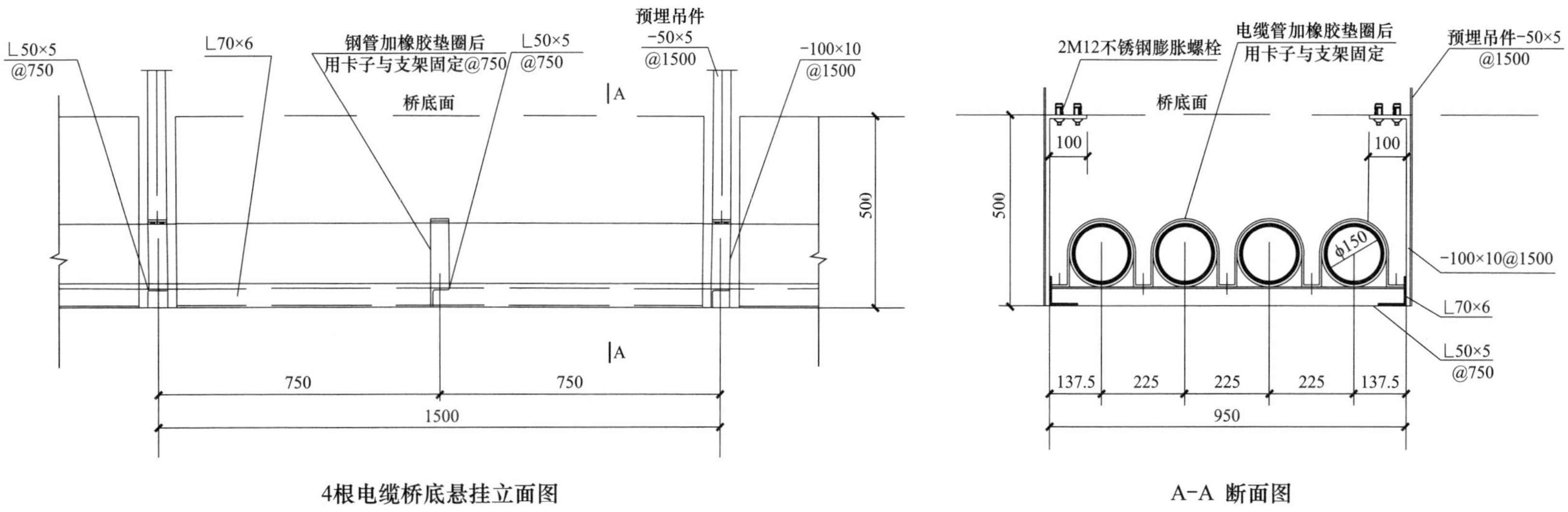

说明：1. 电缆管支架采用Q235钢、焊条E43，焊接焊缝高度不小于5mm。

2. 适用于跨度小于30m的桥梁，不得减小桥梁底部的最小净空，如需减小，必须征得桥梁管理部门同意。

3. 每米桥架计算荷载标准值：支架0.2kN/m，电缆管如采用钢管0.72kN/m，电缆0.13kN/m，共4根，检修活荷载为2kN。如超出该范围，本方案需验算后采用。

4. 用于敷设单芯电缆时，电缆管应采用非磁性保护管且支架不得形成磁回路。

5. 膨胀螺栓最小承载力设计值不得小于4kN。

图 14-1　顶部悬挂敷设图（一）（D-1-1）

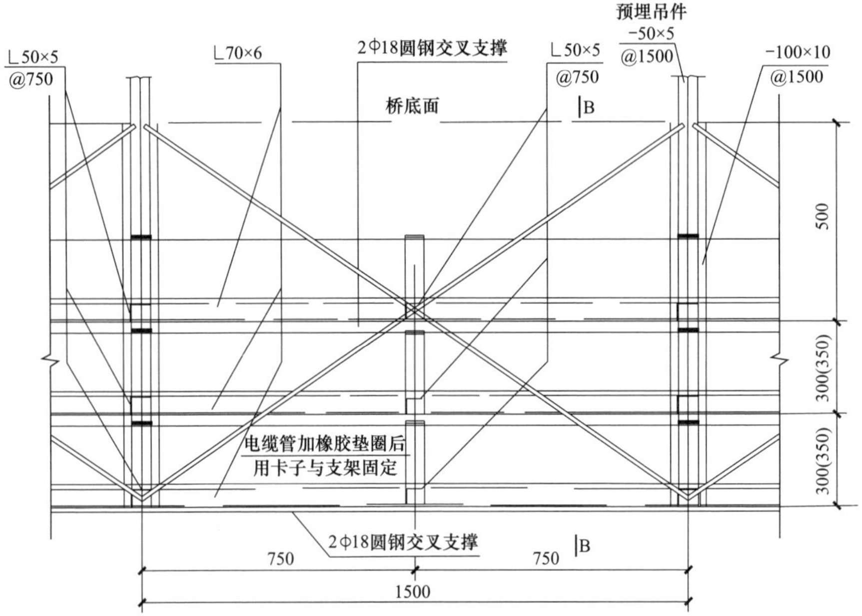

12根电缆桥底悬挂立面图

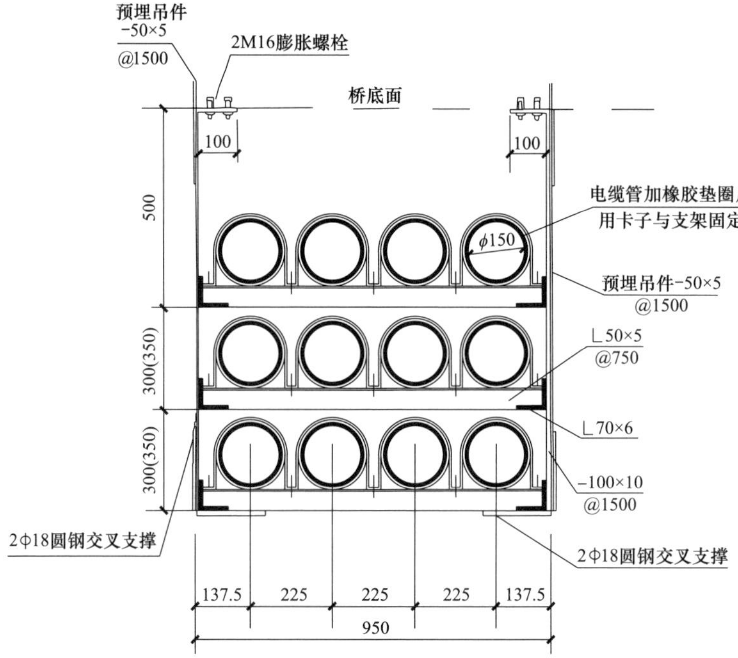

B-B 断面图

说明：1. 电缆管支架采用Q235钢、焊条E43，焊接焊缝高度不小于5mm。

2. 适用于跨度小于30m的桥梁，不得减小桥梁底部的最小净空，如需减小，必须征得桥梁管理部门同意。

3. 每米桥架计算荷载标准值：支架0.6kN/m，电缆管如采用焊接钢管2.12kN/m，电缆按0.13kN/m，共12根，检修活荷载为2kN。如超出该范围，本方案需验算后采用。

4. 用于敷设单芯电缆时，电缆管应采用非金属管且支架不得形成磁回路。

5. 膨胀螺栓最小承载力设计值不得小于6kN。

6. 括号内数值适用于35kV三芯、110~220kV（每层一根以上）。

图 14-2　顶部悬挂敷设图（二）（D-1-2）

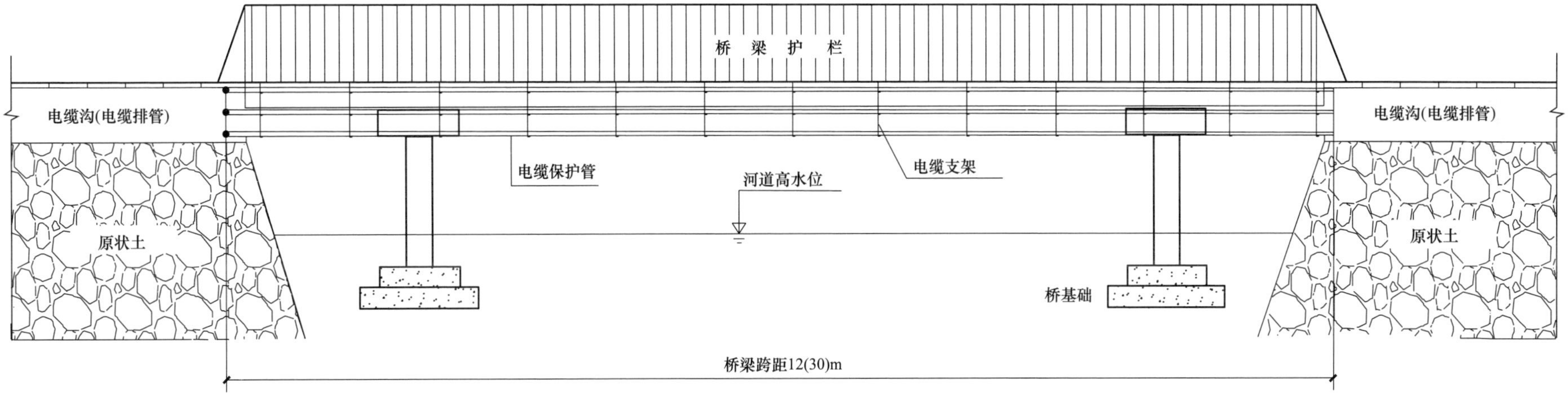

说明：1. 设计条件：基本风速28m/s，地震烈度6度，其余条件按4.3选择。

2. 设计荷载：静荷载指单根电缆和保护管取0.25kN/m；动荷载指取集中荷载取5.5kN；均布荷载指取0.35kN/m。

3. 保护管要求：保护管采用PE管或镀锌钢管，使用膨胀螺栓连接或焊接，但单芯电缆不得采用金属保护管。

4. 电缆过桥支架间隔根据桥梁长度、荷载情况进行设计，建议间隔1m设支架一处。

5. 电缆支架层数根据实际情况进行设计。

6. 侧壁悬挂敷设方式适宜于跨距较短的桥梁。

图 14-3 侧壁悬挂敷设图（一）（D-2-1）

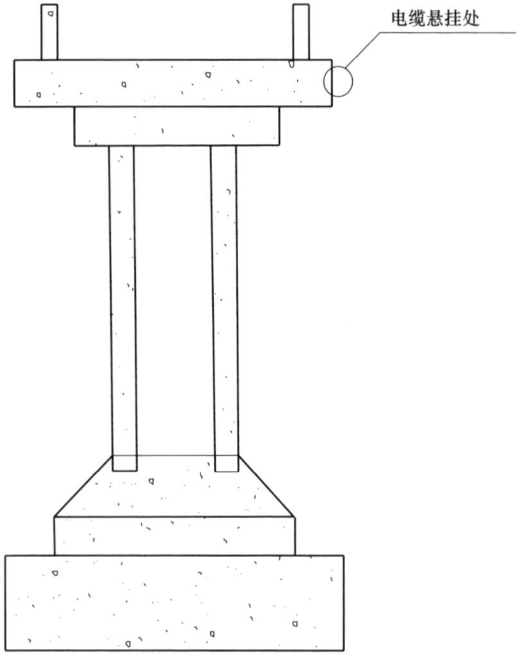

桥断面示意图

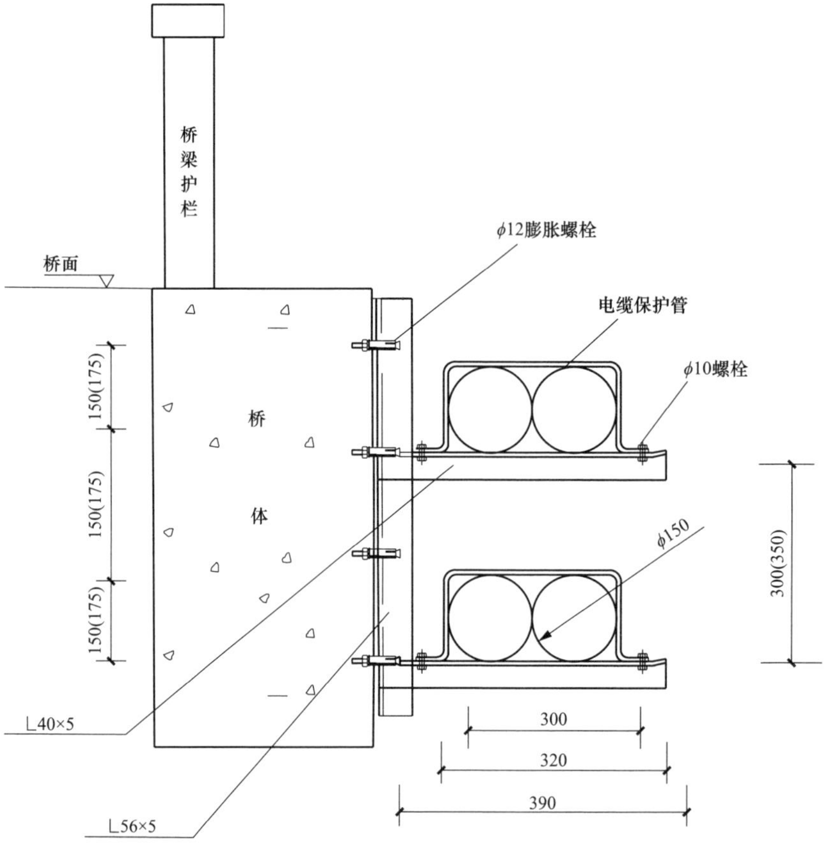

电缆悬挂处放大图

说明：1. 在桥梁上敷设的电缆和附件等重量，应在桥梁设计允许承载值之内。

2. 电缆和附件的安装不得有损于强梁结构的稳定性。

3. 在桥梁上敷设的电缆和附件，不得低于桥底距水面高度。

4. 电缆敷设后需加装耐腐蚀、抗老化的防晒板或遮光板，并定期进行维护更换。

5. 可在桥梁两侧对称布置，也可在单侧布置进行敷设。

6. 括号内数值适用于35kV三芯、110~220kV（每层一根以上）。

图 14-4 侧壁悬挂敷设图（二）（D-2-2）

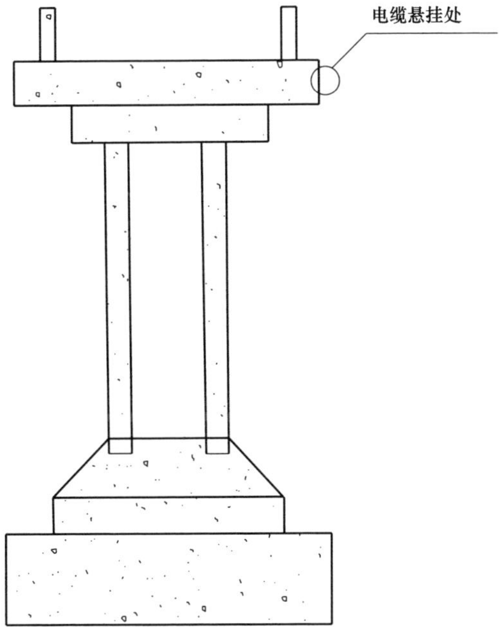

桥断面示意图

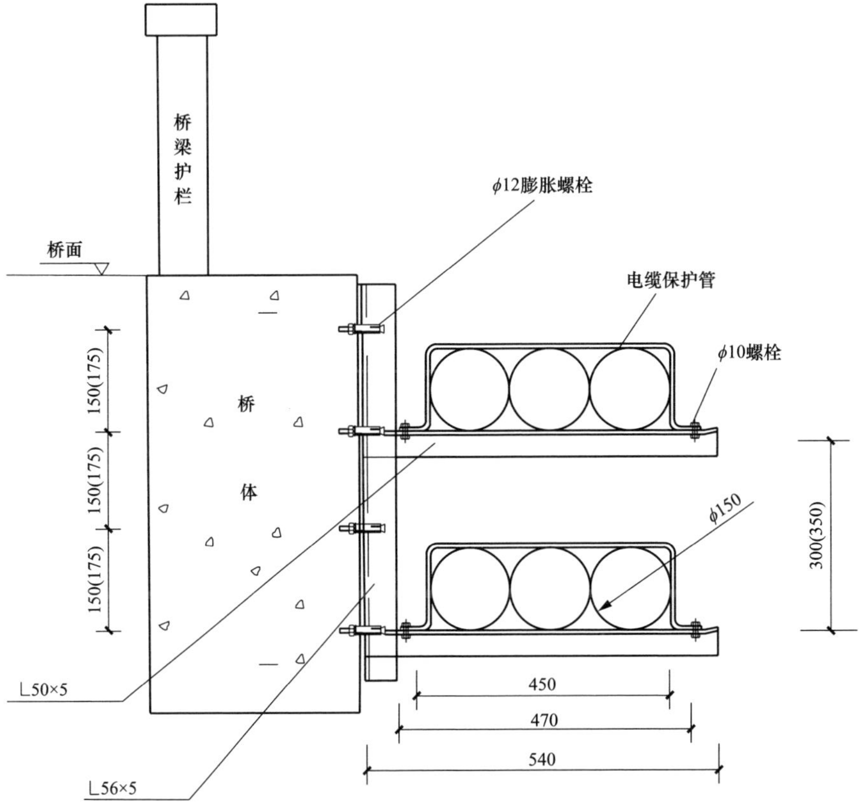

电缆悬挂处放大图

说明：1. 在桥梁上敷设的电缆和附件等重量，应在桥梁设计允许承载值之内。

2. 电缆和附件的安装不得有损于强梁结构的稳定性。

3. 在桥梁上敷设的电缆和附件，不得低于桥底距水面高度。

4. 电缆敷设后需加装耐腐蚀、抗老化的防晒板或遮光板，并定期进行维护更换。

5. 可在桥梁两侧对称布置，也可在单侧布置进行敷设。

6. 括号内数值适用于35kV三芯、110~220kV（每层一根以上）。

图 14-5　侧壁悬挂敷设图（三）（D-2-3）

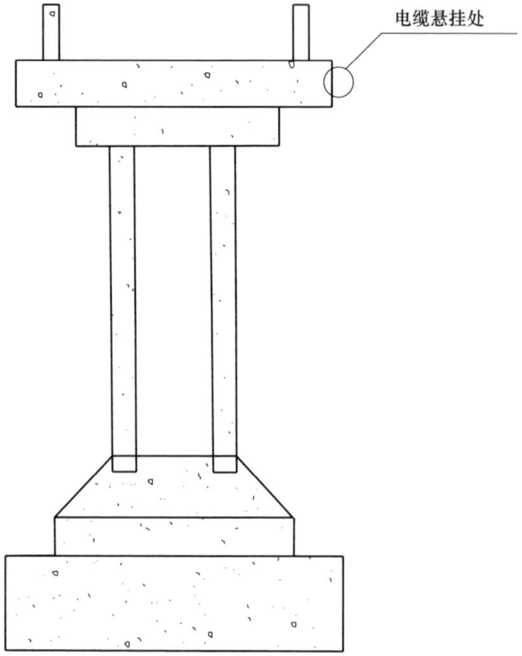

桥断面示意图

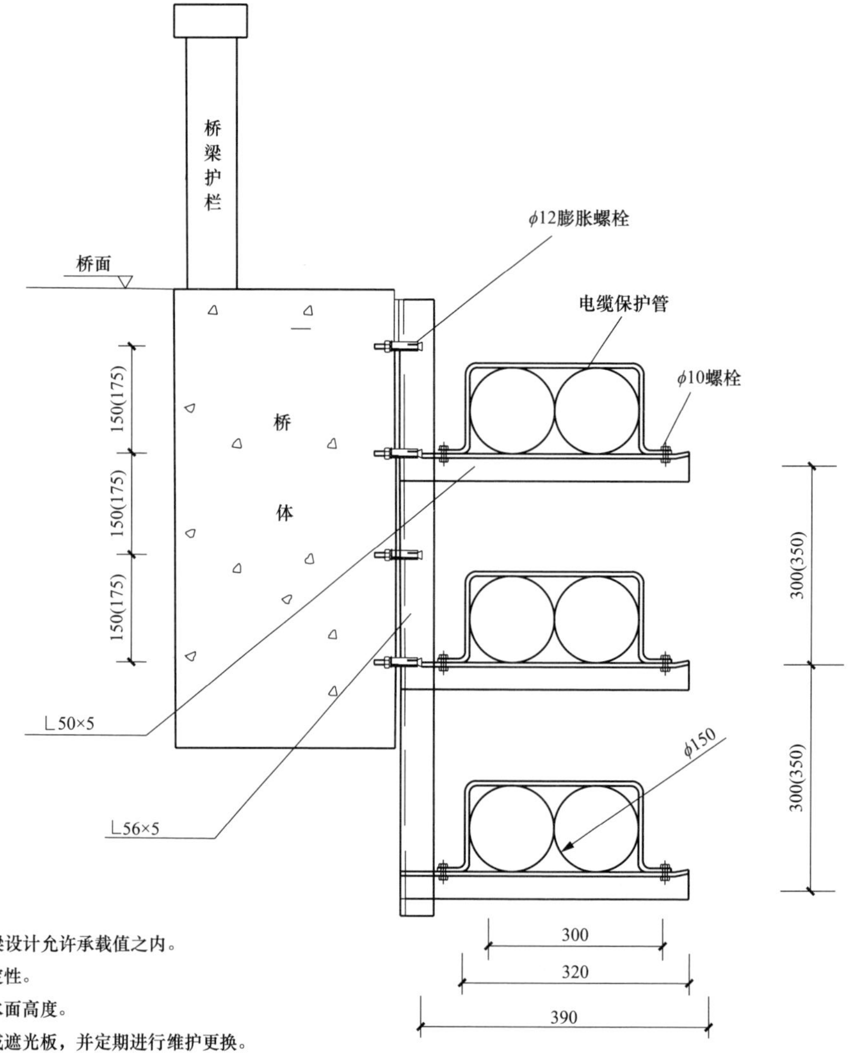

电缆悬挂处放大图

说明：1. 在桥梁上敷设的电缆和附件等重量，应在桥梁设计允许承载值之内。

2. 电缆和附件的安装不得有损于强梁结构的稳定性。

3. 在桥梁敷设的电缆和附件，不得低于桥底距水面高度。

4. 电缆敷设后需加装耐腐蚀、抗老化的防晒板或遮光板，并定期进行维护更换。

5. 可在桥梁两侧对称布置，也可在单侧布置进行敷设。

6. 括号内数值适用于35kV三芯、110~220kV（每层一根以上）。

图 14-6　侧壁悬挂敷设图（四）（D-2-4）

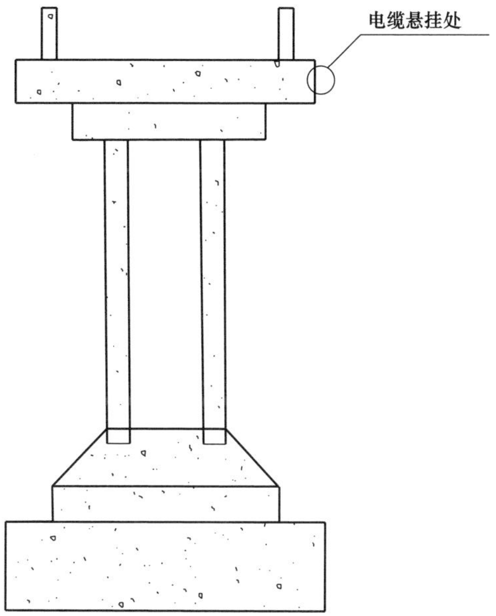

桥断面示意图

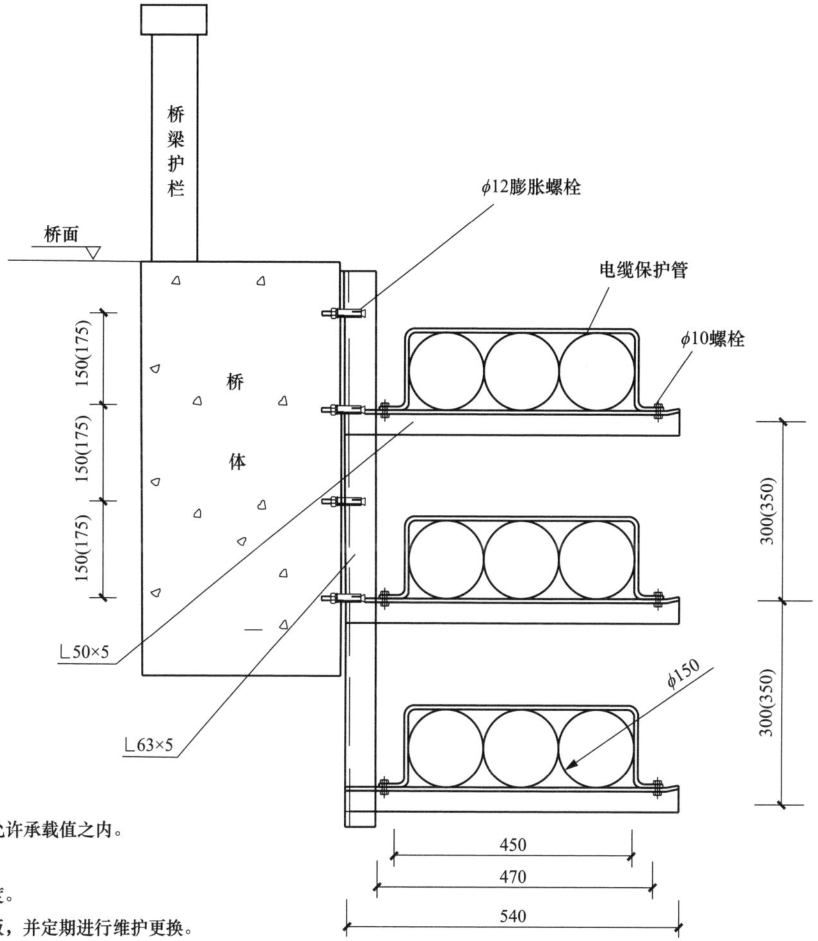

电缆悬挂处放大图

说明：1. 在桥梁上敷设的电缆和附件等重量，应在桥梁设计允许承载值之内。
2. 电缆和附件的安装不得有损于强梁结构的稳定性。
3. 在桥梁敷设的电缆和附件，不得低于桥底距水面高度。
4. 电缆敷设后需加装耐腐蚀、抗老化的防晒板或遮光板，并定期进行维护更换。
5. 可在桥梁两侧对称布置，也可在单侧布置进行敷设。
6. 括号内数值适用于35kV三芯、110~220kV（每层一根以上）。

图 14-7　侧壁悬挂敷设图（五）（D-2-5）

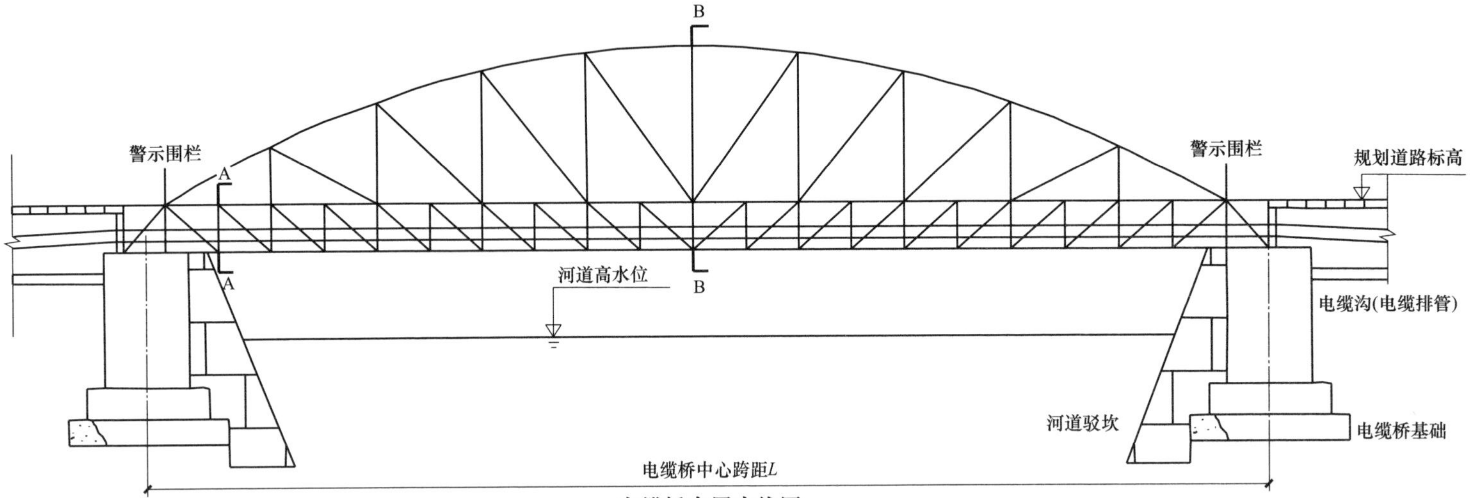

电缆桥布置电线图

说明：1. 设计条件：基本风速28m/s，地震烈度6度，其余条件按4.3选择。

2. 设计荷载：静荷载指单根电缆和保护管取0.2kN/m；动荷载指集中荷载取5kN；均布荷载取0.3kN/m。

3. 钢材要求：钢材全部采用热镀锌，采用螺栓连接或焊接。

4. 电缆桥两端应设置警示标志，禁止行人进入电缆桥。

5. 设置在通航河道上的电缆桥需征得航道部门批准，保证通航要求，并悬挂限高标记。

6. 电缆桥基础根据桥架跨度、荷载情况进行设计。

7. 电缆桥架拱的高度H应根据桥架实际跨度进行设计。

8. 电缆桥净宽A和净高B可根据电缆保护管尺寸和电缆数量调整。

9. 以下为几种典型桥架跨度和重量统计，但不限于以下种类。电缆桥中心跨距（L）和相应质量（Q）见下表。

桥型号	L(m)	Q(kg)
Ⅰ	23	4000
Ⅱ	28	5300

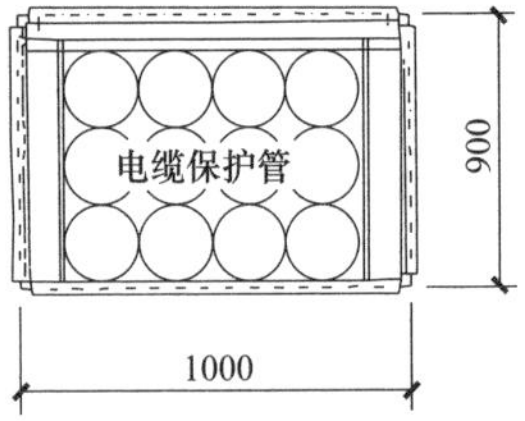

A-A 断面图

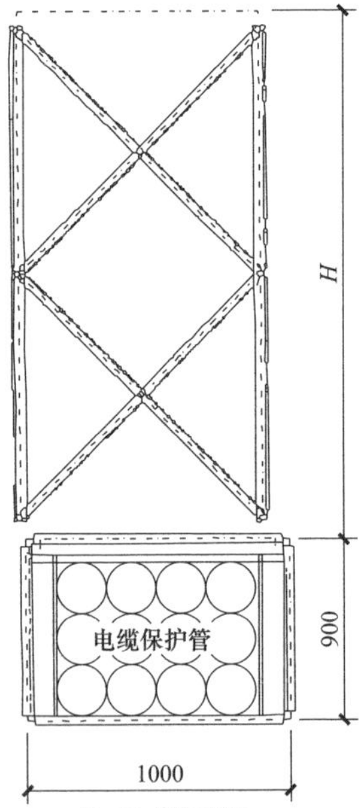

B-B 断面图

图 14-8 专用电缆桥敷设图（一）（D-3-1）

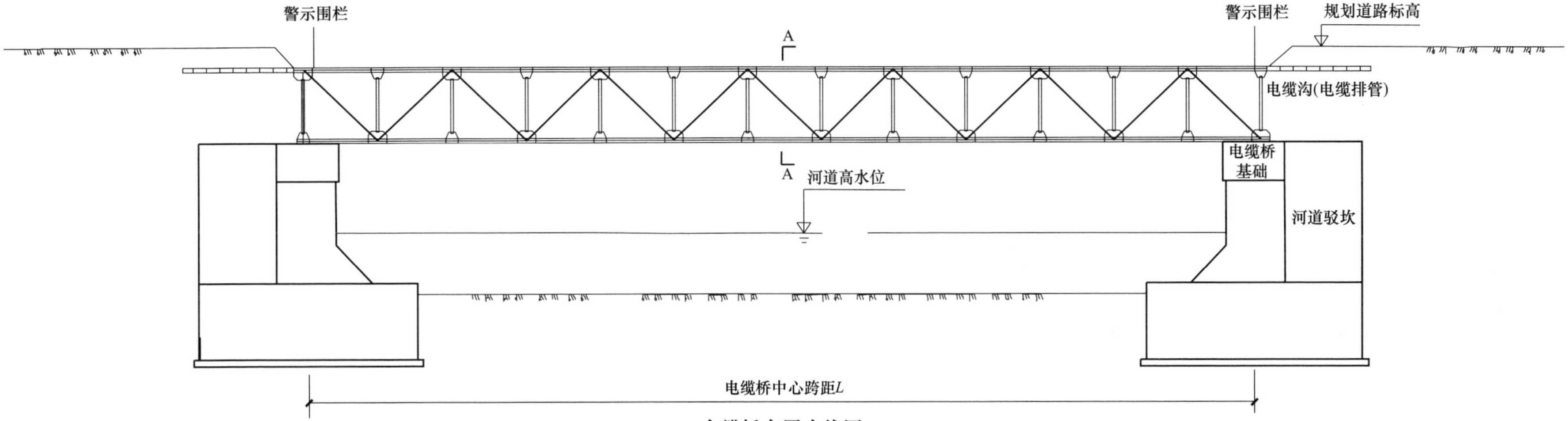

电缆桥布置电线图

说明：1. 设计条件：基本风速28m/s，地震烈度6度，其余条件按4.3选择。

2. 设计荷载：静荷载指单根电缆和保护管取0.2kN/m；动荷载指集中荷载取5kN；均布荷载取0.3kN/m。

3. 钢材要求：钢材全部采用热镀锌，采用螺栓连接或焊接。

4. 电缆桥两端应设置警示标志，禁止行人进入电缆桥。

5. 设置在通航河道上的电缆桥需征得航道部门批准，保证通航要求，并悬挂限高标记。

6. 电缆桥基础根据桥架跨度、荷载情况进行设计。

7. 电缆桥架拱的高度H应根据桥架实际跨度进行设计。

8. 电缆桥净宽A和净高B可根据电缆保护管尺寸和电缆数量调整。

9. 以下为几种典型桥架跨度和重量统计，但不限于以下种类。电缆桥中心跨距（L）和相应质量（Q）见下表。

桥型号	L(m)	Q(kg)
Ⅲ	17	3000

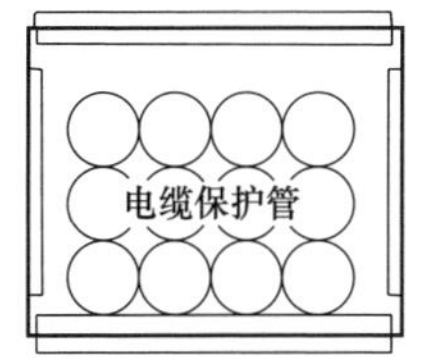

A-A 断面图

图 14-9　专用电缆桥敷设图（二）（D-3-2）

第 15 章 电缆引下方案

15.1 概述

本章为电缆引下方案模块（E 模块）。10kV 电缆引下方案主要介绍电缆引下的典型安装及接线方式。按线路回路分为单回路（E-1 模块）和双回路（E-2 模块）

电缆终端杆用于线路进、出线及分支，根据与架空线路连接情况，分为架空直线处引下、架空耐张处引下两种形式。

根据电缆线路的不同情况，电缆上杆装置一般用于线路进线、出线、分支及用户。根据电缆上杆接线的不同情况，分为经跌落式熔断器、隔离开关、柱上断路器、柱上负荷开关上杆和直搭上杆五种形式。

E 模块技术参数一览表见表 15-1。

表 15-1　　E 模块技术参数一览表

序号	图纸名称	主要设备	功能	模块编号
1	单回电缆上杆直搭安装图		适用 10kV 单回线路中仅需要起连接作用的电缆线路	E-1-1
2	单回支线电缆上杆跌落式熔断器安装图	跌落式熔断器	适用 10kV 单回分支线路（配变数量不大于 3 台的）	E-1-2
3	单回支线电缆上杆隔离开关安装图	隔离开关	适用 10kV 单回分支线路（配变数量不大于 3 台的）	E-1-3
4	单回支线电缆上杆开关（正装）安装图	一二次融合柱上断路器	适用 10kV 单回线路分支、分界、分段、联络	E-1-4
5	单回电缆上杆安装图		适用于单回电缆上杆部分安装	E-1-5
6	双回（双三角）双电缆上杆直搭安装图		适用 10kV 双回线路中仅需要起连接作用的电缆线路	E-2-1
7	双回（双三角）单电缆上杆跌落式熔断器安装图	跌落式熔断器	适用 10kV 单回分支线路（配变数量不大于 3 台的）	E-2-2
8	双回（双三角）单电缆上杆开关安装图	一、二次融合柱上断路器	适用 10kV 单回线路分界、分支、分段、联络	E-2-3
9	双回双电缆上杆隔离开关安装图	隔离开关	适用 10kV 分支线路（配电变压器数量不大于 3 台的）	E-2-4
10	双回双电缆上杆开关安装图	一、二次融合柱上断路器	适用 10kV 双回线路分界、分支、分段、联络	E-2-5
11	双回电缆上杆安装图		适用于双回电缆上杆部分安装	E-2-6

说明：

（1）一、二次融合柱上断路器分为罐式和支柱式，本章一、二次融合柱上断路器杆上安装图中给出的断路器为支柱式，如采用其他型式断路器，请自行调整。

（2）本章一、二次融合柱上断路器杆上安装图中给出的断路器安装方式采用坐装式，如采用其他安装方式，请自行调整。

（3）隔离开关安装方式有斜角安装或水平倒装两种，各含柱上隔离开关的安装示意图中仅给出一种安装方式，如采用另一种安装方式，视应用场景自行确定。

（4）避雷器可安装于开关本体预留位置、开关支架预留位置或避雷器固定支架上，本章避雷器安装于单独的避雷器固定支架上，如采用其他安装方式，请自行调整。

（5）因典型设计采用多样化杆头布置，本章安装图中杆头布置型式单、双回按三角排列考虑，若采用其他杆头布置型式请自行调整柱上设备安装位置以满足使用要求。

（6）本章有部分安装图中未标明接地挂环位置，接地挂环可安装在前一根或后一根杆上，各地运行部门也可自行确定。

15.2 绝缘配合

（1）电缆引下部分的杆头电气距离、绝缘子选用、柱上设备的外绝缘水平均应满足户外配电装置相关规程规范要求。

（2）盘形悬式绝缘子选择额定机械负荷为 70kN 的瓷质绝缘子，型号为 U70B/146 型，2 片或 3 片成 1 串。

（3）引流（跳线）绝缘子选择 10kV 通用的线路柱式瓷绝缘子，型号为 R5ET105L、R12.5ET125N、R12.5ET150N 三种，根据需要选择。

（4）根据 Q/GDW 13001《高海拔外绝缘配置技术规范》的相关规定，

10kV 架空线路导线与杆塔构件、拉线之间的最小距离按表 15-2 选取，10kV 过引线、引下线与相邻导线之间的最小间隙按表 15-3 选取。

表 15-2　　10kV 架空线路导线与杆塔构件、拉线之间的最小距离

海拔（m）	最小间隙（m）
1000～2000	0.226
2000～3000	0.256
3000～4000	0.288

表 15-3　　10kV 过引线、引下线与邻相导线之间的最小间隙

海拔（m）	最小间隙（m）
1000～2000	0.339
2000～3000	0.384
3000～4000	0.432

15.3　其他注意事项

（1）为适应配电自动化建设，新建柱上开关宜考虑采用一、二次融合智能开关。柱上设备各导线连接处要采取加装绝缘护罩、绝缘套管、绝缘胶带等绝缘措施，以满足绝缘要求。

（2）因各地土壤电阻率的不同，需采取相应的接地方式或措施，以保证柱上设备接地电阻不应大于 10Ω，同时应满足 GB/T 50065—2011《交流电气装置的接地设计规范》中关于接触电压及跨步电压的要求。

（3）本章安装图中设备接地方式均采用外接引线方式。

（4）10kV 架空线路干线分段处、较大支线首端、电缆支线首端、中压电力用户进线处应安装线路故障指示器，接地挂环根据各地需求自行选用。

（5）对于在标准物料目录范围中的因结构差异不能套用典设图纸的物料的情况，可自行出具相关安装方式。

15.4　设计图

电缆引下设计图清单见表 15-4。

表 15-4　　电缆引下设计图清单

图号	图纸名称	模块编号
图 15-1	单回电缆上杆直搭安装图	E-1-1
图 15-2	单回支线电缆上杆跌落式熔断器安装图	E-1-2
图 15-3	单回支线电缆上杆隔离开关安装图	E-1-3
图 15-4	单回支线电缆上杆开关（正装）安装图	E-1-4
图 15-5	单回电缆上杆安装图	E-1-5
图 15-6	双回（双三角）双电缆上杆直搭安装图	E-2-1
图 15-7	双回（双三角）单电缆上杆高压熔断器安装图	E-2-2
图 15-8	双回（双三角）单电缆上杆开关安装图	E-2-3
图 15-9	双回双电缆上杆隔离开关安装图	E-2-4
图 15-10	双回双电缆上杆开关安装图	E-2-5
图 15-11	双回电缆上杆安装图	E-2-6
图 15-12	KBG4 电缆卡抱加工图	E-T-1
图 15-13	BG6 半圆抱箍加工图	E-T-2
图 15-14	HBG6 半圆横担抱箍加工图	E-T-3
图 15-15	YB5-460P 压板加工图	E-T-4
图 15-16	QZ-120 绝缘子支座加工图	E-T-5
图 15-17	DLJ6-400A 杆上电缆头安装架加工图	E-T-6
图 15-18	DLJ5-165 杆上电缆固定架加工图	E-T-7
图 15-19	DRJ5-400 单侧安装支架加工图	E-T-8
图 15-20	KZJ-C 柱上开关支架加工图	E-T-9
图 15-21	KZJ-Z 柱上开关支架加工图	E-T-10
图 15-22	PTZJ-540 TV 支架加工图	E-T-11
图 15-23	HD6-2000 横担加工图	E-T-12
图 15-24	HD6-2200 横担加工图	E-T-13
图 15-25	HD6-2800 横担加工图	E-T-14
图 15-26	DLHG-A 保护管加工图	E-T-15
图 15-27	DLHG-B 保护管加工图	E-T-16
图 15-28	JDS 接地引上线加工图	E-T-17
图 15-29	JDZ 垂直接地铁加工图	E-T-18
图 15-30	JDP 水平接地铁加工图	E-T-19
图 15-31	水平放射形接地装置安装图	E-T-20
图 15-32	水平环形接地装置安装图	E-T-21
图 15-33	垂直放射形接地装置安装图	E-T-22
图 15-34	垂直方形接地装置安装图	E-T-23
图 15-35	镀铜水平环形接地装置安装图	E-T-24
图 15-36	镀铜垂直放射形接地装置安装图	E-T-25
图 15-37	镀铜垂直方形接地装置安装图	E-T-26

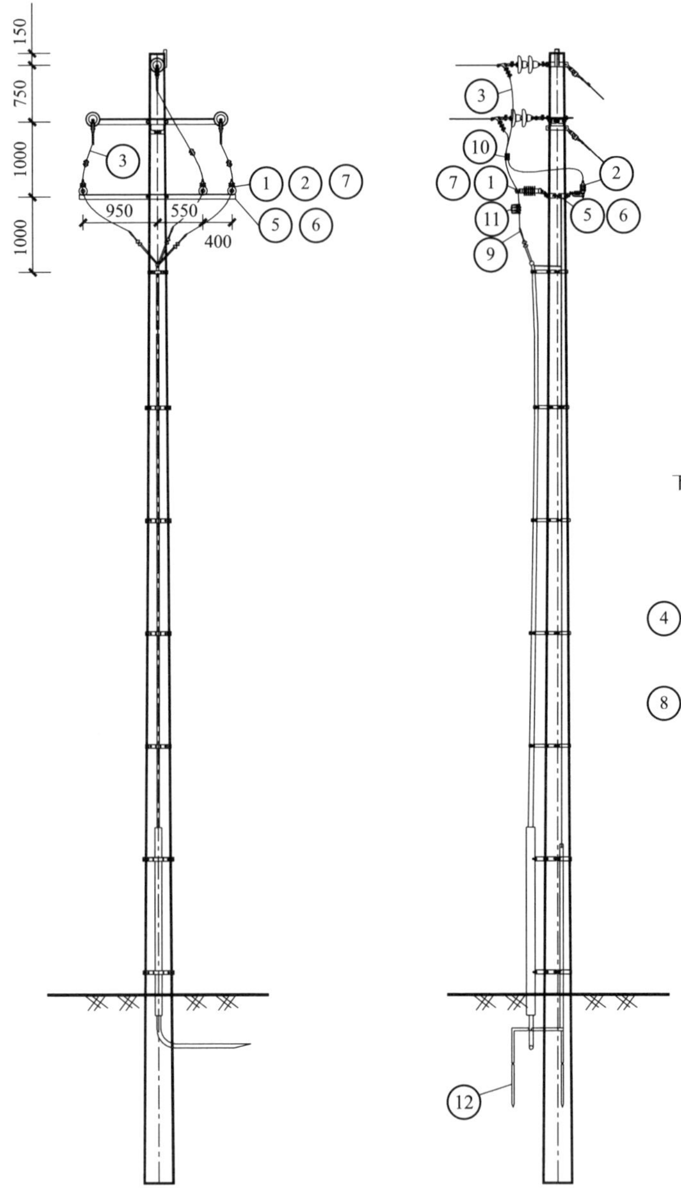

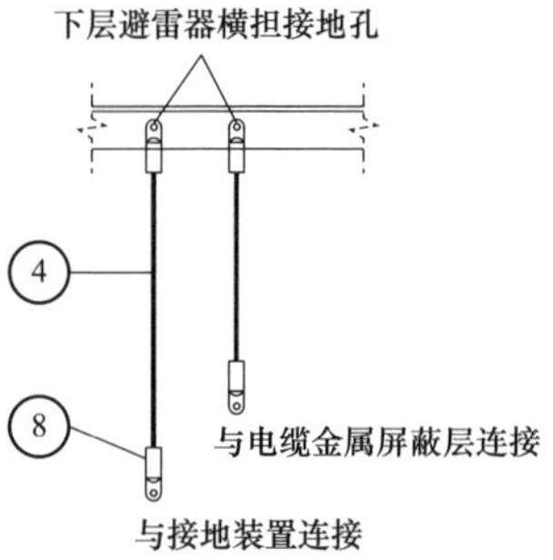

接地连接示意图

主要材料表

序号	材料(设备)名称	型号规格	单位	数量	备注
①	复合横担绝缘子	FS-10/3.5	只	3	
②	避雷器	YH5(10)WS-17/45TL	只	3	设计选型
③	绝缘导线	JKLYJ-10/□	m	12	设计选型
④	布电线	BV-50	m	15	接地引线
⑤	角铁横担	HD6-2000	块	2	
⑥	横担抱箍	HBG6-220	块	2	
⑦	绝缘子支座	QZ-120	块	3	
⑧	铜接线端子	DT-50(镀锡)	只	4	
⑨	铜接线端子	DT-□(镀锡)	只	3	设计选型
⑩	绝缘穿刺线夹	JBC10-□/□	只	3	设计选型
⑪	接地线夹	JDLK10-□	只	3	设计选型
⑫	接地装置	按接地装置模块选择	套	1	
	螺栓	M18×90	只	2	
	螺栓	M18×45	只	4	
	螺栓	M16×45	只	6	
	螺栓	M10×45	只	4	
	螺栓	M□×45(导线端子用)	只	6	按端子孔径选择

说明：1. 本安装图也适用其他同种导线排列形式的杆头，如直线杆头等。

2. 本图中铁件规格均按照ϕ190电杆配置，在其他梢径杆上安装时，由设计另行选择。

3. 本图安装尺寸按海拔1000m以下考虑，在高海拔地区安装时，需另行计算安装尺寸。

4. 本图电缆上杆部分仅为示意，具体安装应结合“图18-14”电缆上杆模块一并安装。

5. 避雷器引流线为一体式装置，每根长度为1m。引线不配置接线端子及JLG螺栓型挂钩引流线夹，线尾绝缘封闭。

图 15-1　单回电缆上杆直搭安装图（E-1-1）

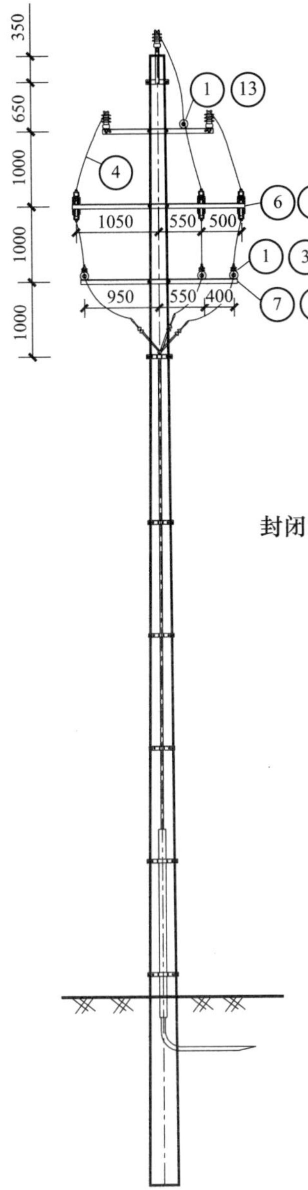

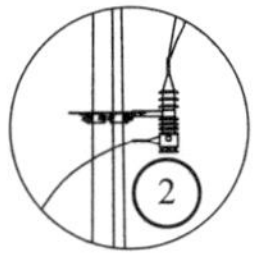

封闭式熔断器安装图

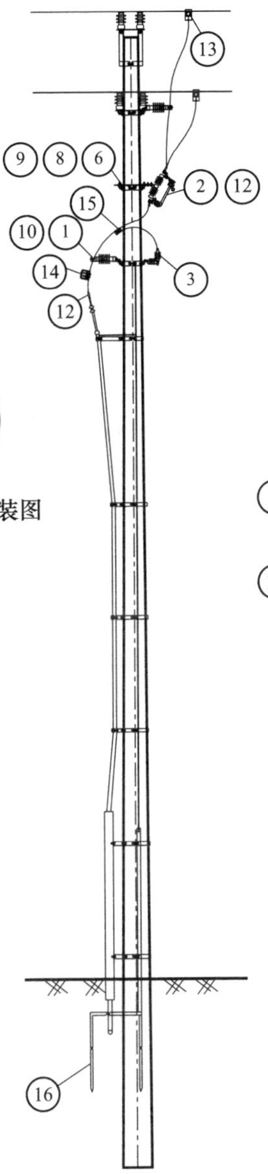

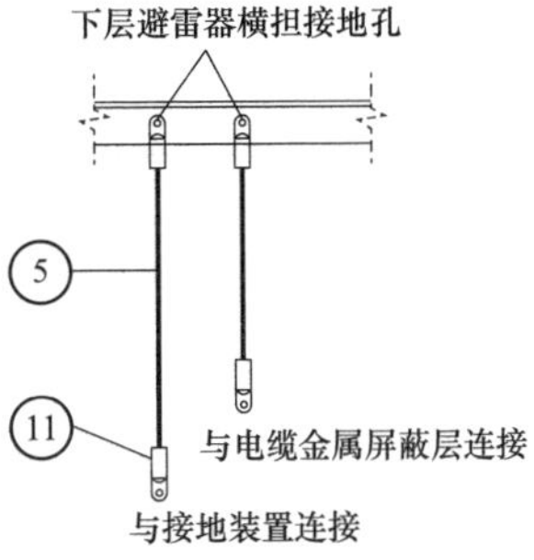

接地连接示意图

主要材料表

序号	材料（设备）名称	型号规格	单位	数量	备注
①	复合横担绝缘子	FS-10/3.5	只	4	
②	高压熔断器	AC 10kV	只	3	设计选型
③	避雷器	YH5(10)WS-17/45TL	只	3	设计选型
④	绝缘导线	JKLYJ-10/□	m	15	设计选型
⑤	布电线	BV-50	m	15	接地引线
⑥	角铁横担	HD6-2200	块	2	
⑦	角铁横担	HD6-2000	块	2	
⑧	横担抱箍	HBG6-220	块	4	
⑨	挂线连铁	LT7-560R	块	3	
⑩	绝缘子支座	QZ-120	块	4	
⑪	铜接线端子	DT-50(镀锡)	只	4	
⑫	铜接线端子	DT-□(镀锡)	只	9	设计选型
⑬	接续线夹	JTXYG-50-240/35-150	只	3	设计选型
⑭	接地线夹	JDLK10-□	只	3	设计选型
⑮	绝缘穿刺线夹	JBC10-□/□	只	3	设计选型
⑯	接地装置	按接地装置模块选择	套	1	
	螺栓	M18×90	只	4	
	螺栓	M18×45	只	14	
	螺栓	M16×45	只	13	
	螺栓	M10×45	只	4	
	螺栓	M□×45(导线端子用)	只	18	按端子孔径选择

说明：1. 本安装图也适用其他同种导线排列形式的杆头，如耐张杆头等。

2. 本图中铁件规格均按照ϕ190电杆配置，在其他梢径杆上安装时，由设计另行选择。

3. 本图安装尺寸按海拔1000m以下考虑，在高海拔地区安装时，需另行计算安装尺寸。

4. 本图电缆上杆部分仅为示意，具体安装应结合“图18-14”电缆上杆模块一并安装。

5. 避雷器引流线为一体式装置，每根长度为1m。引线不配置接线端子及JLG螺栓型挂钩引流线夹，线尾绝缘封闭。

6. 封闭式熔断器引流线为一体式装置，长度按需配置。

图 15-2　单回支线电缆上杆跌落式熔断器安装图（E-1-2）

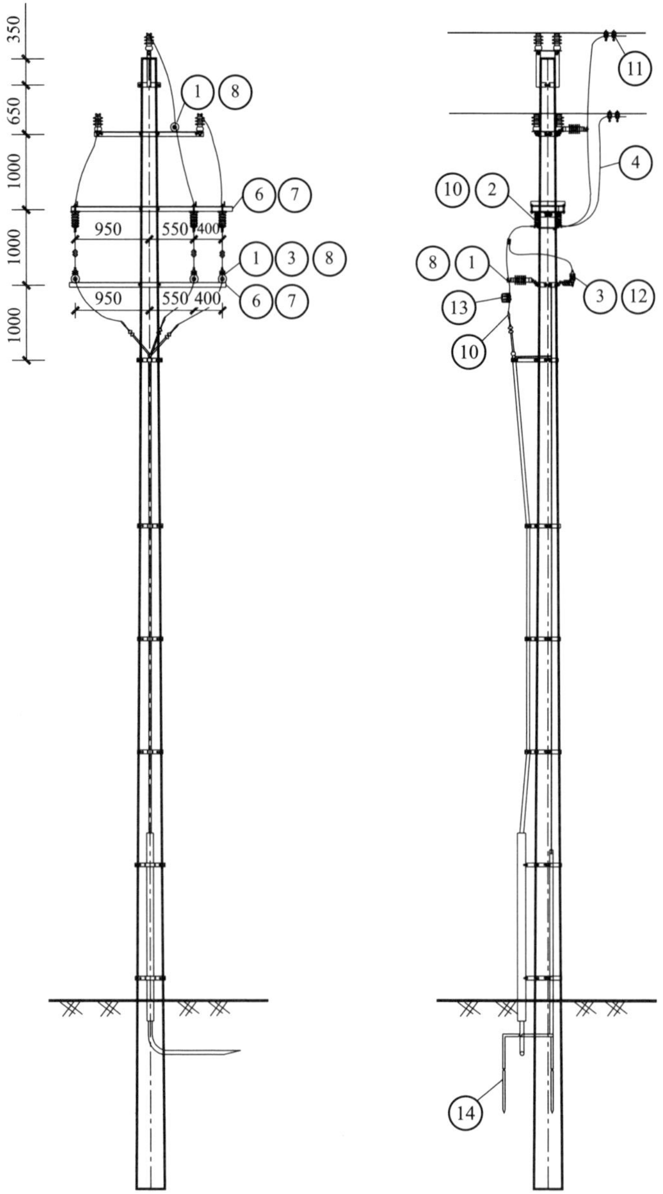

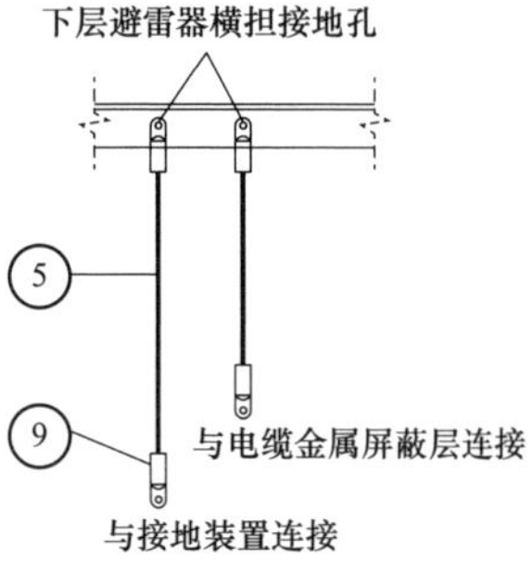

接地连接示意图

主要材料表

序号	材料(设备)名称	型号规格	单位	数量	备注
①	复合横担绝缘子	FS-10/3.5	只	4	
②	隔离开关	HGW10-12/630	只	3	
③	避雷器	YH5(10)WS-17/45TL	只	3	设计选型
④	绝缘导线	JKLYJ-10/□	m	15	设计选型
⑤	布电线	BV-50	m	15	接地引线
⑥	角铁横担	HD6-2000	块	4	
⑦	横担抱箍	HBG6-220	块	4	
⑧	绝缘子支座	QZ-120	块	4	
⑨	铜接线端子	DT-50(镀锡)	只	4	
⑩	铜接线端子	DT-□(镀锡)	只	9	设计选型
⑪	接续线夹	JJA-□-□	只	6	设计选型
⑫	绝缘穿刺线夹	JBC10-□/□	只	3	设计选型
⑬	接地线夹	JDLK10-□	只	3	设计选型
⑭	接地装置	按接地装置模块选择	套	1	
	螺栓	M18×90	只	4	
	螺栓	M18×45	只	8	
	螺栓	M16×45	只	7	
	螺栓	M10×45	只	12	
	螺栓	M□×45(导线端子用)	只	18	按端子孔径选择

说明：1. 本安装图也适用其他同种导线排列形式的杆头，如耐张杆头等。

2. 本图中铁件规格均按照ϕ190电杆配置，在其他梢径杆上安装时，由设计另行选择。

3. 本图安装尺寸按海拔1000m以下考虑，在高海拔地区安装时，需另行计算安装尺寸。

4. 本图电缆上杆部分仅为示意，具体安装应结合“图18-14”电缆上杆模块一并安装。

5. 避雷器引流线为一体式装置，每根长度为1m。引线不配置接线端子及JLG螺栓型挂钩引流线夹，线尾绝缘封闭。

6. 绝缘导线采用剥皮安装的线夹均需进行绝缘封闭。

图 15-3　单回支线电缆上杆隔离开关安装图（E-1-3）

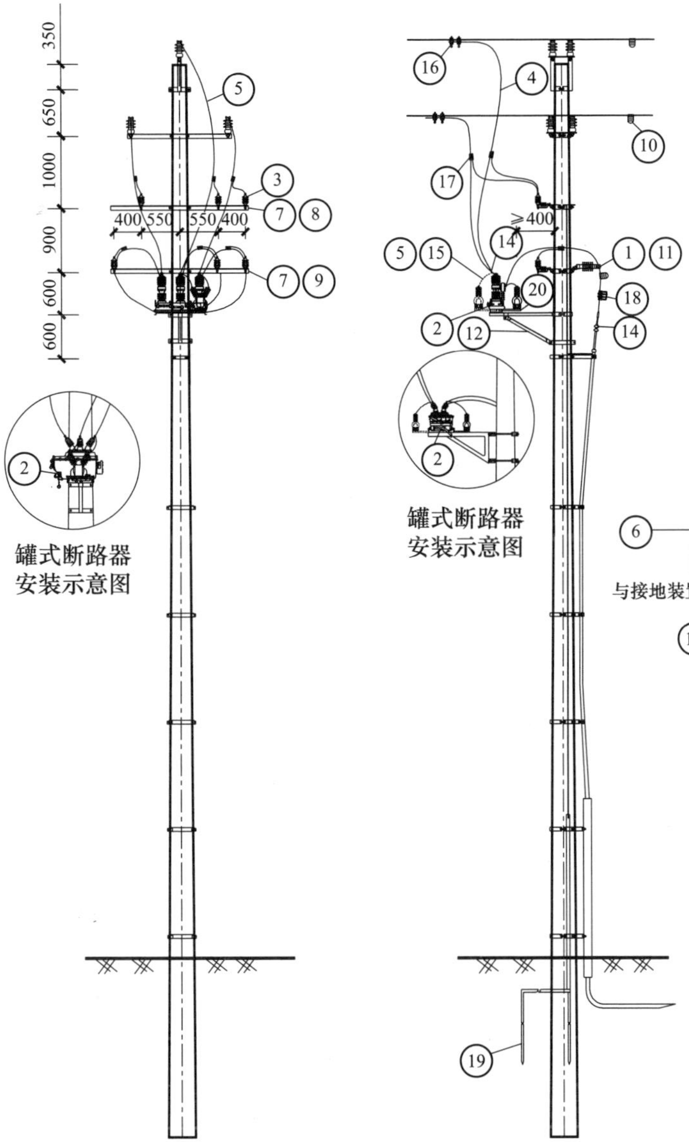

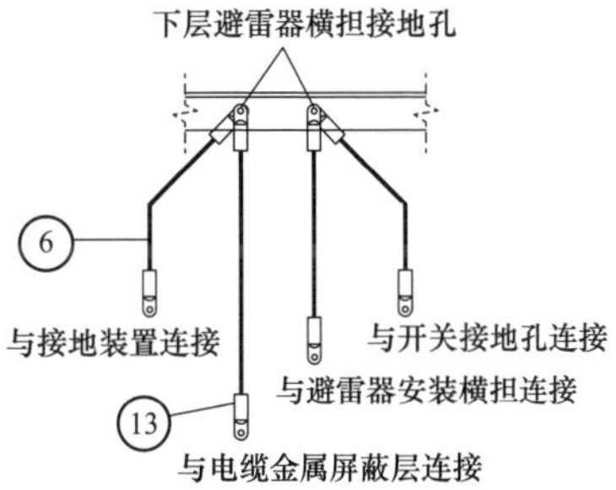

接地连接示意图

主要材料表

序号	材料(设备)名称	型号规格	单位	数量	备注
①	复合横担绝缘子	FS-10/3.5	只	3	
②	开关类设备		台	1	设计选型
③	避雷器	YH5(10)WS-17/45TL	只	6	设计选型
④	绝缘导线	JKLYJ-10/□	m	15	设计选型
⑤	绝缘导线	JKTRYJ-35	m	1	TV引流线
⑥	布电线	BV-50	m	15	接地引线
⑦	角铁横担	HD6-2000	块	4	
⑧	横担抱箍	HBG6-220	块	2	
⑨	横担抱箍	HBG6-240	块	2	
⑩	带电显示器	AC10kV	只	6	
⑪	绝缘子支座	QZ-120	块	3	
⑫	开关支架	KZJ-Z	副	1	
⑬	铜接线端子	DT-50(镀锡)	只	8	
⑭	铜接线端子	DT-□(镀锡)	只	9	设计选型
⑮	铜接线端子	DT-35(镀锡)	只	4	TV引流线用
⑯	接续线夹	JJA-□-□	只	6	设计选型
⑰	绝缘穿刺线夹	JBC10-□/□	只	6	设计选型
⑱	接地线夹	JDLK10-□	只	3	设计选型
⑲	接地装置	按接地装置模块选择	套	1	
⑳	TV支架	PTZJ-540	副	1	
	螺栓	M18×90	只	4	
	螺栓	M18×45	只	8	
	螺栓	M16×45	只	9	
	螺栓	M10×45	只	12	
	螺栓	M□×45(导线端子用)	只	18	按端子孔径选择

说明：1. 本安装图也适用其他同种导线排列形式的杆头，如耐张杆头等。
2. 本图中铁件规格均按照ϕ190电杆配置，在其他梢径杆上安装时，由设计另行选择。
3. 本图安装尺寸按海拔1000m以下考虑，在高海拔地区安装时，需另行计算安装尺寸。
4. 选用带隔离刀负荷开关或断路器时，可不安装带电显示器。
5. 本图电缆上杆部分仅为示意，具体安装应结合“图18-14”电缆上杆模块一并安装。
6. 避雷器引流线为一体式装置，每根长度为1m。引线不配置接线端子及JLG螺栓型挂钩引流线夹，线尾绝缘封闭。
7. 开关作为联络用需安装双侧TV，作为分支用安装单侧TV（本图材料表为单TV材料）。

图 15-4　单回支线电缆上杆开关（正装）安装图（E-1-4）

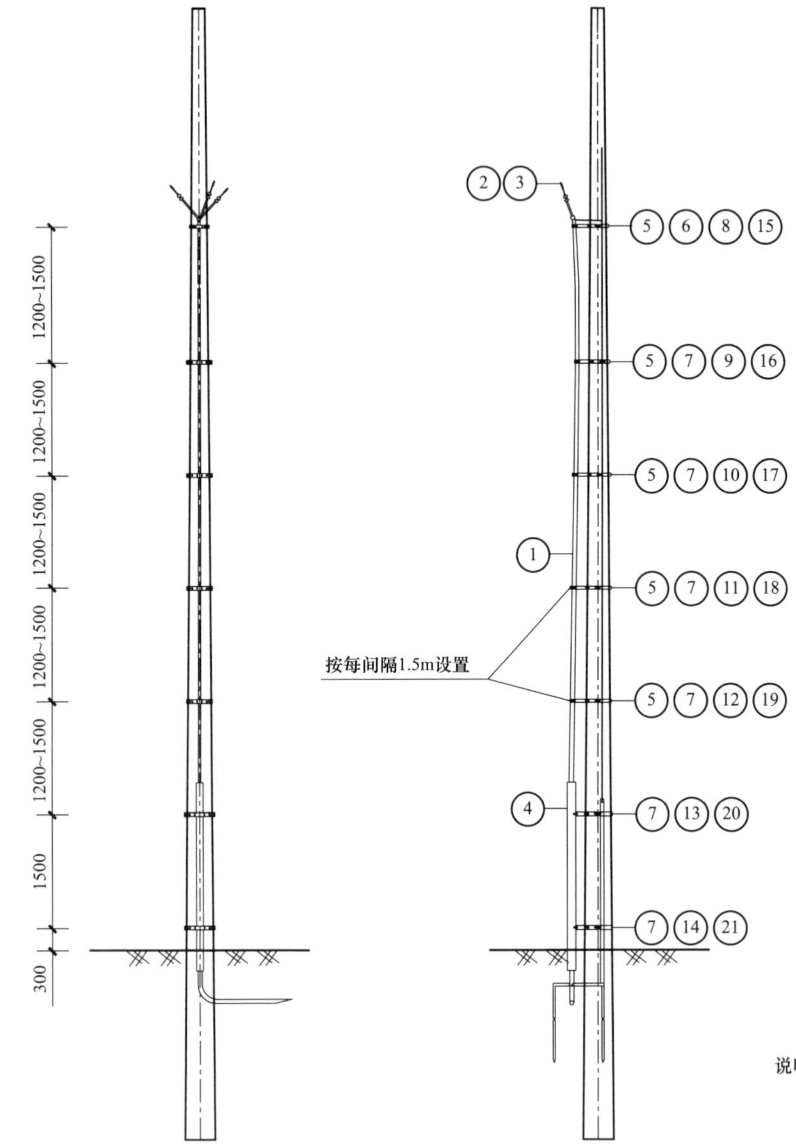

主要材料表

序号	材料名称	型号规格	单位	数量	备 注
①	电缆		根	1	设计选型
②	电缆头		套	1	设计选型
③	铜接线端子		只	3	设计选型
④	电缆保护管		副	1	设计选型
⑤	电缆卡抱	KBG4	块	5	
⑥	杆上电缆固定架	DLJ6-400A	副	1	
⑦	杆上电缆固定架	DLJ5-165	块	6	
⑧	横担抱箍	HBG6-240	块	1	
⑨	横担抱箍	HBG6-260	块	1	
⑩	横担抱箍	HBG6-280	块	1	
⑪	横担抱箍	HBG6-300	块	1	
⑫	横担抱箍	HBG6-320	块	1	
⑬	横担抱箍	HBG6-340	块	1	
⑭	横担抱箍	HBG6-360	块	1	
⑮	半圆抱箍	BG6-240	块	1	
⑯	半圆抱箍	BG6-260	块	1	
⑰	半圆抱箍	BG6-280	块	1	
⑱	半圆抱箍	BG6-300	块	1	
⑲	半圆抱箍	BG6-320	块	1	
⑳	半圆抱箍	BG6-340	块	1	
㉑	半圆抱箍	BG6-360	块	1	
㉒	螺栓	M18×90	只	14	
㉓	螺栓	M18×45	只	14	
㉔	螺栓	M16×45	只	20	

说明：1. 电缆支架配置原则：电缆保护管支架以上每层按每隔1.2~1.5m设置电缆支架。
2. 本图电缆支架安装抱箍规格按照ϕ190×15m单回电缆上杆配置，其他杆高、梢径或杆型的电缆支架安装抱箍参照电缆支架配置原则，由设计另行选择。

图 15-5 单回电缆上杆安装图（E-1-5）

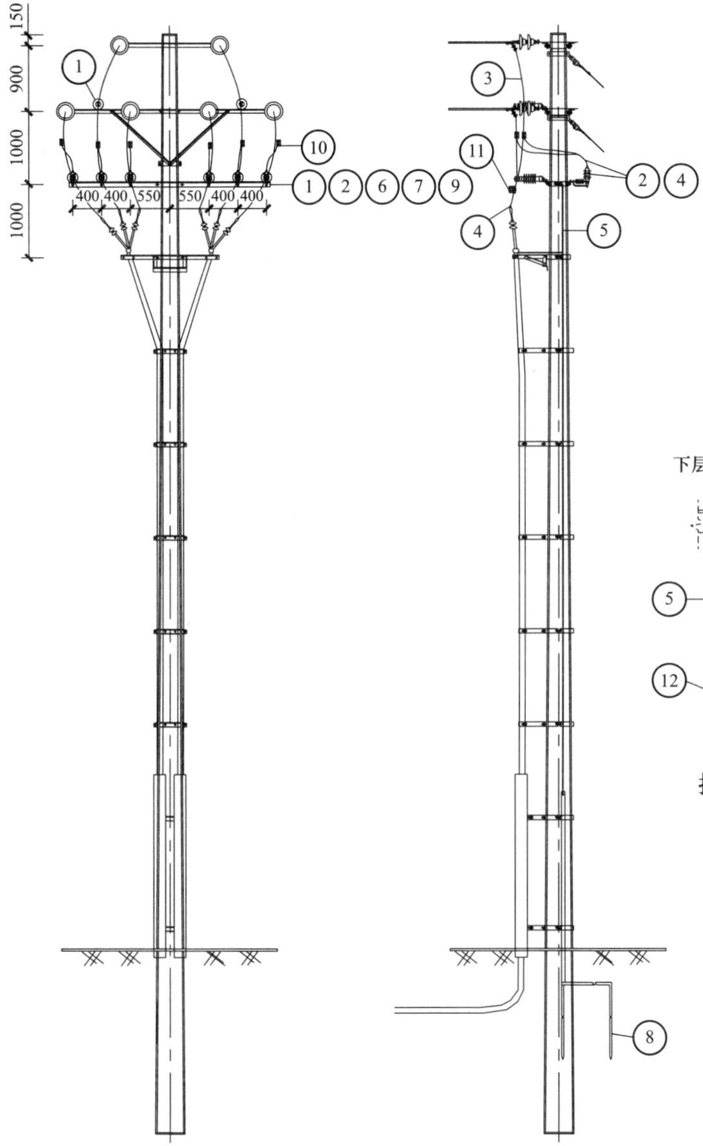

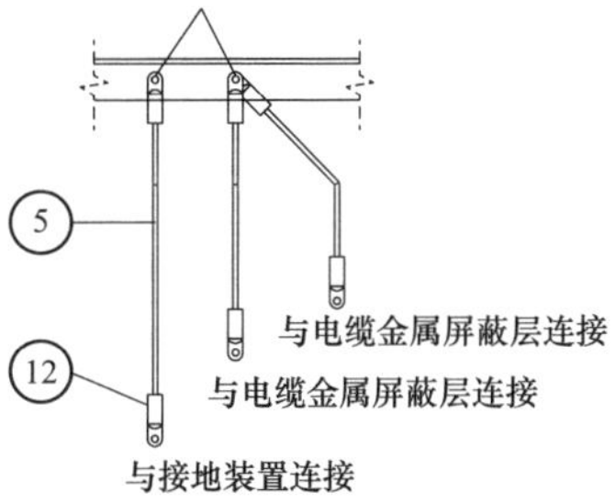

接地连接示意图

主要材料表

序号	材料名称	型号规格	单位	数量	备 注
①	复合横担绝缘子	FS-10/3.5	只	8	
②	避雷器	YH5(10)WS-17/45TL	只	6	设计选型
③	绝缘导线	JKLYJ-10/□	m	16	设备引流线
④	铜接线端子	DT-□(镀锡)	只	6	设计选型
⑤	布电线	BV-50	m	15	接地引线
⑥	角铁横担	HD6-2800	块	2	
⑦	横担抱箍	HBG6-220	块	2	
⑧	接地装置	按接地模块选型	套	1	
⑨	绝缘子支座	QZ-120	块	8	
⑩	绝缘穿刺线夹	JBC10-□/□	只	6	设计选型
⑪	接地线夹	JDLK10-□	只	6	设计选型
⑫	铜接线端子	DT-50(镀锡)	只	18	
	螺栓	M18×90	只	2	
	螺栓	M18×45	只	4	
	螺栓	M16×45	只	14	
	螺栓	M10×45	只	5	
	螺栓	M□×45(导线端子用)	只	12	按端子孔径选择

说明：1. 本安装图也适用其他同种导线排列形式的杆头，如直线杆头等。

2. 本图中铁件规格均按照ϕ190电杆配置，在其他梢径杆上安装时，由设计另行选择。

3. 本图安装尺寸按海拔1000m以下考虑，在高海拔地区安装时，需另行计算安装尺寸。

4. 本图电缆上杆部分仅为示意，具体安装应结合“图18-39”电缆上杆模块一并安装。

5. 避雷器引流线为一体式装置，每根长度为1m。引线不配置接线端子及JLG螺栓型挂钩引流线夹，线尾绝缘封闭。

6. 绝缘导线采用剥皮安装的线夹均需进行绝缘封闭。

图 15-6　双回（双三角）双电缆上杆直搭安装图（E-2-1）

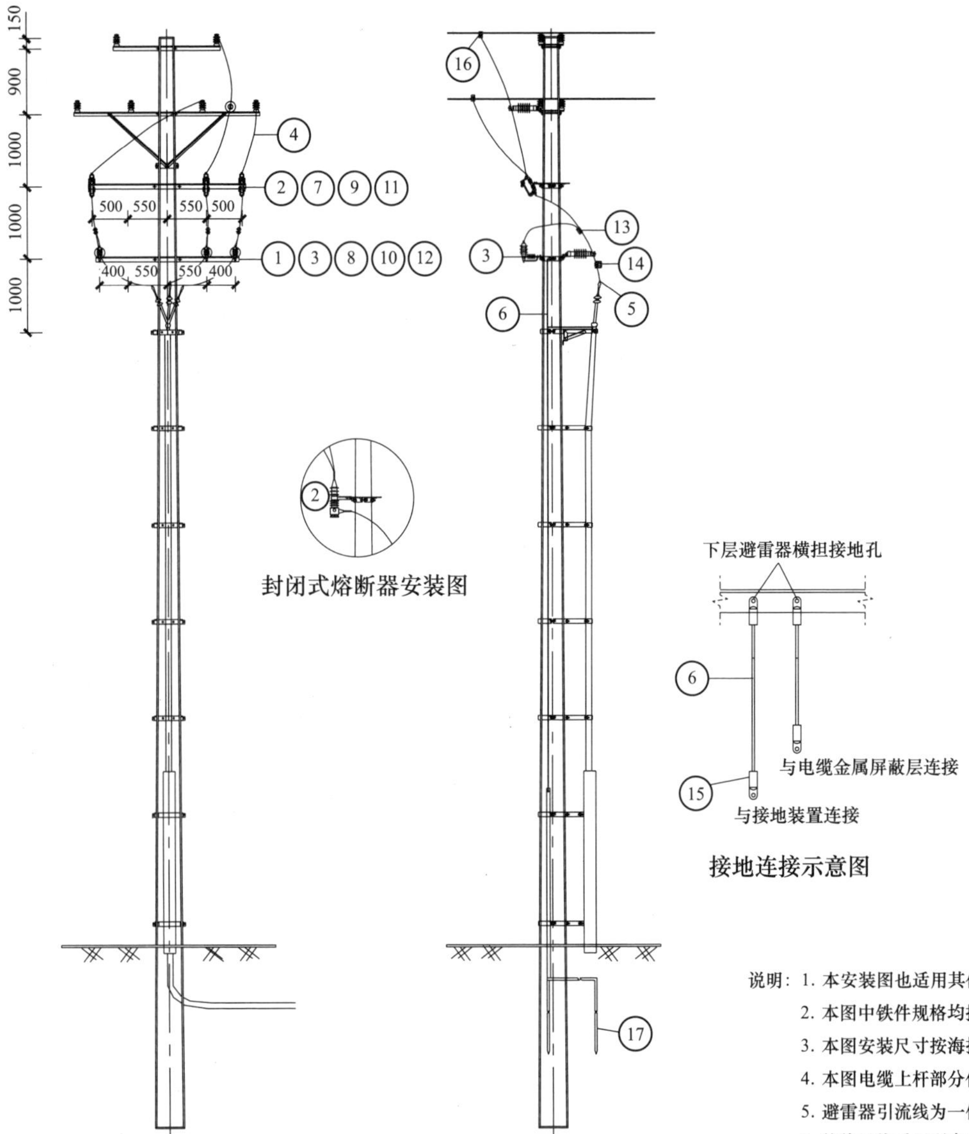

封闭式熔断器安装图

接地连接示意图

主要材料表

序号	材料名称	型号规格	单位	数量	备 注
①	复合横担绝缘子	FS-10/3.5	只	4	
②	高压熔断器	AC10kV	只	3	设计选型
③	避雷器	YH5(10)WS-17/45TL	只	3	
④	绝缘导线	JKLYJ-10/□	m	15	设备引流线
⑤	铜接线端子	DT-□(镀锡)	只	9	设计选型
⑥	布电线	BV-50	m	12	接地引线
⑦	角铁横担	HD8-2200	块	2	
⑧	角铁横担	HD6-2000	块	2	
⑨	横担抱箍	HBG8-220	块	2	
⑩	横担抱箍	HBG6-240	块	2	
⑪	挂线连铁	LT7-580R	块	3	
⑫	绝缘子支座	QZ-120	块	4	
⑬	绝缘穿刺线夹	JBC10-□/□	只	3	设计选型
⑭	接地线夹	JDLK10-□	只	3	设计选型
⑮	铜接线端子	DT-50(镀锡)	只	10	
⑯	接续线夹	JTXYG-50-240/35-150	只	3	设计选型
⑰	接地装置	按接地模块选型	套	1	
	螺栓	M18×90	只	4	
	螺栓	M18×45	只	14	
	螺栓	M16×45	只	4	
	螺栓	M10×45	只	4	
	螺栓	M□×45(导线端子用)	只	9	按端子孔径选择

说明：1. 本安装图也适用其他同种导线排列形式的杆头，如直线杆头等。
2. 本图中铁件规格均按照ϕ190电杆配置，在其他梢径杆上安装时，由设计另行选择。
3. 本图安装尺寸按海拔1000m以下考虑，在高海拔地区安装时，需另行计算安装尺寸。
4. 本图电缆上杆部分仅为示意，具体安装应结合“图18-39”电缆上杆模块一并安装。
5. 避雷器引流线为一体式装置，每根长度为1m。引线不配置接线端子及JLG螺栓型挂钩引流线夹，线尾绝缘封闭。
6. 绝缘导线采用剥皮安装的线夹均需进行绝缘封闭。
7.封闭式熔断器引流线为一体式装置，长度按需配置。

图 15-7 双回（双三角）单电缆上杆高压熔断器安装图（E-2-2）

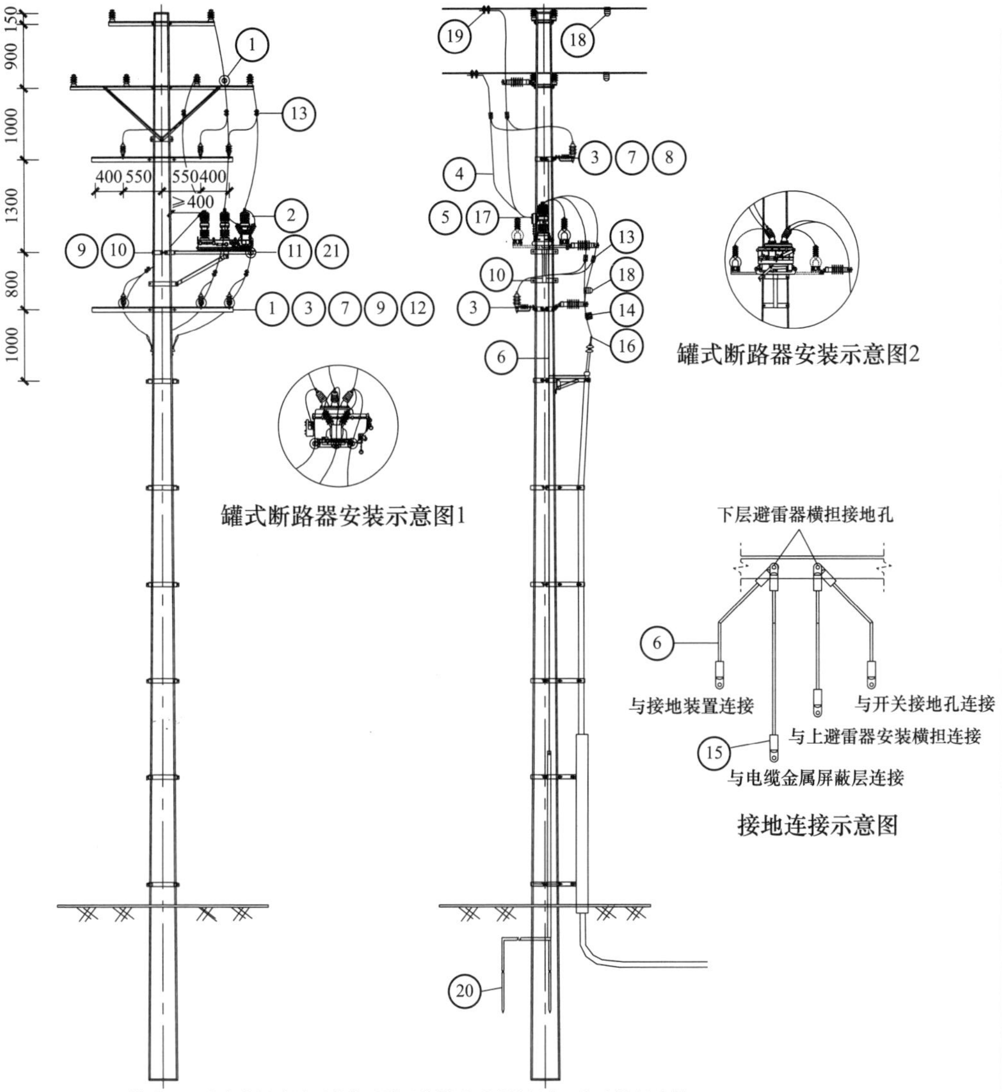

主要材料表

序号	材料名称	型号规格	单位	数量	备 注
①	复合横担绝缘子	FS-10/3.5	只	5	
②	开关类设备	设计选型	台	1	
③	避雷器	YH5(10)WS-17/45TL	只	6	
④	绝缘导线	JKLYJ-10/□	m	18	设备引流线
⑤	绝缘导线	JKTRYJ-10/35	m	1	TV引流线
⑥	布电线	BV-50	m	15	接地引线
⑦	角铁横担	HD6-2000	块	3	
⑧	横担抱箍	HBG6-220	块	2	
⑨	横担抱箍	HBG6-240	块	5	
⑩	半圆抱箍	HBG6-240	块	2	
⑪	开关支架	KZJ-C	副	1	
⑫	绝缘子支座	QZ-120	块	5	
⑬	绝缘穿刺线夹	JBC10-□/□	只	6	设计选型
⑭	接地线夹	JDLK10-□	只	3	设计选型
⑮	铜接线端子	DT-50(镀锡)	只	16	
⑯	铜接线端子	DT-□(镀锡)	只	9	设计选型
⑰	铜接线端子	DT-35(镀锡)	只	4	TV引流用
⑱	带电显示器	AC10kV	只	6	
⑲	J型线夹	JJA-□-□	只	6	开关引线用
⑳	接地装置	按接地模块选型	套	1	
㉑	TV支架	PTZJ-540	副	1	
	螺栓	M18×90	只	8	
	螺栓	M18×45	只	14	
	螺栓	M16×45	只	4	
	螺栓	M10×45	只	6	
	螺栓	M□×45(导线端子用)	只	18	按端子孔径选择

说明：1. 本安装图也适用其他同种导线排列形式的杆头，如直线杆头等。
2. 本图中铁件规格均按照ϕ190电杆配置，在其他梢径杆上安装时，由设计另行选择。
3. 本图安装尺寸按海拔1000m以下考虑，在高海拔地区安装时，需另行计算安装尺寸。
4. 本图电缆上杆部分仅为示意，具体安装应结合“图18-39”电缆上杆模块一并安装。
5. 避雷器引流线为一体式装置，每根长度为1m。引线不配置接线端子及JLG螺栓型挂钩引流线夹，线尾绝缘封闭。
6. 开关作为联络用需安装双侧TV，作为分支用安装单侧TV（本图材料表为单TV材料）。
7.绝缘导线采用剥皮安装的线夹均需进行绝缘封闭。

图 15-8　双回（双三角）单电缆上杆开关安装图（E-2-3）

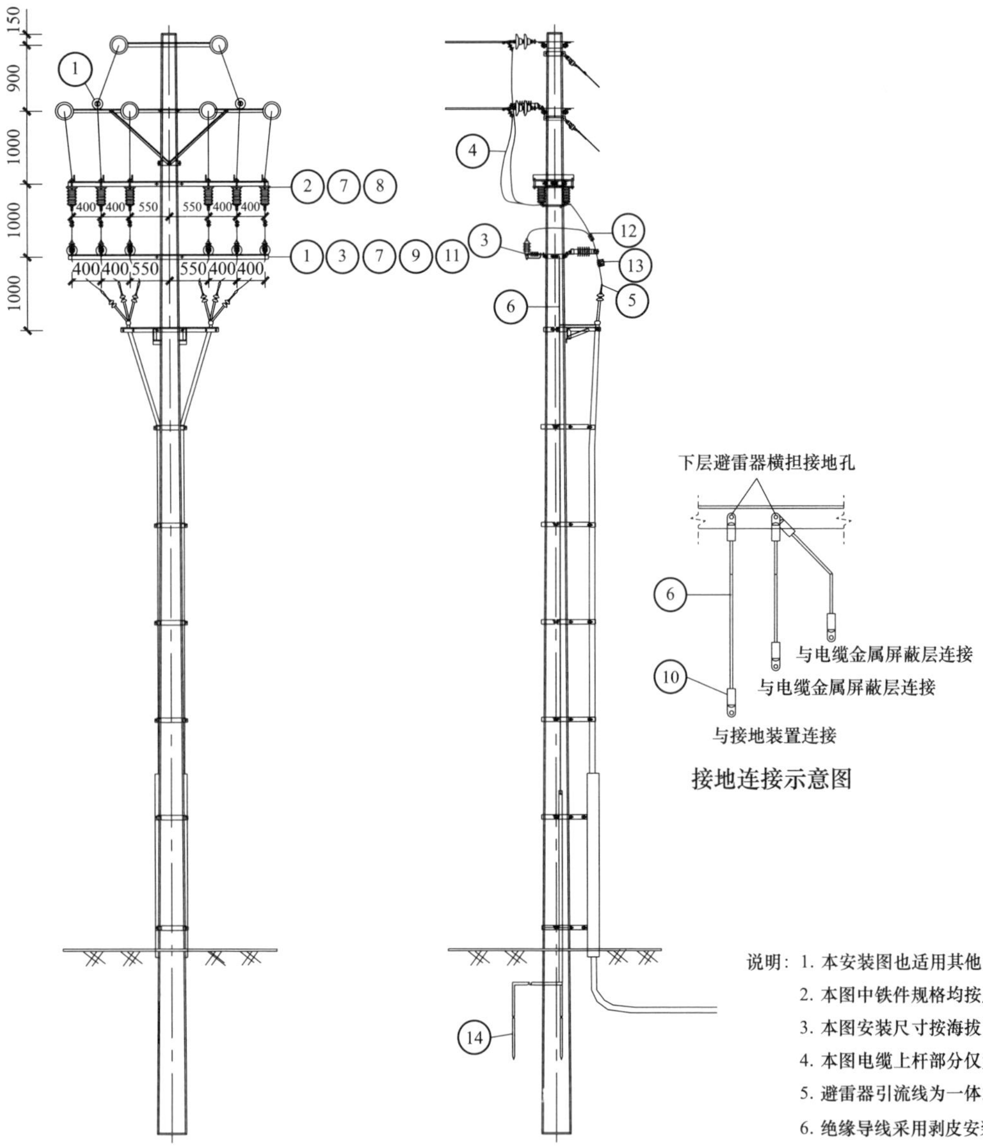

主要材料表

序号	材料名称	型号规格	单位	数量	备 注
①	复合横担绝缘子	FS-10/3.5	只	8	
②	隔离开关	HGW10-12/630	只	6	
③	避雷器	YH5(10)WS-17/45TL	只	6	
④	绝缘导线	JKLYJ-10/□	m	18	设备引流线
⑤	铜接线端子	DT-□(镀锡)	只	18	设计选型
⑥	布电线	BV-50	m	15	接地引线
⑦	角铁横担	HD6-2800	块	4	
⑧	横担抱箍	HBG6-220	块	2	
⑨	横担抱箍	HBG6-240	块	2	
⑩	铜接线端子	DT-50(镀锡)	只	18	
⑪	绝缘子支座	QZ-120	块	8	
⑫	绝缘穿刺线夹	JBC10-□/□	只	6	设计选型
⑬	接地线夹	JDLK10-□	只	6	设计选型
⑭	接地装置	按接地模块选型	套	1	
	螺栓	M18×90	只	4	
	螺栓	M18×45	只	8	
	螺栓	M16×45	只	8	
	螺栓	M10×45	只	5	
	螺栓	M□×45(导线端子用)	只	36	按端子孔径选择

说明：1. 本安装图也适用其他同种导线排列形式的杆头，如直线杆头等。

2. 本图中铁件规格均按照ϕ190电杆配置，在其他梢径杆上安装时，由设计另行选择。

3. 本图安装尺寸按海拔1000m以下考虑，在高海拔地区安装时，需另行计算安装尺寸。

4. 本图电缆上杆部分仅为示意，具体安装应结合“图18-39”电缆上杆模块一并安装。

5. 避雷器引流线为一体式装置，每根长度为1m。引线不配置接线端子及JLG螺栓型挂钩引流线夹，线尾绝缘封闭。

6. 绝缘导线采用剥皮安装的线夹均需进行绝缘封闭。

图 15-9 双回双电缆上杆隔离开关安装图（E-2-4）

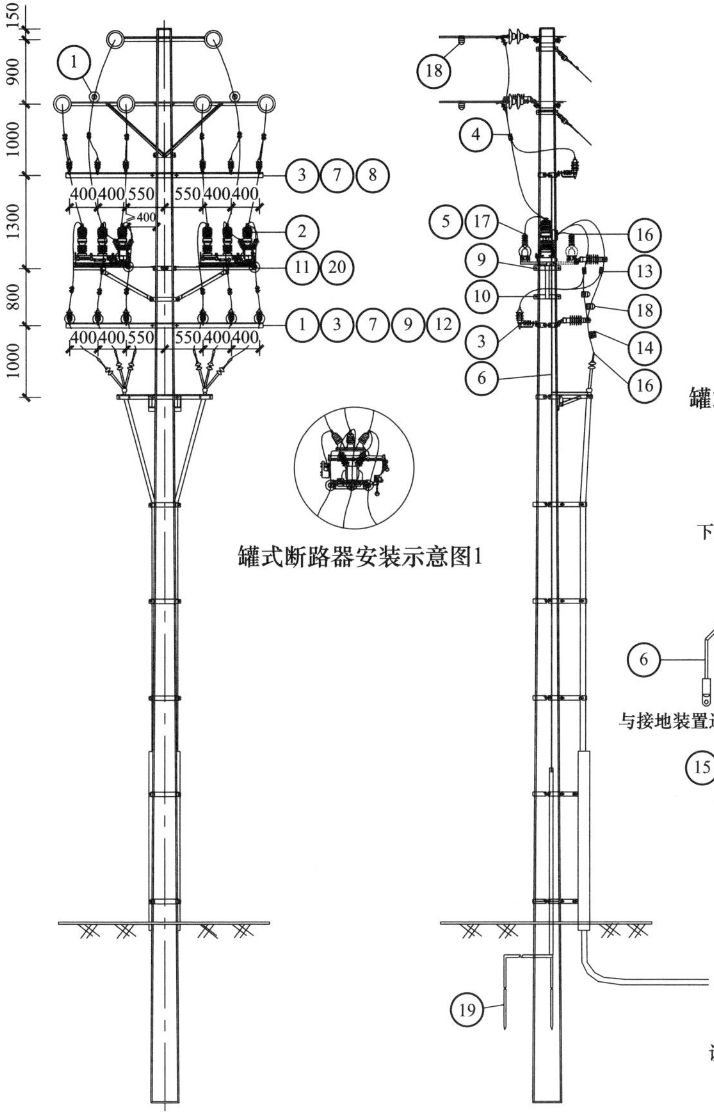

罐式断路器安装示意图1

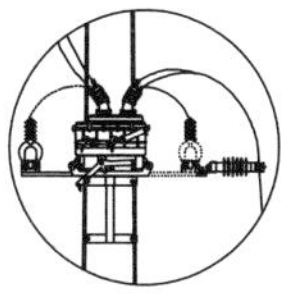

罐式断路器安装示意图2

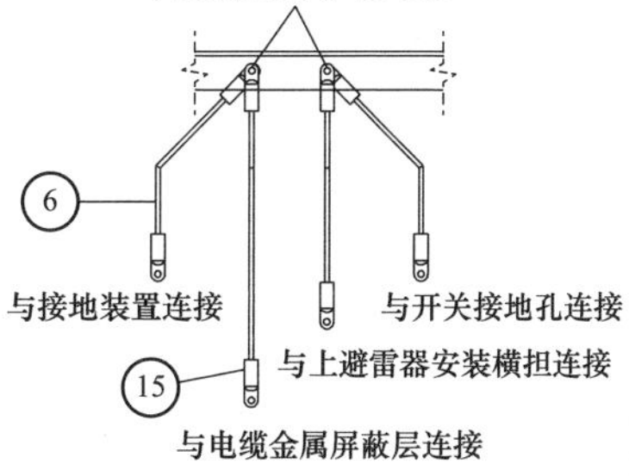

接地连接示意图

主要材料表

序号	材料名称	型号规格	单位	数量	备注
1	复合横担绝缘子	FS-10/3.5	只	10	
2	开关类设备	设计选型	台	2	
3	避雷器	YH5(10)WS-17/45TL	只	12	
4	绝缘导线	JKLYJ-10/□	m	36	设备引流线
5	绝缘导线	JKTRYJ-10/35	m	2	TV引流线
6	布电线	BV-50	m	18	接地引线
7	角铁横担	HD6-2800	块	3	
8	横担抱箍	HBG6-220	块	2	
9	横担抱箍	HBG6-240	块	6	
10	半圆抱箍	HBG6-240	块	2	
11	开关支架	KZJ-C	副	2	
12	绝缘子支座	QZ-120	块	10	
13	绝缘穿刺线夹	JBC10-□/□	只	12	设计选型
14	接地线夹	JDLK10-□	只	6	设计选型
15	铜接线端子	DT-50(镀锡)	只	28	
16	铜接线端子	DT-□(镀锡)	只	18	设计选型
17	铜接线端子	DT-35(镀锡)	只	4	TV引流用
18	带电显示器	AC 10kV	只	12	
19	接地装置	按接地模块选型	套	1	
20	TV支架	PTZJ-540	副	1	
	螺栓	M18×90	只	8	
	螺栓	M18×45	只	14	
	螺栓	M16×45	只	8	
	螺栓	M10×45	只	10	
	螺栓	M□×45(导线端子用)	只	36	按端子孔径选择

说明：1. 本安装图也适用其他同种导线排列形式的杆头，如直线杆头等。

2. 本图中铁件规格均按照ϕ190电杆配置，在其他梢径杆上安装时，由设计另行选择。

3. 本图安装尺寸按海拔1000m以下考虑，在高海拔地区安装时，需另行计算安装尺寸。

4. 本图电缆上杆部分仅为示意，具体安装应结合“图18-39”电缆上杆模块一并安装。

5. 避雷器引流线为一体式装置，每根长度为1m。引线不配置接线端子及JLG螺栓型挂钩引流线夹，线尾绝缘封闭。

6. 开关作为联络用需安装双侧TV，作为分支用安装单侧TV（本图材料表为单TV材料）。

7. 绝缘导线采用剥皮安装的线夹均需进行绝缘封闭。

图 15-10　双回双电缆上杆开关安装图（E-2-5）

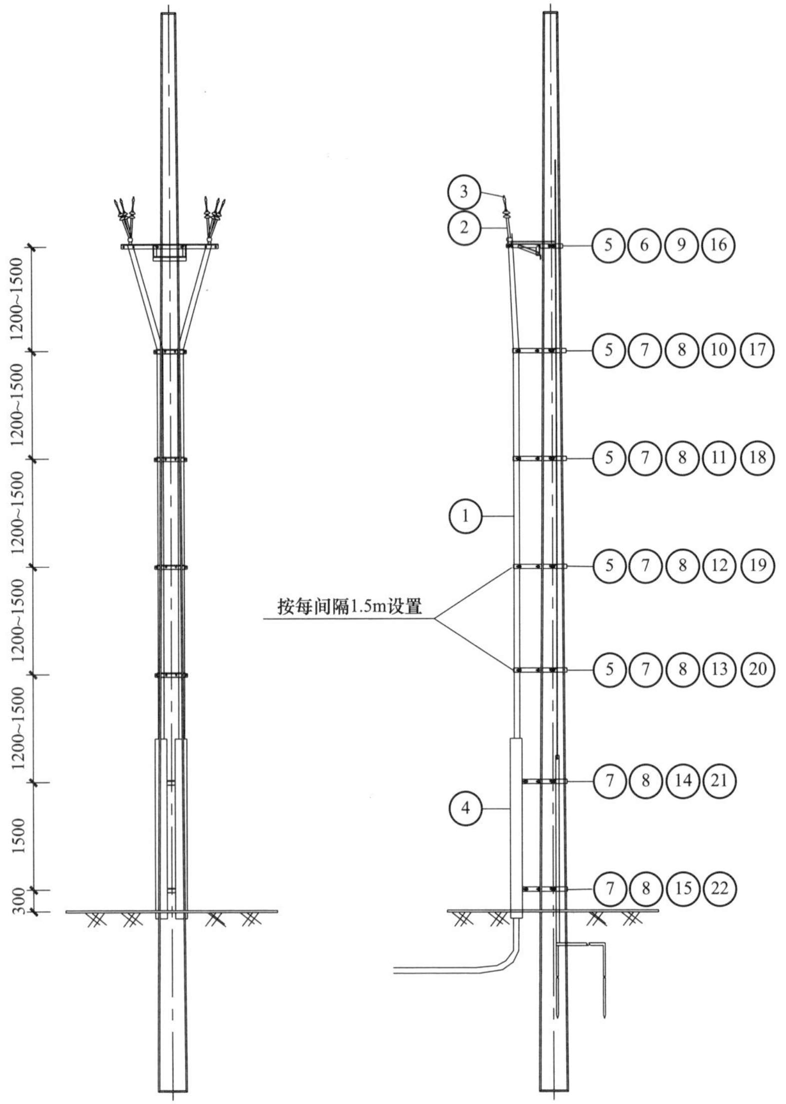

主要材料表

序号	材料名称	型号规格	单位	数量	附注
①	电缆	设计选型	根	2	
②	电缆头	根据电缆选型	套	2	
③	铜接线端子	根据电缆选型	只	6	
④	电缆保护管	根据电缆选型	副	2	
⑤	电缆卡抱	KBG4	块	10	
⑥	单侧安装支架	DRJ5-400	副	1	
⑦	杆上电缆固定架	DLJ5-165	块	6	
⑧	电缆固定压板	YB5-460P	块	6	
⑨	横担抱箍	HBG6-240	块	1	
⑩	横担抱箍	HBG6-260	块	1	
⑪	横担抱箍	HBG6-280	块	1	
⑫	横担抱箍	HBG6-300	块	1	
⑬	横担抱箍	HBG6-320	块	1	
⑭	横担抱箍	HBG6-340	块	1	
⑮	横担抱箍	HBG6-360	块	1	
⑯	半圆抱箍	BG6-240	块	1	
⑰	半圆抱箍	BG6-260	块	1	
⑱	半圆抱箍	BG6-280	块	1	
⑲	半圆抱箍	BG6-300	块	1	
⑳	半圆抱箍	BG6-320	块	1	
㉑	半圆抱箍	BG6-340	块	1	
㉒	半圆抱箍	BG6-360	块	1	
	螺栓	M18×90	只	14	
	螺栓	M18×45	只	14	
	螺栓	M16×45	只	28	

说明：1. 电缆支架配置原则：电缆保护管支架以上每层按每隔1.2~1.5m设置电缆支架。

2. 本图电缆支架安装抱箍规格按照ϕ190×15m双回电缆上杆配置，其他杆高、梢径或杆型的电缆支架安装抱箍参照电缆支架配置原则，由设计另行选择。

图 15-11　双回电缆上杆安装图（E-2-6）

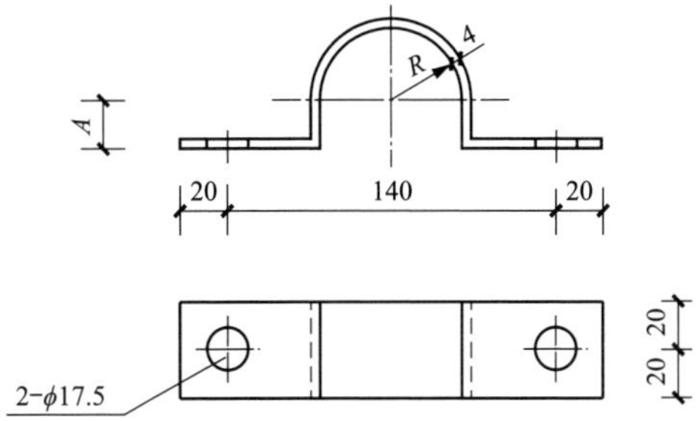

选 型 表

型号	R(mm)	A	规格	长度(mm)	单位(块)	质量(kg)
KBG4-20	10	10	-40×4	212	1	0.28
KBG4-50	25	15	-40×4	239	1	0.31
KBG4-70	35	25	-40×4	270	1	0.34
KBG4-90	45	35	-40×4	302	1	0.38
KBG4-100	50	40	-40×4	317	1	0.40

图 15-12 KBG4 电缆卡抱加工图（E-T-1）

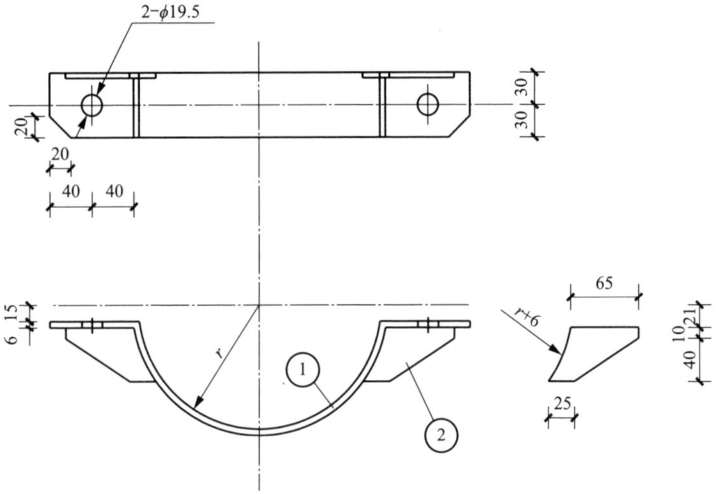

选 型 表

型号	r (mm)	下料长度 (mm)	质量 (kg)	单位 (块)	总量 (kg)
BG6-160	80	390	1.10	1	1.50
BG6-200	100	457	1.29	1	1.69
BG6-210	105	470	1.33	1	1.73
BG6-220	110	484	1.37	1	1.77
BG6-240	120	514	1.45	1	1.85
BG6-260	130	545	1.54	1	1.94
BG6-280	140	576	1.63	1	2.03
BG6-300	150	608	1.72	1	2.12
BG6-320	160	638	1.81	1	2.21
BG6-340	170	670	1.90	1	2.30
BG6-360	180	701	1.98	1	2.38
BG6-380	190	733	2.07	1	2.47
BG6-400	200	764	2.16	1	2.56
BG6-420	210	796	2.25	1	2.65
BG6-440	220	827	2.34	1	2.74
BG6-460	230	859	2.43	1	2.83
BG6-480	240	890	2.52	1	2.92
BG6-500	250	921	2.61	1	3.01

材 料 表

序号	编号	名称	规格	单位	数量	总量(kg)	备注
1	①	扁钢	$-60\times6\times L$	块	1	见上表	
2	②	加劲板	$-50\times5\times100$	块	2	0.4	

图 15-13　BG6 半圆抱箍加工图（E-T-2）

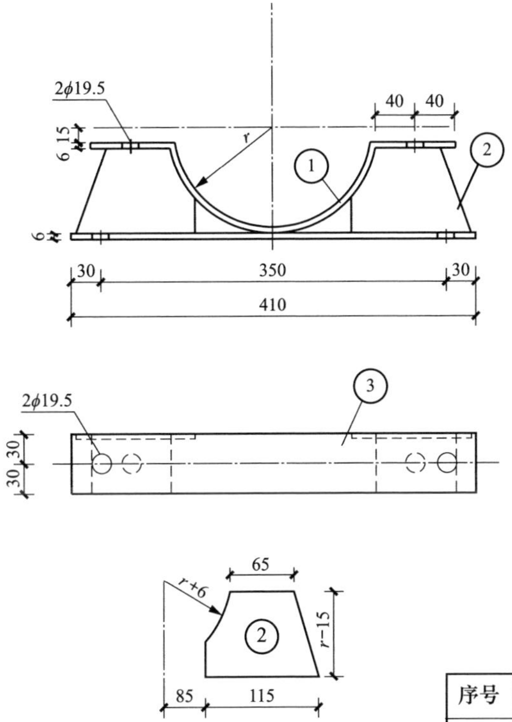

选 型 表

型号	r (mm)	下料长度 (mm)	质量 (kg)	单位 (块)	总量 (kg)
HBG6−160	80	390	1.10	1	3.06
HBG6−190	95	438	1.24	1	3.16
HBG6−200	100	457	1.29	1	3.25
HBG6−210	105	470	1.33	1	3.34
HBG6−220	110	484	1.37	1	3.42
HBG6−240	120	514	1.45	1	3.60
HBG6−260	130	545	1.54	1	3.78
HBG6−280	140	576	1.63	1	3.97
HBG6−300	150	608	1.72	1	4.15
HBG6−320	160	638	1.81	1	4.34
HBG6−340	170	670	1.90	1	4.52
HBG6−360	180	701	1.98	1	4.69
HBG6−380	190	733	2.07	1	4.88
HBG6−400	200	764	2.16	1	5.06
HBG6−420	210	796	2.25	1	5.25

材 料 表

序号	编号	名称	规格	单位	数量	质量(kg)	备注
1	①	扁钢	−60×6×L	块	1	见上表	
2	②	加劲板	−120×5×(r−15)	块	2		
3	③	扁钢	−60×6×(410)	块	1	1.16	

图 15-14　HBG6 半圆横担抱箍加工图（E-T-3）

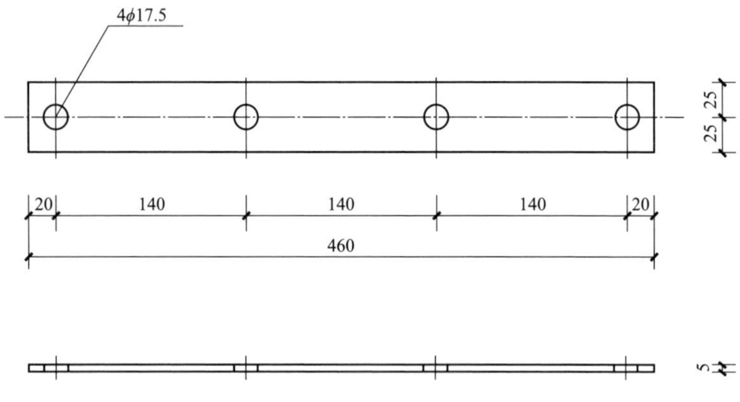

选 型 表

型号	规格	长度L(mm)	单位(块)	质量(kg)
YB5-460P	−50×5	460	1	0.91

图 15-15 YB5-460P 压板加工图（E-T-4）

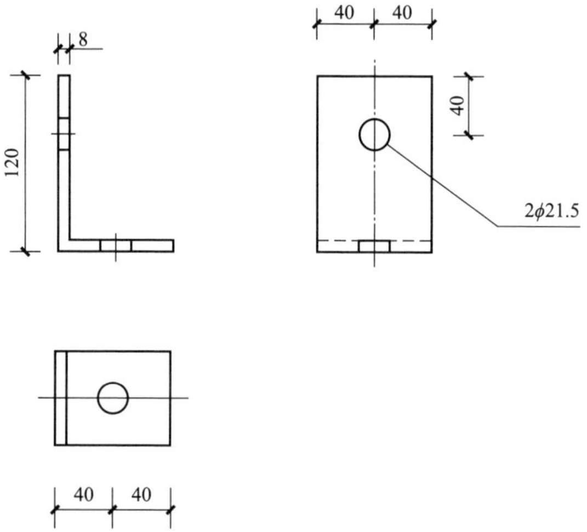

选 型 表

型 号	名称	规格	落料长度 (mm)	单位	数量	质量(kg)		
						单件	小计	合计
QZ-120	扁钢	-8×80	200	块	1	1.66	1.66	1.66

图 15-16 QZ-120 绝缘子支座加工图（E-T-5）

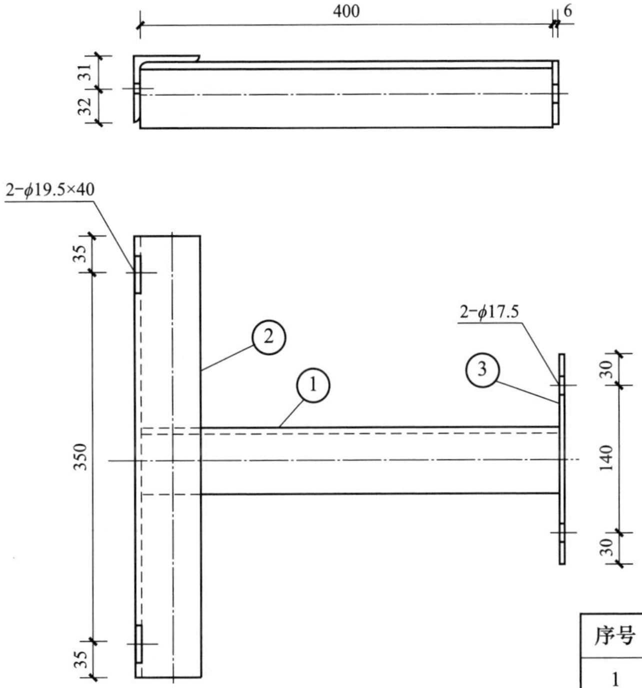

选 型 表

型号	适用范围	单位(副)	重量(kg)
DLJ6-400A	杆上电缆头安装架	1	5.26

材 料 表

序号	编号	名称	规格	单位	数量	质量(kg)	备注
1	①	角钢	∟63×6×400	块	1	2.29	
2	②	角钢	∟63×6×420	块	1	2.40	
3	③	角钢	-60×6×200	块	1	0.57	

图 15-17　DLJ6-400A 杆上电缆头安装架加工图（E-T-6）

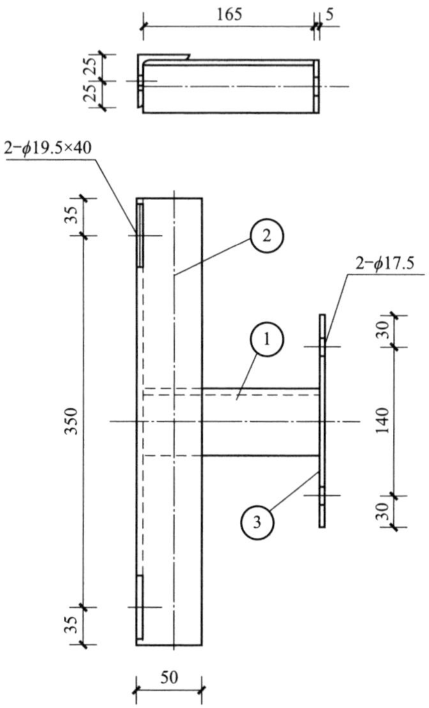

选 型 表

型号	适用范围	单位(副)	质量(kg)
DLJ5-165	杆上电缆固定架	1	2.60

材 料 表

序号	编号	名称	规格	单位	数量	质量(kg)	备注
1	①	角钢	∟50×5×165	块	1	0.62	
2	②	角钢	∟50×5×420	块	1	1.58	
3	③	扁钢	-50×5×200	块	1	0.40	

图 15-18　DLJ5-165 杆上电缆固定架加工图（E-T-7）

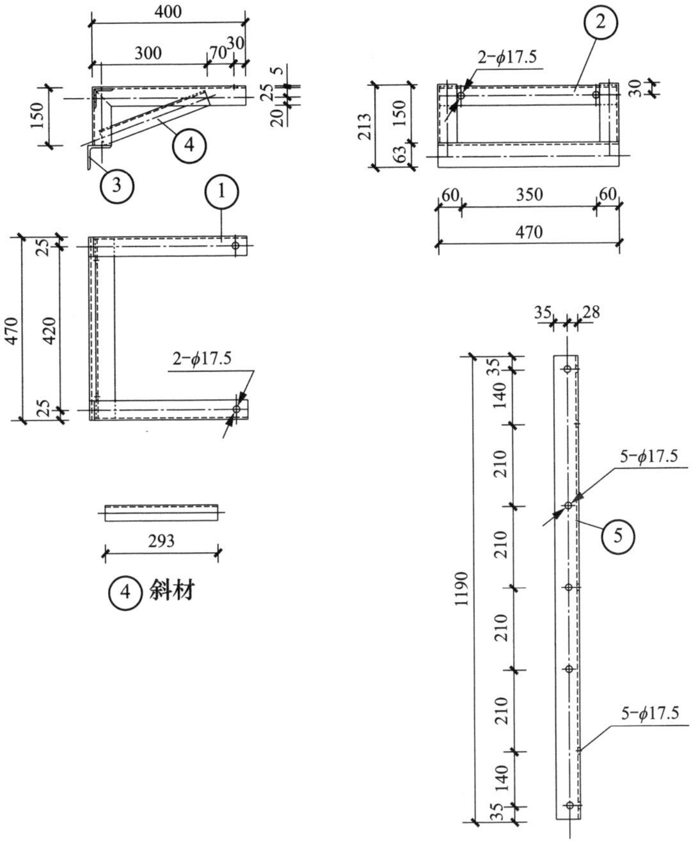

选 型 表

型号	适用范围	单位(副)	质量(kg)
DRJ5-400	杆上电缆固定架	1	16.8

材 料 表

序号	编号	名称	规格	单位	数量	质量(kg)	备注
1	①	角钢	∟50×5×550	块	2	4.15	
2	②	角钢	∟50×5×460	块	1	1.73	
3	③	角钢	∟63×6×470	块	1	2.69	
4	④	角钢	∟40×4×293	块	2	1.42	
5	⑤	角钢	∟63×6×1190	块	1	6.81	

图 15-19 DRJ5-400 单侧安装支架加工图（E-T-8）

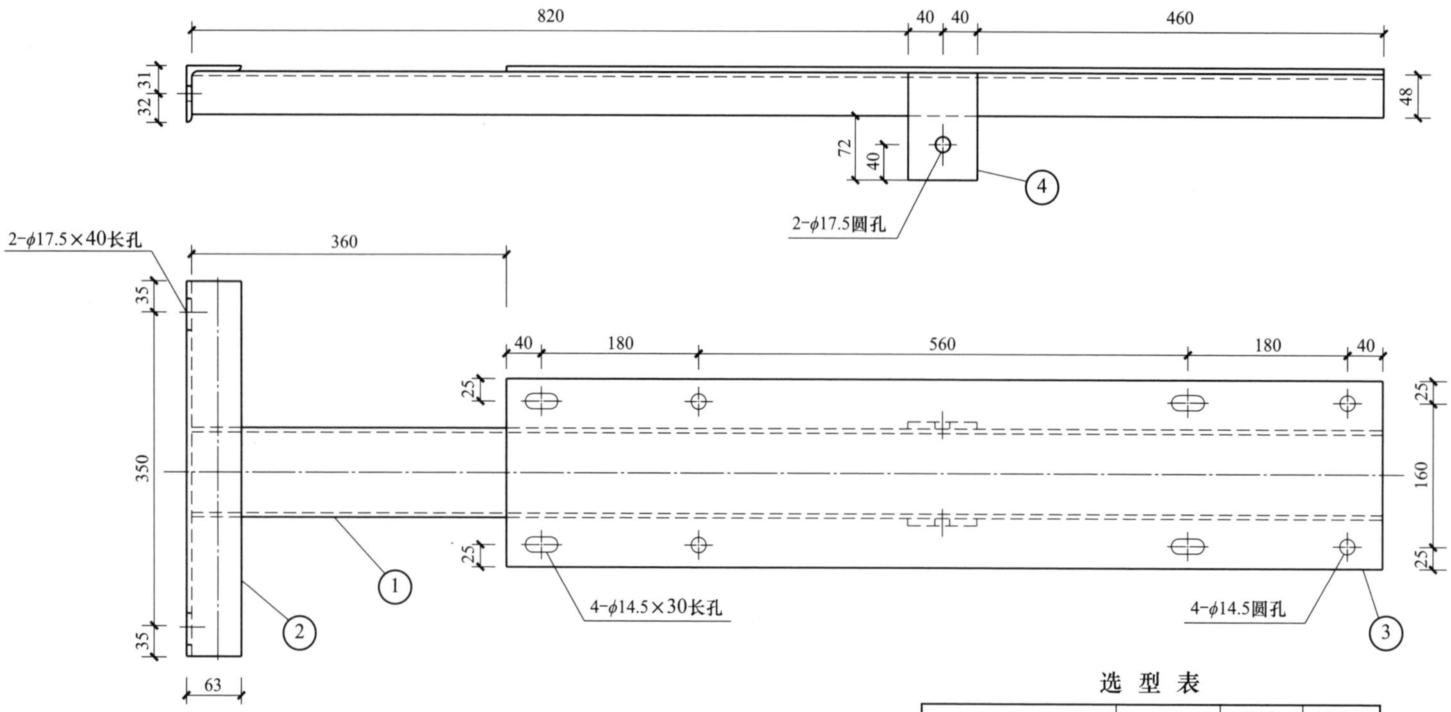

选 型 表

名称	型号	单位(副)	质量(kg)
柱上开关支架	KZJ-C	1	39.74

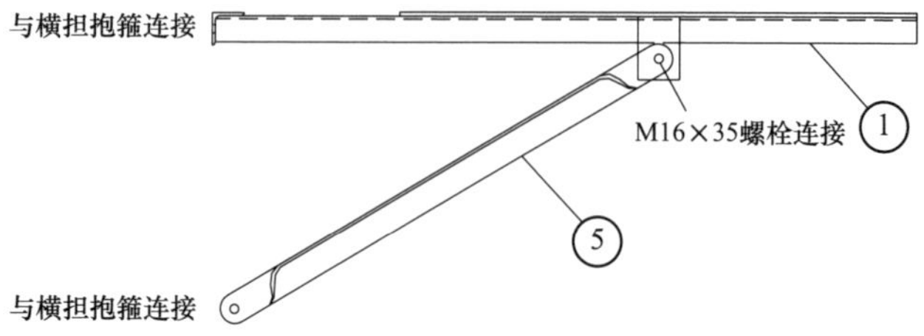

组装示意图

材 料 表

序号	编号	名称	规 格	单位	数量	质量(kg)	备注
1	①	槽钢	[10×1360	块	1	13.61	
2	②	角钢	∟63×6×420	块	1	2.40	
3	③	钢板	-6×210×1000	块	1	9.91	
4	④	扁钢	-80×8×120	块	2	1.22	
5	⑤	支撑铁	CT6-1100	块	2	12.6	

注：1. ①~④构件之间连接采用四面焊接，且焊缝高度为6mm。
2. 所有构件均须热镀锌防腐。
3. 所有构件材料材质均为Q325。

图 15-20　KZJ-C 柱上开关支架加工图（E-T-9）

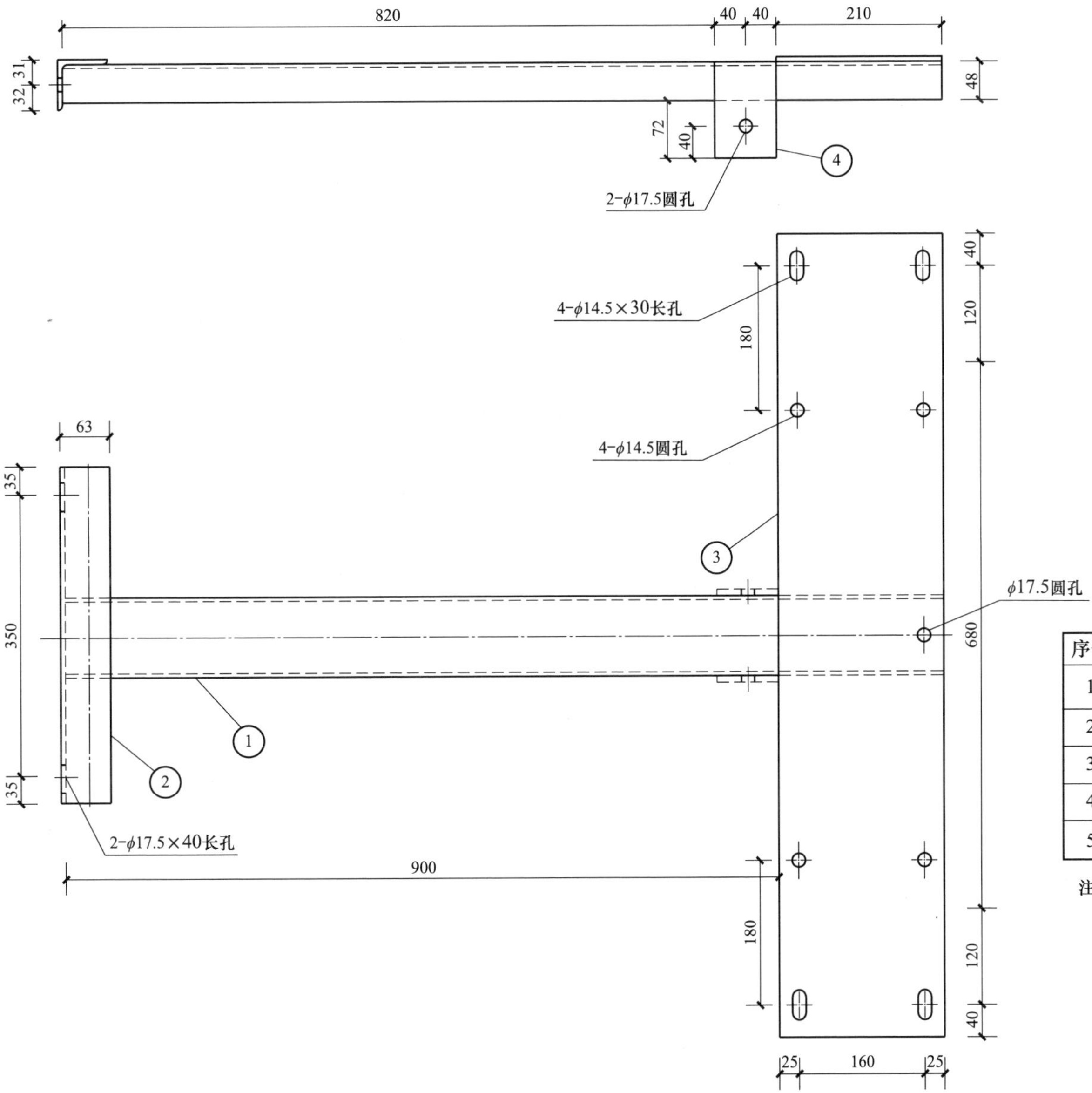

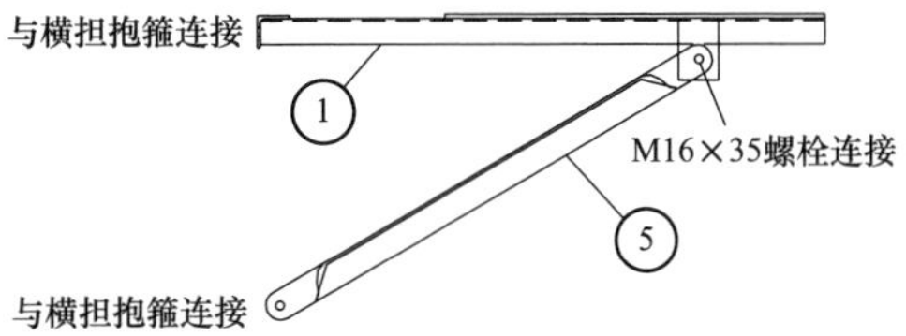

组装示意图

选 型 表

名称	型号	单位(副)	质量(kg)
柱上开关支架	KZJ-Z	1	37.23

材 料 表

序号	编号	名称	规格	单位	数量	质量(kg)	备注
1	①	槽钢	[10×1110	块	1	11.10	
2	②	角钢	∟63×6×420	块	1	2.40	
3	③	钢板	-6×210×1000	块	1	9.91	
4	④	扁钢	-80×8×120	块	2	1.22	
5	⑤	支撑铁	CT6-1100	块	2	12.60	

注：1. ①~④构件之间连接采用四面焊接，且焊缝高度为6mm。
2. 所有构件均须热镀锌防腐。
3. 所有构件材料材质均为Q325。

图 15-21　KZJ-Z 柱上开关支架加工图（E-T-10）

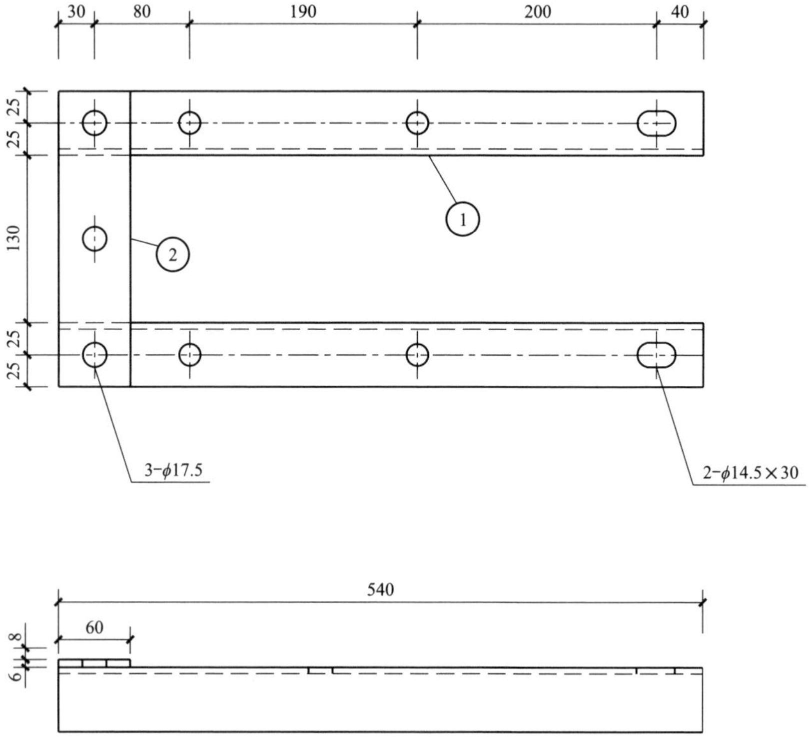

选 型 表

名称	型号	单位（副）	质量（kg）
TV支架	PTZJ-540	1	4.82

材 料 表

序号	编号	名称	规格	单位	数量	质量(kg)	备注
1	①	角钢	-50×5×540	块	2	4.08	
2	②	扁钢	-60×6×260	块	1	0.74	

注：1. ①②构件之间连接采用四面焊接，且焊缝高度为6mm。

2. 所有构件均须热镀锌防腐。

3. 所有构件材料材质均为Q325。

图 15-22 PTZJ-540 TV 支架加工图（E-T-11）

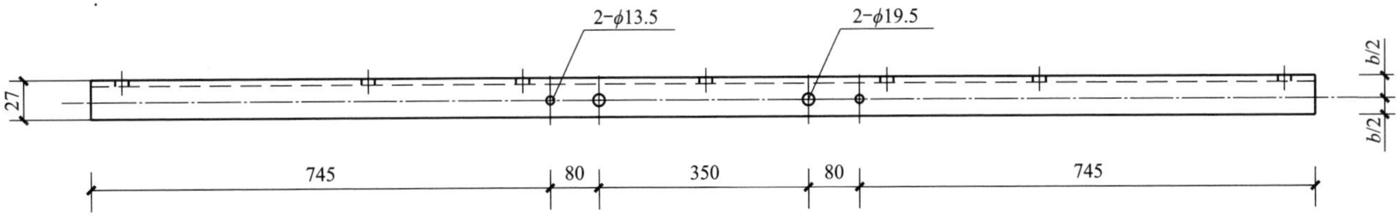

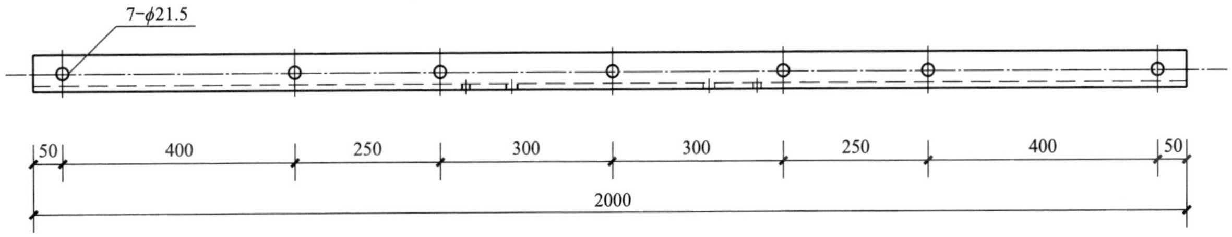

选 型 表

名称	规格	长度	单位(块)	单重
HD6-2000	∟63×6	2000	1	11.47
HD7-2000	∟70×7	2000	1	15.47
HD8-2000	∟80×8	2000	1	19.33
HD9-2000	∟90×8	2000	1	21.89

图 15-23　HD6-2000 横担加工图（E-T-12）

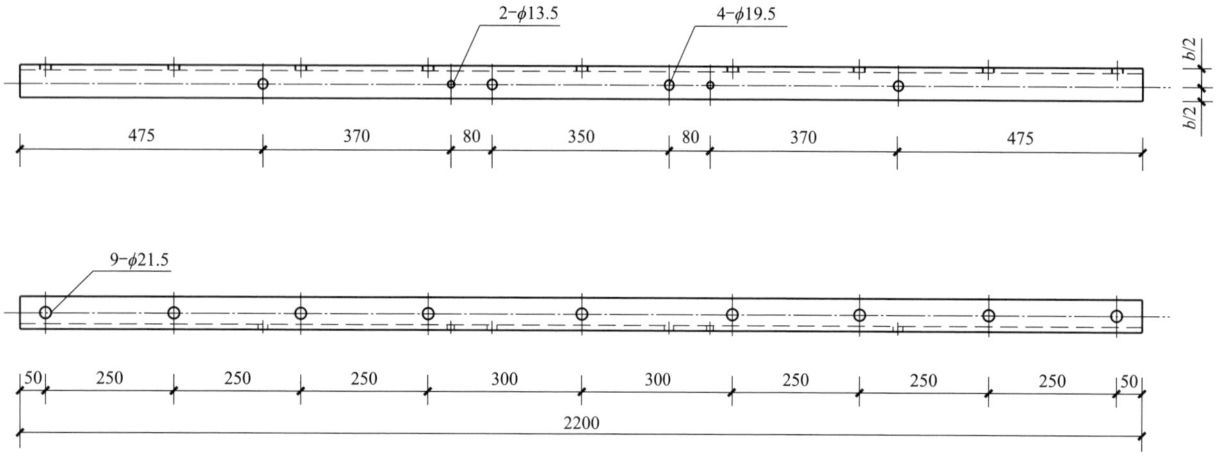

选 型 表

名称	规格	长度	单位(块)	单重
HD6-2200	∟63×6	2200	1	12.61
HD7-2200	∟70×7	2200	1	17.01
HD8-2200	∟80×8	2200	1	21.27
HD9-2200	∟90×8	2200	1	24.08

图 15-24　HD6-2200 横担加工图（E-T-13）

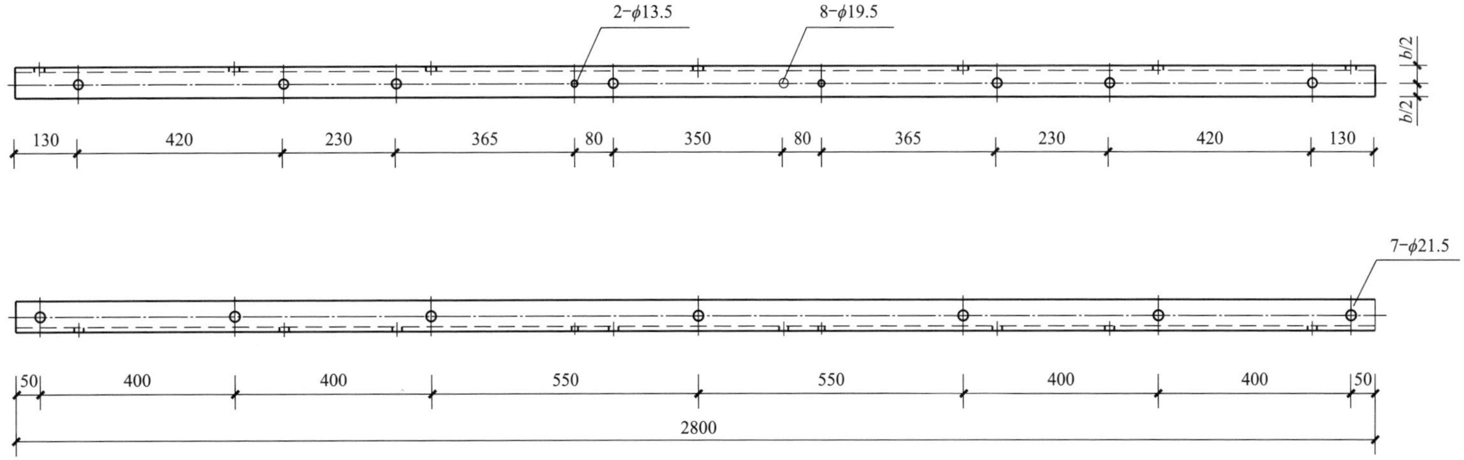

选 型 表

名称	规格	长度	单位(块)	单重
HD6-2800	∟63×6	2800	1	16.05
HD7-2800	∟70×7	2800	1	21.65
HD8-2800	∟80×8	2800	1	27.07
HD9-2800	∟90×8	2800	1	30.65

图 15-25 HD6-2800 横担加工图（E-T-14）

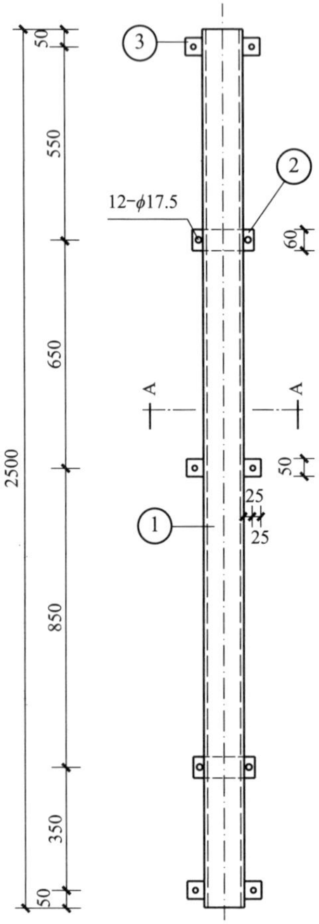

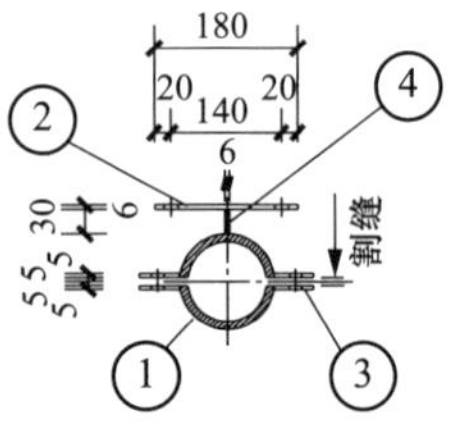

A-A

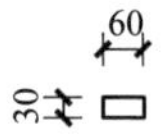

④ 详图

选 型 表

型号	外径 壁厚×长度 (mm)	质量 (kg)	单位 (副)	总量 (kg)
DLHG-114A	114×3.2×2500	21.85	1	23.63
DLHG-140A	140×3.5×2500	29.45	1	31.23
DLHG-168A	168×4.0×2500	39.75	1	41.53

材 料 表

序号	名称	规格	单位	数量	质量(kg)
①	钢管	见上表	根	1	见上表
②	扁钢	-60×6×180	块	2	1.02
③	扁钢	-5×50×50	块	12	1.18
④	扁钢	-6×60×30	块	2	0.17

图 15-26 DLHG-A 保护管加工图（E-T-15）

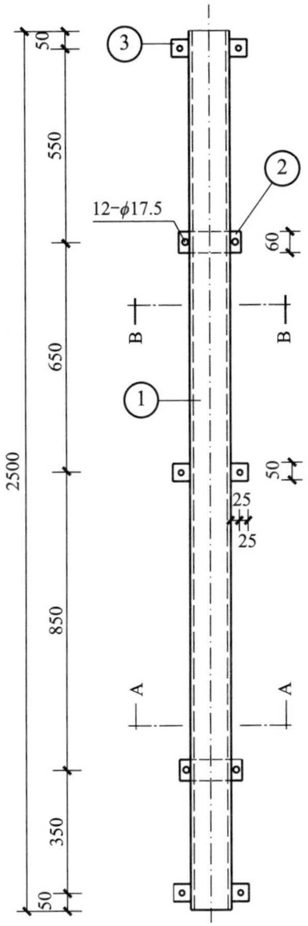

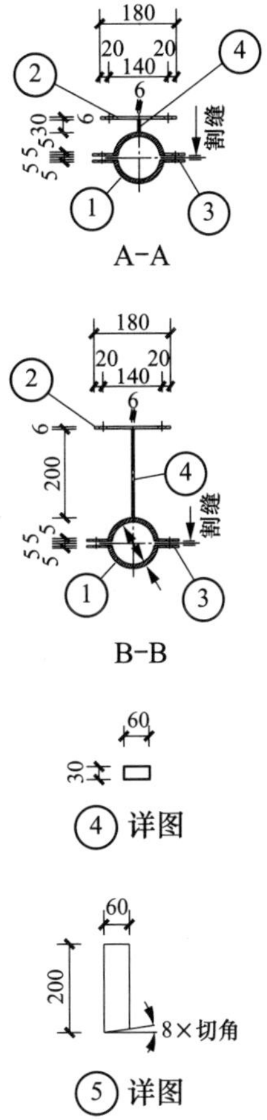

选 型 表

型号	外径×壁厚×长度(mm)	质量(kg)	单位(副)	总量(kg)
DLHG-114B	114×3.2×2500	21.85	1	24.12
DLHG-140B	140×3.5×2500	29.45	1	31.72
DLHG-168B	168×4.0×2500	39.75	1	42.02

材 料 表

序号	名称	规格	单位	数量	质量(kg)	备注
①	钢管	见上表	根	1	见上表	
②	扁钢	-60×6×180	块	2	1.02	
③	扁钢	-5×50×50	块	6	0.59	
④	扁钢	-6×60×30	块	1	0.09	
⑤	扁钢	-6×60×200	块	1	0.57	

图 15-27 DLHG-B 保护管加工图（E-T-16）

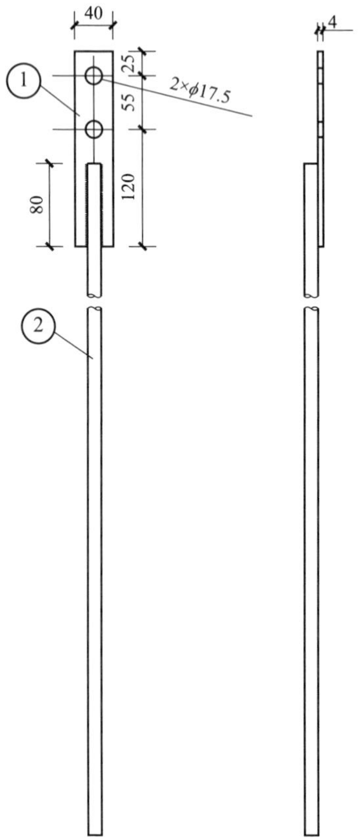

选 用 表

序号	名称	型号	编号	规格	单位	数量	质量(kg)		备注
							单件	小计	
1	接地引上线	JDS-3000	①	-40×4×200	付	1	0.26	2.92	
			②	ϕ12×3000		1	2.66		
2	接地引上线	JDS-5000	①	-40×4×200	付	1	0.26	4.70	
			②	ϕ12×5000		1	4.44		

图 15-28　JDS 接地引上线加工图（E-T-17）

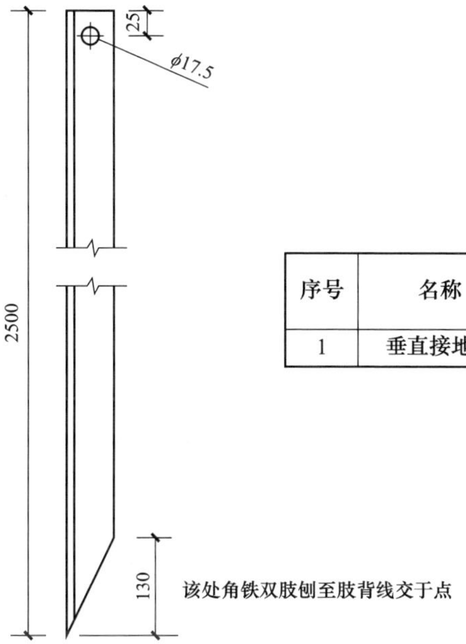

选 用 表

序号	名称	型号	规格	单位	数量	质量(kg)		备注
						单件	小计	
1	垂直接地铁	JDZ-2500	∟50×5×2500	副	1	9.43	9.43	

图 15-29 JDZ 垂直接地铁加工图（E-T-18）

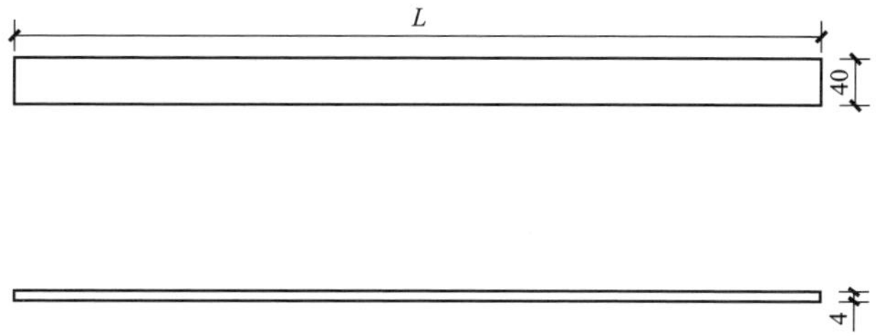

选 用 表

序号	名称	型号	规格	单位	数量	质量(kg)		备注
						单件	小计	
1	水平接地铁	JDP-5m	−40×4×5000	副	1	6.3		L=5000
2	水平接地铁	JDP-10m	−40×4×10000	副	1	6.3		L=10000
3	水平接地铁	JDP-20m	−40×4×20000	副	1	6.3		L=20000

图 15-30 JDP 水平接地铁加工图（E-T-19）

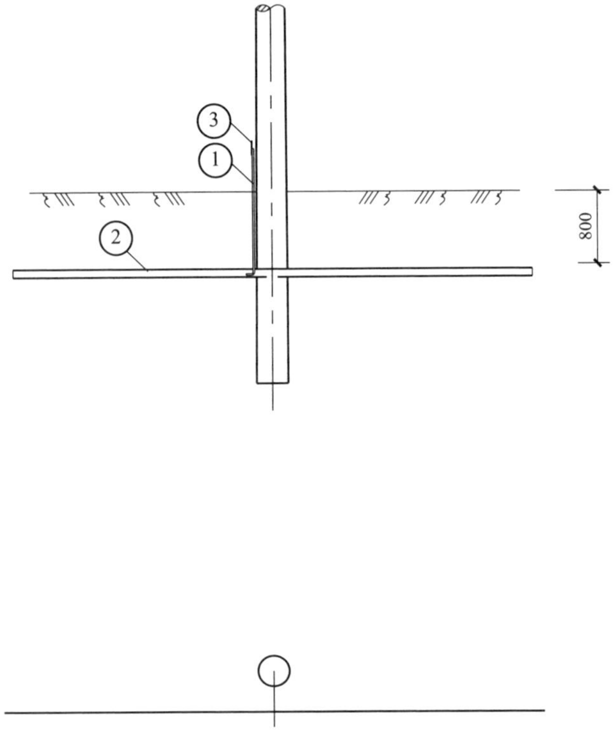

选 型 表

接地装置型号	序号	名称	规格型号	单位	数量	质量(kg)		备注
						单件	小计	
JD11-10	①	接地引上线	JDS-3000	副	1	2.92	15.76	
	②	水平接地铁	JDP-10m	副	1	12.6		
	③	螺栓	M16×35	套	2	0.12		
JD11-40	①	接地引上线	JDS-3000	副	1	2.92	53.56	
	②	水平接地铁	JDP-20m	副	2	25.2		
	③	螺栓	M16×35	套	2	0.12		
JD11-80	①	接地引上线	JDS-3000	副	1	2.92	103.96	
	②	水平接地铁	JDP-20	副	4	25.2		
	③	螺栓	M16×35	套	2	0.12		

说明：1. 如接地电阻不能满足DL/T 621《交流电气装置的接地》中的要求，可另加水平或垂直接地体。

2. 图中未列接地代码可根据实际工程需要按本标准编码规定自行扩展。

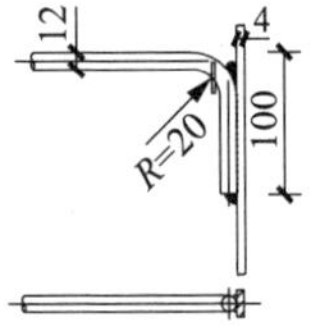

圆钢与扁钢连接

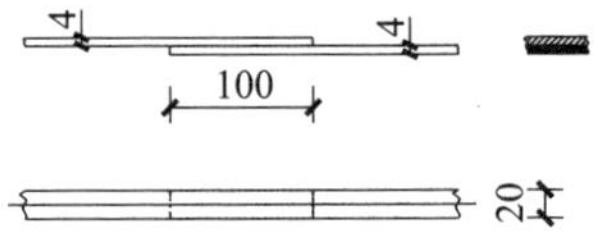

扁钢与扁钢连接

图 15-31 水平放射形接地装置安装图（E-T-20）

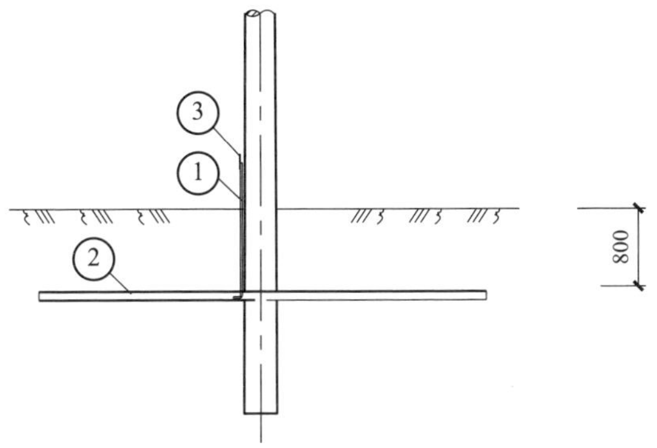

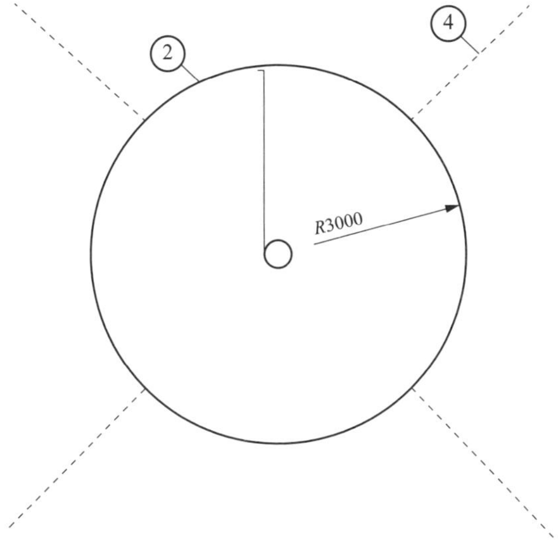

选 型 表

接地装置型号	序号	名称	规格型号	单位	数量	质量(kg)		备注
						单件	小计	
JD12-20	①	接地引上线	JDS-5000	副	1	4.70	30.14	
	②	水平接地铁	JDP-20m	副	1	25.2		
	③	螺栓	M16×35	套	2	0.12		
JD121-60	①	接地引上线	JDS-5000	副	1	4.70	80.54	
	②	水平接地铁	JDP-20m	副	1	25.2		
	③	螺栓	M16×35	套	2	0.12		
	④	水平接地铁	JDP-10m	副	4	12.6		
JD121-100	①	接地引上线	JDS-5000	副	1	4.70	130.94	
	②	水平接地铁	JDP-20m	副	1	25.2		
	③	螺栓	M16×35	套	2	0.12		
	④	水平接地铁	JDP-20m	副	4	25.2		

说明：1. 如接地电阻不能满足DL/T 621《交流电气装置的接地》中的要求，可另加水平或垂直接地体。
2. 图中未列接地装置型号可根据实际工程需要，按本典型设计型号编制规定自行扩展。
3. 接地体组合宜图示虚线方向进行，如地形条件不能满足，可作行当调整。

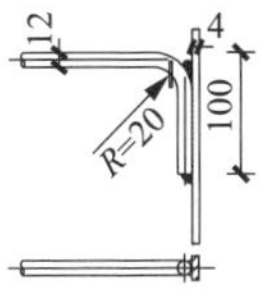

圆钢与扁钢连接

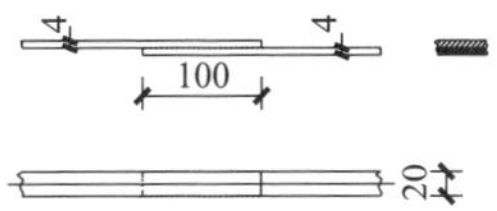

扁钢与扁钢连接

图 15-32 水平环形接地装置安装图（E-T-21）

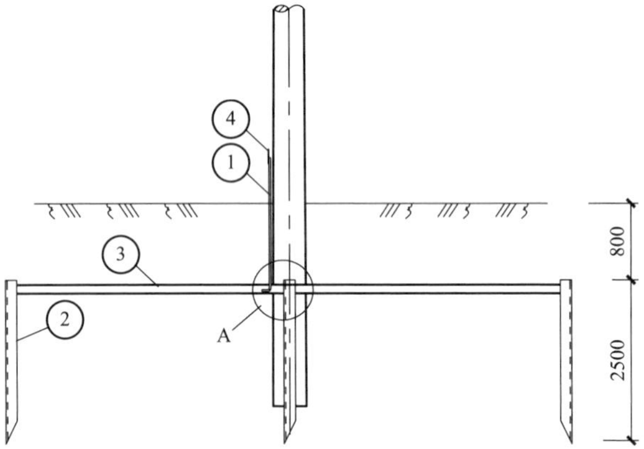

图一

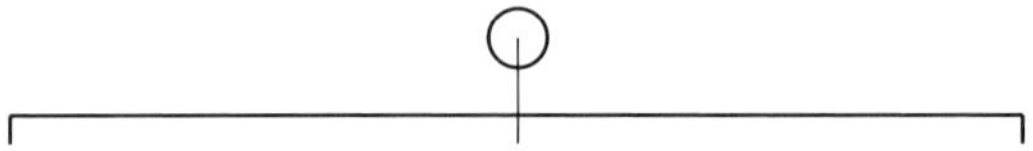

选 型 表

接地装置型号	序号	名称	规格型号	单位	数量	质量(kg)		备注
						单件	小计	
JD13-5	①	接地引上线	JDS-3000	副	1	2.92	28.32	
	②	垂直接地铁	JDZ-2500	副	2	9.43		
	③	水平接地铁	JDP-5m	副	1	6.30		
	④	螺栓	M16×35	套	2	0.12		
JD13-10	①	接地引上线	JDS-3000	副	1	2.92	44.05	
	②	垂直接地铁	JDZ-2500	副	3	9.43		
	③	水平接地铁	JDP-10m	副	1	12.6		
	④	螺栓	M16×35	套	2	0.12		
JD13-20	①	接地引上线	JDS-3000	副	1	2.92	75.51	
	②	垂直接地铁	JDZ-2500	副	5	9.43		
	③	水平接地铁	JDP-20m	副	1	25.2		
	④	螺栓	M16×35	套	2	0.12		

说明：1. 如接地电阻不能满足DL/T 621《交流电气装置的接地》中的要求，可另加水平或垂直接地体。

2. 图中未列接地装置型号可根据实际工程需要，按本典型设计型号编制规定自行扩展。

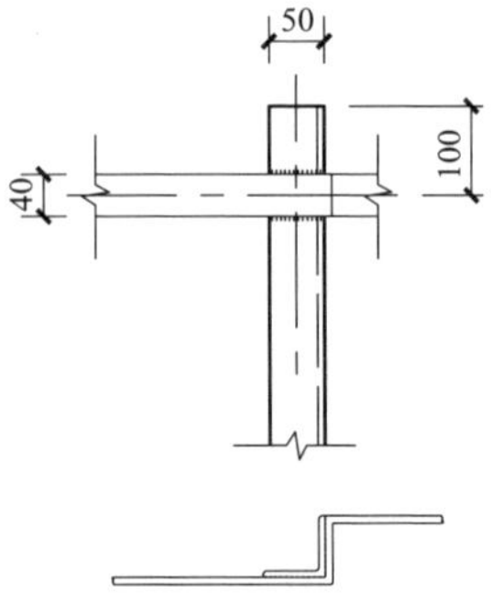

A

扁钢角钢连接时

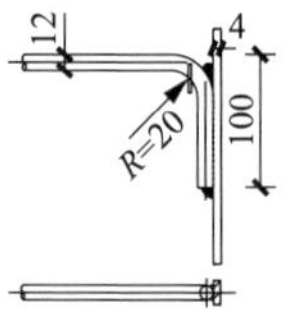

圆钢与扁钢连接

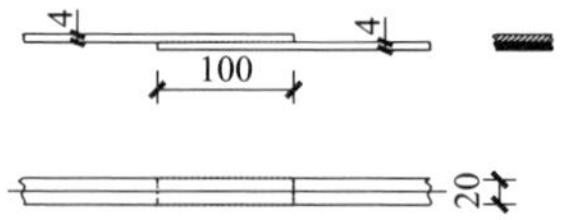

扁钢与扁钢连接

图 15-33　垂直放射形接地装置安装图（E-T-22）

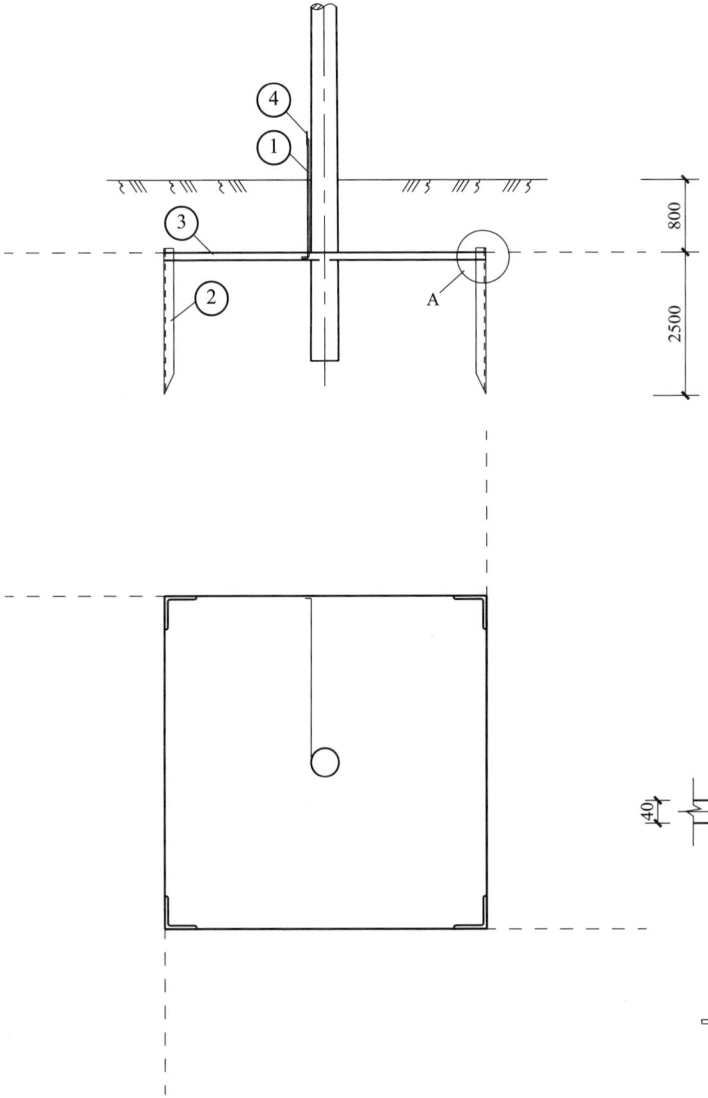

选 型 表

接地装置型号	序号	名称	规格型号	单位	数量	质量(kg)		备注
						单件	小计	
JD14-20	①	接地引上线	JDS-5000	副	1	4.70	67.86	
	②	垂直接地铁	JDZ-2500	副	4	9.43		
	③	水平接地铁	JDP-5m	副	4	6.30		
	④	螺栓	M16×35	套	2	0.12		
JD14-40	①	接地引上线	JDS-5000	副	1	4.70	130.78	
	②	垂直接地铁	JDZ-2500	副	8	9.43		
	③	水平接地铁	JDP-5m	副	8	6.30		
	④	螺栓	M16×35	套	2	0.12		
JD14-60	①	接地引上线	JDS-5000	副	1	4.70	193.70	
	②	垂直接地铁	JDZ-2500	副	12	9.43		
	③	水平接地铁	JDP-5m	副	12	6.30		
	④	螺栓	M16×35	套	2	0.12		

说明：1. 如接地电阻不能满足DL/T 621《交流电气装置的接地》中的要求，可另加水平或垂直接地体。
2. 图中未列接地装置型号可根据实际工程需要，按本典型设计型号编制规定自行扩展。
3. 接地体组合宜图示虚线方向进行，如地形条件不能满足，可作行当调整。

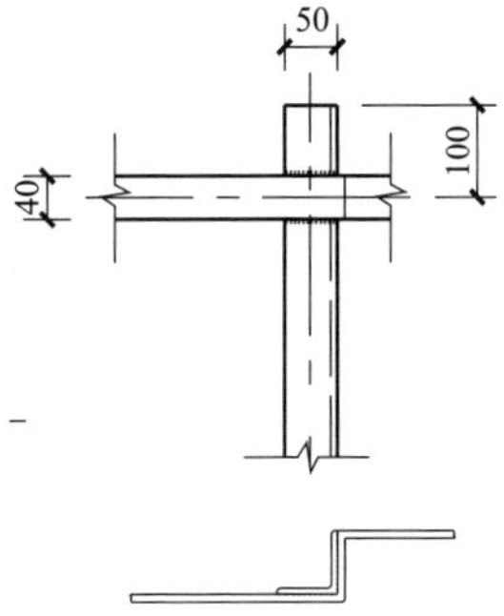

A

扁钢角钢连接时

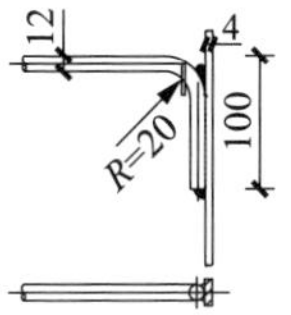

圆钢与扁钢连接

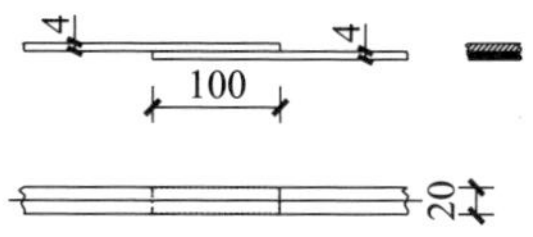

扁钢与扁钢连接

图 15-34　垂直方形接地装置安装图（E-T-23）

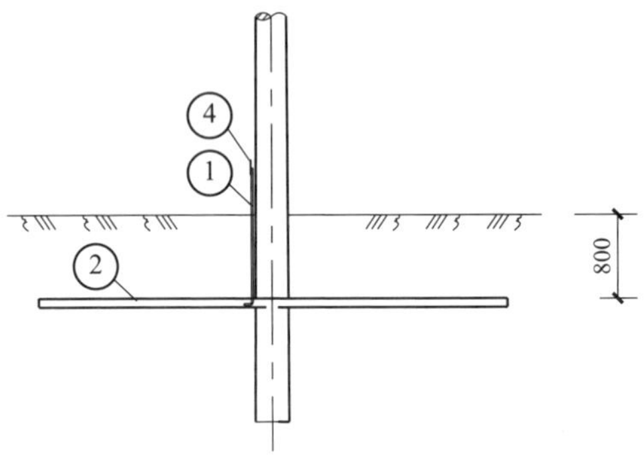

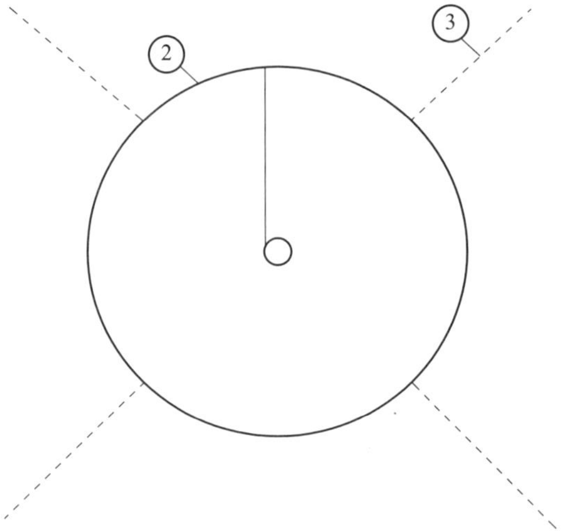

选 型 表

接地装置型号	序号	名称	规格型号	单位	数量	质量(kg) 单件	质量(kg) 小计	备注
TJD12-20	①	镀铜接地引上线	TJDS-5000	副	1	4.70	22.70	
	②	镀铜接地圆钢	TJDY-5m	根	4	4.44		
	③	镀铜接地圆钢	TJDY-5m	根	0	4.44		
	④	螺栓	M16×35	套	2	0.12		
TJD121-60	①	镀铜接地引上线	TJDS-5000	副	1	4.70	58.22	
	②	镀铜接地圆钢	TJDY-5m	根	4	4.44		
	③	镀铜接地圆钢	TJDY-5m	根	8	4.44		
	④	螺栓	M16×35	套	2	0.12		
TJD121-100	①	镀铜接地引上线	TJDS-5000	副	1	4.70	93.74	
	②	镀铜接地圆钢	TJDY-5m	根	4	4.44		
	③	镀铜接地圆钢	TJDY-5m	根	16	4.44		
	④	螺栓	M16×35	套	2	0.12		

说明：1. 如接地电阻不能满足DL/T 621《交流电气装置的接地》中的要求，可另加水平或垂直接地体。
2. 图中未列接地装置型号可根据实际工程需要，按本典型设计型号编制规定自行扩展。
3. 接地体组合宜图示虚线方向进行，如地形条件不能满足，可作行当调整。
4. 2根镀铜接地棒焊接作为1个垂直接地体使用，垂直接地体的布置间距为5m。
5. 铜镀接地棒、铜镀接地圆钢、镀铜接地引上线之间连接均采用放热焊接，焊接采用专用模具，由厂家配套提供。

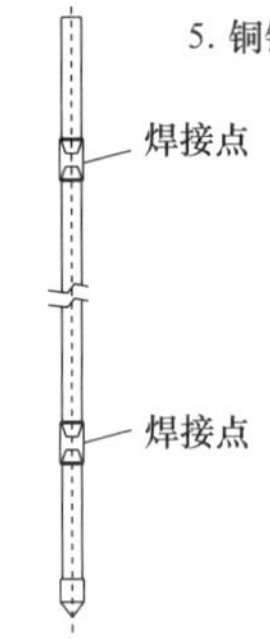

接地棒之间焊接

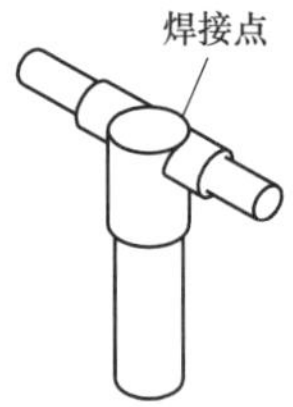

接地圆钢与接地棒的焊接、
接地圆钢与引上线的焊接

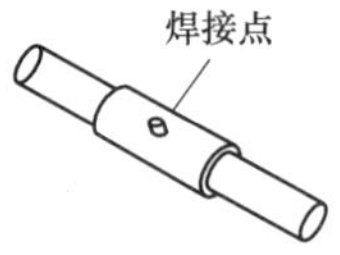

接地圆钢之间焊接

图 15-35　镀铜水平环形接地装置安装图（E-T-24）

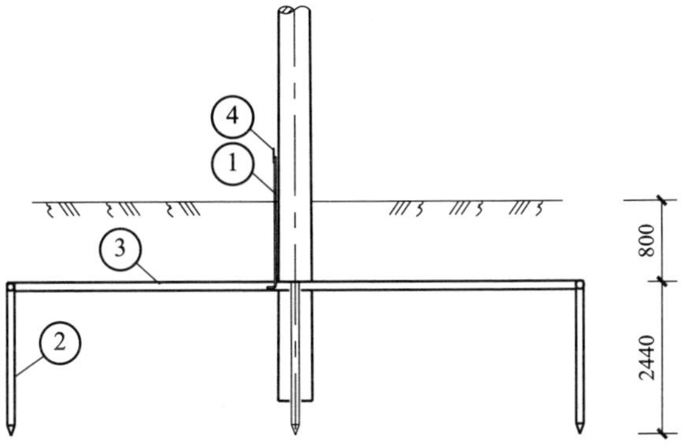

图一

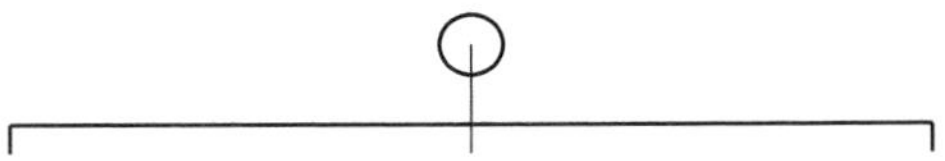

选 型 表

接地装置型号	序号	名称	规格型号	单位	数量	质量(kg)		备注
						单件	小计	
TJD13-5	①	镀铜接地引上线	TJDS-3000	副	1	2.92	13.52	
	②	镀铜接地棒	TJDB-1220	根	4	1.48		
	③	镀铜接地圆钢	TJDY-5m	根	1	4.44		
	④	螺栓	M16×35	套	2	0.12		
TJD13-10	①	镀铜接地引上线	TJDS-3000	副	1	2.92	20.92	
	②	镀铜接地棒	TJDB-1220	根	6	1.48		
	③	镀铜接地圆钢	TJDY-5m	根	2	4.44		
	④	螺栓	M16×35	套	2	0.12		
TJD13-20	①	镀铜接地引上线	TJDS-3000	副	1	2.92	35.72	
	②	镀铜接地棒	TJDB-1220	根	10	1.48		
	③	镀铜接地圆钢	TJDY-5m	根	4	4.44		
	④	螺栓	M16×35	套	2	0.12		

说明：1. 如接地电阻不能满足DL/T 621《交流电气装置的接地》中的要求，可另加水平或垂直接地体。

2. 图中未列接地装置型号可根据实际工程需要，按本典型设计型号编制规定自行扩展。

3. 2根镀铜接地棒焊接作为1个垂直接地体使用，垂直接地体的布置间距为5m。

4. 铜镀接地棒、铜镀接地圆钢、镀铜接地引上线之间连接均采用放热焊接，焊接采用专用模具，由厂家配套提供。

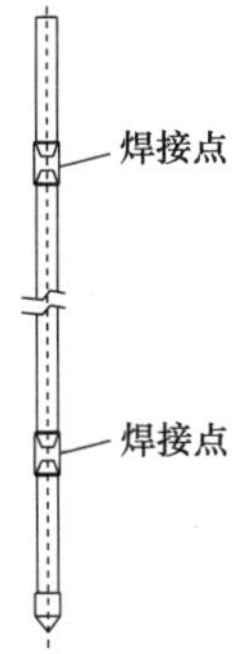

接地棒之间焊接

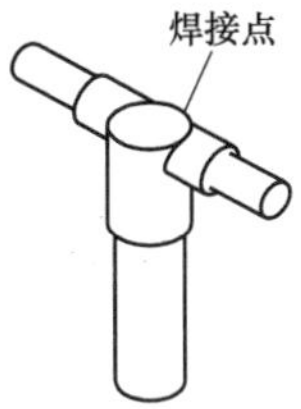

接地圆钢与接地棒的焊接、接地圆钢与引上线的焊接

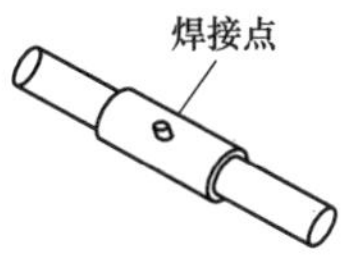

接地圆钢之间焊接

图 15-36　镀铜垂直放射形接地装置安装图（E-T-25）

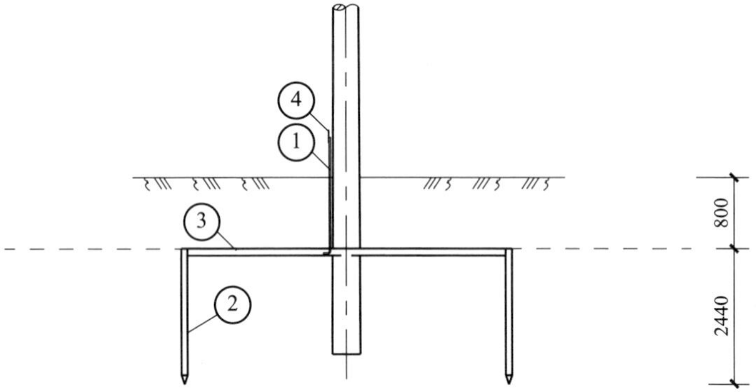

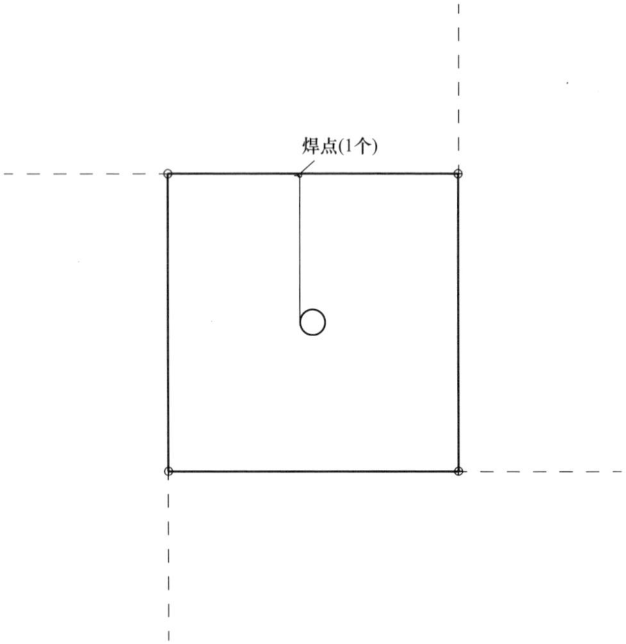

选 型 表

接地装置型号	序号	名称	规格型号	单位	数量	质量(kg)		备注
						单件	小计	
TJD14-20	①	镀铜接地引上线	TJDS-5000	副	1	4.70	34.3	
	②	镀铜接地棒	TJDB-1220	根	8	1.48		
	③	镀铜接地圆钢	TJDY-5m	根	4	4.44		
	④	螺栓	M16×35	套	2	0.12		
TJD14-40	①	镀铜接地引上线	TJDS-5000	副	1	4.70	64.14	
	②	镀铜接地棒	TJDB-1220	根	16	1.48		
	③	镀铜接地圆钢	TJDY-5m	根	8	4.44		
	④	螺栓	M16×35	套	2	0.12		
TJD14-60	①	镀铜接地引上线	TJDS-5000	副	1	4.70	93.74	
	②	镀铜接地棒	TJDB-1220	根	24	1.48		
	③	镀铜接地圆钢	TJDY-5m	根	12	4.44		
	④	螺栓	M16×35	套	2	0.12		

说明：1. 如接地电阻不能满足DL/T 621《交流电气装置的接地》中的要求，可另加水平或垂直接地体。

2. 图中未列接地装置型号可根据实际工程需要，按本典型设计型号编制规定自行扩展。

3. 接地体组合宜图示虚线方向进行，如地形条件不能满足，可作行当调整。

4. 2根镀铜接地棒焊接作为1个垂直接地体使用，垂直接地体的布置间距为5m。

5. 铜镀接地棒、铜镀接地圆钢、镀铜接地引上线之间连接均采用放热焊接，焊接采用专用模具，由厂家配套提供。

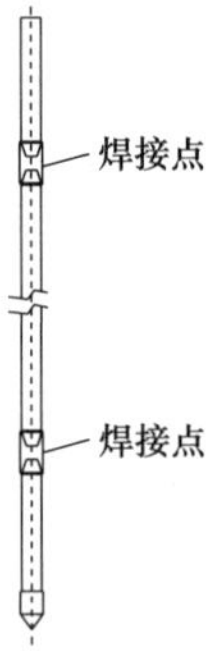

接地棒之间焊接

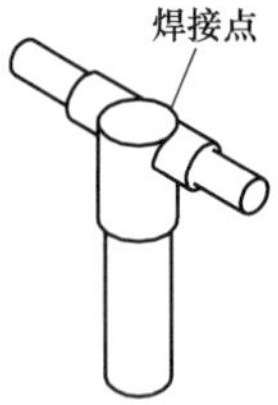

接地圆钢与接地棒的焊接、
接地圆钢与引上线的焊接

接地圆钢之间焊接

图 15-37　镀铜垂直方形接地装置安装图（E-T-26）